U0320276

现代仪器分析实验技术(第二版)

上　册

孙东平　　江晓红　　夏锡锋　　唐婉莹　　主编

科　学　出　版　社

北　京

内 容 简 介

本书主要介绍在化学与材料科学、生命科学、环境科学等研究和应用领域中常用的现代仪器分析方法，包括有机和金属元素分析、色谱分析、质谱分析、光谱分析、磁共振波谱分析、X 射线分析、电子显微分析、热分析等。本书内容有较大的覆盖面，重点介绍各种方法的原理、仪器结构与各部件功能、所能获得的信息及能解决的问题，有较强的可读性与参考价值。

本书可作为各大专院校应用化学、材料科学专业硕士生、本科生的教材，也可作为相关专业教师、科技工作者的实验指导用书。

图书在版编目(CIP)数据

现代仪器分析实验技术. 上册 / 孙东平等主编. —2版. —北京:科学出版社，2021.11

ISBN 978-7-03-070109-1

Ⅰ. ①现…　Ⅱ. ①孙…　Ⅲ. ①仪器分析-实验-高等学校-教材
Ⅳ. ①O657-33

中国版本图书馆CIP数据核字(2021)第212295号

责任编辑：刘　冉 / 责任校对：杜子昂
责任印制：赵　博 / 封面设计：北京图阅盛世

科 学 出 版 社 出版
北京东黄城根北街 16 号
邮政编码：100717
http://www.sciencep.com

北京凌奇印刷有限责任公司印刷
科学出版社发行　各地新华书店经销

*

2015 年 3 月第 一 版　开本：720×1000 1/16
2021 年 11 月第 二 版　印张：20 1/2
2025 年 1 月第七次印刷　字数：410 000
定价：78.00 元
(如有印装质量问题，我社负责调换)

第二版修订说明

第一版教材使用后，在实验课实践中得到广大研究生的一致好评，提高了研究生独立解决问题的能力。随着近几年教学实践的深入、仪器设备更新，在听取授课老师及学生意见的基础上，对第一版进行修订。

在第一版的基础上，主要做了如下的修订工作：对每章的结构进行调整，内容主要包括概述、仪器构成及原理、实验步骤、应用，修改原来各章节中重复的实验步骤等；删除了第一版中原子发射光谱法——电感耦合等离子体发射光谱法、电子顺磁共振、单晶 X 射线分析三章内容；增加了电感耦合等离子体质谱分析、小角散射分析、X 射线荧光光谱分析、低温物理吸附分析、激光粒度分析、纳米粒度及 Zeta 电位分析六章内容；修改了扫描电镜分析中的 X 射线能谱分析系统；根据设备的更新，修改了有机元素分析、离子色谱分析、激光拉曼分析等相关内容。同时感谢 Bruker、Thermo Fisher、Mettler Toledo、Malvern、PHI 等仪器公司提供相关资料。

参与本次修订工作的有：江晓红(第 15、22 章)、夏锡锋(第 2、16、17、19、20、21、23～28 章)、纪明中(第 1、第 4、29～31 章)、唐婉莹(第 8、13～15 章)、易兰(第 18 章)、周吕(第 3、6、11 章)、杨加志(第 7、9、12 章)、张蕾(第 22 章)，由夏锡锋统稿。

由于编者水平有限，修订版仍难免会有疏漏，诚挚欢迎广大读者批评指正。

编 者

2021 年 3 月于南京

第 一 版 序

  分析化学在其形成一门独立学科的历史发展长河中，有过多次重大的变革。对于所建立的诸多分析化学学科的教程，因其发展阶段和所依据的理论和方法不同，或因其对象与目的而异，甚至依据所用的仪器不同，而有不同的命名，如：定性分析和定量分析，重量分析与容量分析，化学分析与仪器分析，还有质谱分析、色谱分析与波谱分析等。

  一门学科的定位和内涵是与时俱进的。我在主编的《10000 个科学难题 化学卷》（"十一五"国家重点图书出版规划项目，科学出版社，2009 年）一书的"分析化学中的若干科学问题"文中，对当代分析化学下了这样的定义："分析化学是研究物质的组成和结构，确定在不同状态和演变过程中的化学成分、含量和分布的测量科学，是化学科学的分支学科。"它涵盖了对物质在演变过程中的时空动态变化中的量测，表述了分析化学这一学科所涉及的核心内容和根本任务，且具有普遍性。但是，对于所编写教科书的书名，则可不拘一格地命名，体现特色，各显神韵。书名取得好，犹如画龙点睛。

  目前，基于物理的光、电、磁、显微光学和电子计算机的发展和应用，现代仪器分析的书不断更新换代，仪器分析新方法、新技术层出不穷。建立在现代分析仪器测试基础上，使分析化学内容和发展方向发生了根本性的改变。各类分析仪器与微型计算机的结合，又使得仪器自动化程度不断提高，分析检测更加准确、高速、便捷，数据处理与结果分析也更为方便，仪器分析的应用范围更为广泛。

  编写一本仪器分析实验技术这样的教材，内容纷繁、体系各异，既要向学生阐明基础理论、方法原理，又要讲述实验方法、技术和仪器原理，还要涉及仪器操作和数据处理，以充分发挥现代科学仪器的优越性，甚至还要提出思考题拓宽学生思路；同时，教材要实现适应多个部门，为培养高级专门人才需要的目的。这确是一件繁重的任务。

  由孙东平教授等统稿、纪明中等 22 位老师联合编写的《现代仪器分析实验技术》（上、下册），不落俗套，别具一格，以集体的智慧总结了长期教学实践的经验，撰写成一部适用于化学、材料、食品、生物、制药等学科研究生需要的现代仪器分析实验课教程，旨在提高学生使用现代分析仪器解决各种科研问题的能力。该书按照现代分析仪器检测原理的不同，系统地介绍了各类现代分析仪器（光谱、色谱、质谱、能谱、微区及形貌分析以及热分析等）的基本理论，重点介绍了实验方面的相关技术与技能。针对目前分析仪器的发展现状，选取典型的分析仪器进行了结构剖析与组成方面的扼要介绍,为每种仪器精心设计了若干可用于教学的实验项目,并对样品制备、仪器的具体使用方法进行了详细的介绍。此外,还介绍了使用较为广泛的仪器工作软件。全书内容翔实,图表齐全,阐述深入浅出,是一本便于阅读、通俗易懂、理论与实验相结合的优秀实验教材。该书内容紧跟现代分析仪器新方法、新技术进展步伐,如对红外光谱仪的各种配件、紫外-可见光谱积分球、液质联用仪、固体核磁共振仪等内容亦作了介绍,是一本值得推荐的优秀教材或相应的教学参考书。该书同时入选"十二五"江苏省高等学校重点教材,可供化学、材料、生物等专业高年级本科生、研究生使用及广大仪器分析工作者参考。谨此推荐。

　　是为序。

　　　　　　　　　　　　　　　　　　　　　　　陈洪渊
　　　　　　　　　　　　　　　　　　　　　中国科学院院士
　　　　　　　　　　　　　　　　　　　　2014 年 7 月于南京

第一版前言

在培养化学化工、材料、环境、生物工程等专业性人才的过程中，现代分析仪器与实验技术是必不可少的专业基础课程。因为现代分析仪器课程的重要性以及现代分析仪器技术的迅速发展，南京理工大学组织专门从事化工、材料类科研的专家和从事仪器分析与实验技术教学的教师，为化工学院、环境与生物学院和材料学院的硕士研究生开设了现代分析仪器课程，到目前为止，该课程已连续开设四年，受益学生近2000人，使研究生在论文工作期间独立解决问题的能力得到很大提高，受到广大师生的一致好评。在开设该课程的同时，学校多方筹集资金成立现代仪器分析与测试中心，购买了色谱、光谱、质谱、能谱、电镜、核磁等现代大型分析仪器用于实验教学，使得每一名学生能亲手操作现代大型仪器，部分学生经过专门培训后，能独立操作仪器。同时分析测试中心也是研究生创新中心，中心的仪器在为教学服务的同时，也为科研提供检测服务。

在教学过程中，学校组织任课教师和专家编写用于实验教学的讲义，并根据实际情况进行了多次修改。实验讲义尽量避免烦琐的数学推导，重点介绍仪器的原理、基本结构与功能，并根据具体仪器编写仪器的操作规程，设计用于教学的相关实验，为研究生以后从事科学研究打下坚实的实验基础。讲义内容包括色谱分析(气相色谱、液相色谱、离子色谱、凝胶色谱)、色谱-质谱联用(气质联用、液质联用)技术、光谱分析(快速傅里叶红外、遥感红外、紫外-可见、荧光、拉曼、原子吸收、电感耦合等离子体)、磁共振分析(液体核磁、固体核磁)、微区显微技术(扫描电镜、透射电镜、原子力显微镜)、X射线技术(X射线粉末衍射、X射线单晶衍射、X射线光电子能谱)、热分析(热重、差示扫描)等内容。实验讲义经过认真整理、修改，准备正式出版。本书可作为化学化工、材料、环境工程、生物工程等专业人才培养的教材，也可供相关科研工作者参考。

本书的编者分别是纪明中(第1、26章)、吕梅芳(第2章)、肖乐勤(第3章)、宋东明(第4章)、赫五卷(第5、8章)、林娟(第6章)、呆明菊(第7章)、朱春林(第9、24章)、胡炳成(第10、12章)、王正萍(第11章)、唐婉莹(第13、14章)、江晓红(第15章)、李燕(第16章)、郝青丽(第17章)、杨绪杰(第18章)、武晓东(第19章)、陆路德(第20章)、白华萍(第21章)、卑凤利(第22章)、韩巧凤(第23章)、刘孝恒(第25章)、王淑琴(第27、28章)。

编　者

2014年10月于南京

目　录

下　册

第1章　现代仪器分析测试技术理论基础

仪器分析是分析化学学科的一个重要分支，在化学、化工、材料、环境、生物、制药等行业显示出越来越重要的作用。20世纪初仪器分析出现，之后它不断丰富分析化学的内涵，使分析化学的内容、分析能力、测试范围等发生了一系列重大的变化。现代分析仪器的更新换代，仪器分析的新方法、新技术的不断创新与应用，引起分析化学内容和发展方向的根本性变化，使其面临更加深刻而广泛的变革。

1.1　分析化学的内涵及发展

分析化学是研究物质的组成、含量、结构和形态等化学信息的分析方法及理论的一门科学。其主要任务是鉴定物质的化学组成、测定物质的有关组分的含量、确定物质的结构(化学结构、晶体结构、空间分布)和存在形态(价态、配位态、结晶态)及其与物质性质之间的关系等。具体而言，分为以下几部分：

(1)定性分析——分析确定物质的化学组成；

(2)定量分析——测量试样中各组分的相对含量；

(3)结构与形态分析——分析表征物质的化学结构、形态、能态等；

(4)动态分析——表征组成、含量、结构、形态、能态的动力学特征。

分析化学的发展经历了三个重要阶段：①20世纪以前，分析化学基本是许多定性和定量分析检测方法的技术总汇。20世纪初期，化学平衡(弱酸弱碱的解离平衡、沉淀溶解平衡、配合物的生成与解离平衡以及氧化还原平衡)理论的建立，使得分析检测技术成为分析化学学科，这是分析化学发展史上的第一个里程碑，我们现在称之为经典分析化学。此后，各种经典方法不断得到改善和补充，可对元素与组成进行常量分析。②生产与科研发展的需要对分析化学提出了更高的要求，如对样品中的微量与痕量组分的测定，对分析的准确度、精确度、分析速度、分析方法的灵敏度的要求不断提高。20世纪中期，依据物质化学反应和物理特性，逐步创立与发展了新分析方法，这些方法采用了电子学、光学、电化学等仪器设备，因此称为仪器分析。分析方法有分光光度法、电化学分析法、色层分析法。这是分析化学的第二个里程碑。③20世纪70年代以后，分析化学已不限于测定样品的组成与含量，而是以提高分析准确度、检测下限为发展重点。并且打破了化学学科的界限，利用化学、数学、物理、生物等其他学科所有可以利用的理论、方法、技术,对待测样品的元素组成、化学成分、结构、形态、分布等性质进行全面分析。由于这些非化学方法的建立,认为分析化学不再是化学的一个分支,而是形成了一门新的学科——分析科学。这是分析化学史上的第三个里程碑。现在各种新仪器、新技术、新方法不断出现,仪器的功能更加强大,自动化程度更高,使用也更加方便。

1.2　现代分析仪器概述

1.2.1　仪器分析的基本概念

仪器分析(instrumental analysis)与化学分析(chemical analysis)是分析化学(analytical chemistry)的两种分析方法。仪器分析就是利用能直接或间接地表征物质的各种特性(如物理性质、化学性质、生理性质等)的实验现象,通过探头或传感器、放大器、信号读出装置等转变成人可直接感受的、已认识的关于物质成分、含量、分布或结构等信息的分析方法。也就是说,仪器分析是利用各种学科的基本原理,采用电学、光学、精密仪器制造、真空、计算机等先进技术探知物质化学特性的分析方法。因此仪器分析是体现学科交叉、科学与技术高度结合的一个综合性极强的科技分支。这类方法通常是测量光、电、磁、声、热等物理量而得到分析结果,而测量这些物理量,一般要使用比较复杂或特殊的仪器设备,故称为"仪器分析"。

仪器分析所包括的分析方法很多,目前有数十种之多。每一种分析方法所依据的原理不同,所测量的物理量不同,操作过程及应用情况也不同。仪器分析大致可以分为光谱分析、色谱分析、电化学分析、核磁共振波谱分析、质谱分析、能谱分析、X射线分析、电镜分析、热分析及其他仪器分析。

1.2.2　仪器分析的基本特点

仪器分析与化学分析既有共同之处,也有其自身的特殊性。

(1)灵敏度高。仪器分析的分析对象一般是半微量($0.01 \sim 0.1$ g)、微量($0.1 \sim 10$ mg)、超微量(<0.1 mg)组分的分析,灵敏度高;而化学分析一般是半微量($0.01 \sim 0.1$ g)、常量(>0.1 g)组分的分析,准确度高。大多数仪器分析适用于微量、痕量分析。例如,原子吸收分光光度法测定某些元素的绝对灵敏度可达 10^{-14} g,电子光谱甚至可达 10^{-18} g。

(2)样品用量少。化学分析需用试样在 $10^{-4} \sim 10^{-1}$ g;仪器分析试样常在 $10^{-8} \sim 10^{-2}$ g。

(3)仪器分析在低浓度下的分析准确度较高。含量在 $10^{-11} \sim 10^{-7}$ 范围内的杂质测定,相对误差低达 $1\% \sim 10\%$。

(4)方便、快速。例如，发射光谱分析在 1 min 内可同时测定水中 48 种元素。

(5)可进行无损分析。有时可在不破坏试样的情况下进行测定，适于考古、文物等特殊领域的分析。有的方法还能进行表面或微区分析，试样可回收。

(6)能进行多信息或特殊功能的分析。有时可同时做定性、定量分析，有时可同时测定材料的组分比和原子的价态。

(7)专一性强。例如，用单晶 X 射线衍射仪可专测晶体结构；用离子选择性电极可测指定离子的浓度等。

(8)便于遥测、遥控、自动化。可做即时、在线分析控制生产过程、环境自动监测与控制。

(9)操作较简便。省去了烦琐的化学操作过程。随自动化、程序化程度的提高，操作将更趋于简化。

(10)仪器设备较复杂，价格较昂贵。

1.2.3　分析方法的分类

按照检测原理的不同大致可分为色谱、光谱、电化学、质谱、能谱、微观形貌显微技术、热分析等(表 1-1)。

表 1-1　仪器分析方法分类

方法类型	测量参数或相关性质	相应的分析方法
色谱	两相间的分配	气相色谱、液相色谱、凝胶色谱、离子色谱、毛细管电泳色谱等
光谱	辐射的发射	原子发射光谱、X 射线荧光光谱、拉曼光谱等
	辐射的吸收	原子吸收光谱、红外光谱、紫外-可见光谱、核磁共振等
	辐射的衍射	X 射线粉末衍射、X 射线单晶衍射
电化学	电位、电流、电阻、电量等	电导分析、电位分析、电流滴定、库仑分析、极谱分析等
质谱	离子的质量电荷比	无机质谱、有机质谱
能谱	能量	光电子能谱、俄歇电子能谱等
微观形貌显微技术	微观形貌	扫描电镜、透射电镜、原子力显微镜等
热分析	热性质	热重、差热、差示扫描量热仪等

1.3　仪器分析的基本原理与仪器构成

分析仪器一般由信号发生器、信号检测器、信号处理器和信号读出装置四个基本部分组成。

(1)信号发生器使样品产生信号，信号源可以是样品本身，如气相色谱仪、液相色谱仪测试时所使用的样品;也可以是样品和辅助装置,如核磁共振仪测试时的样品和射频发生器产生的微波辐射,又如透射电镜测试时的样品和电子束等。

(2)信号检测器又称传感器,它是将某种类型的信号转变成可以测定的电信号的器件,是非电信号实现电测不可或缺的部件,如气相色谱仪中的氢焰检测器、热导检测器;又如凝胶色谱中的视差检测器、多角度激光光散射检测器等。

(3)信号处理器是一个放大器,是将微弱的电信号放大,便于读出的装置。

(4)信号读出装置将信号处理器放大的信号显示出来,如表针、显示器、打印机、记录仪等或用计算机处理。

1.4 仪器分析发展趋势

分析化学的发展与现代科技的发展是分不开的,现代科技对分析化学的要求越来越高,同时又不断地向分析化学输入新理论、新方法和新技术,相互促进,不断前进。为了适应科学发展,仪器分析随之呈现以下发展趋势:

(1)方法创新。进一步提高仪器分析方法的灵敏度、选择性和准确性。各种选择性检测技术和多组分同时分析技术等是当前仪器分析研究的重要课题。

(2)分析仪器智能化。微型计算机在分析中不仅可以运算分析结果,而且可以储存分析方法和标准数据,控制仪器的全部操作,实现分析操作自动化和智能化。

(3)新型动态分析检测和非破坏性检测。离线的分析检测不能瞬时、直接、准确地反映生产实际和生命环境的情景实况。运用先进的技术和分析原理,研究并建立有效而实用的实时、在线和高灵敏度、高选择性的新型动态分析检测和非破坏性检测,将是 21 世纪仪器分析发展的主流。目前,生物传感器和酶传感器、免疫传感器、DNA 传感器、细胞传感器等不断涌现;纳米传感器的出现也为活体分析带来了机遇。

(4)多种方法的联合使用。仪器分析多种方法的联合使用可以使每种方法的优点得以发挥,每种方法的缺点得以弥补。联用分析技术已成为当前仪器分析的重要发展方向,如气相色谱-质谱、液相色谱-质谱、热分析-质谱、热分析-红外光谱、液相色谱-电感耦合等离子体光谱-质谱(HPLC-ICP-MS)联用等。

(5)扩展时空多维信息。随着环境科学、宇宙科学、能源科学、生命科学、临床化学、生物医学等学科的兴起,现代仪器分析的发展已不局限于将待测组分分离出来进行表征和测量,而是成为一门为物质提供尽可能多的化学信息的科学。随着人们对客观物质认识的深入,某些过去所不甚熟悉的领域(如多维、不稳定和边界条件等)也逐渐提到日程上来。采用现代核磁共振光谱、质谱、红外光谱等分析方法,可提供有机物分子的精细结构、空间排列构成及瞬态变化等信息,为人们对化学反应历程及生命的认识提供了重要基础。

总之,仪器分析正在向快速、准确、灵敏及适应特殊分析的方向迅速发展。

第2章 有机元素分析

2.1 概　述

有机元素通常是指在有机化合物中分布较广和较为常见的元素，如碳(C)、氢(H)、氧(O)、氮(N)、硫(S)等元素。通过测定有机化合物中各有机元素的含量，可确定化合物中各元素的组成比例，进而得到该化合物的实验式。

有机元素分析最早出现在19世纪30年代，利比希(Justus von Liebig)首先建立燃烧方法测定样品中碳和氢两种元素的含量：先将样品充分燃烧，使碳和氢分别转化为二氧化碳和水蒸气，然后分别以氢氧化钾溶液和氧化钙吸收，根据各吸收管的质量变化分别计算出碳和氢的含量。

目前，元素的一般分析法有化学法、光谱法、能谱法等，其中化学法是最经典的分析方法。传统的化学元素分析方法具有分析时间长、工作量大等不足。随着科学技术的不断发展，自动化技术和计算机控制技术日趋成熟，元素分析自动化应运而生。有机元素分析的自动化仪器最早出现于20世纪60年代，后经不断改进，配备了微型计算机和微处理器进行条件控制和数据处理，方法简便迅速，逐渐成为元素分析的主要方法。目前，有机元素分析常用检测方法主要有示差热导法、反应气相色谱法、电量法和电导法等。

2.2　仪器构成及原理

2.2.1　仪器基本构成

有机元素分析的工作原理是普雷格尔(F. Pregl)测碳、氢的方法与杜马(J. B. A. Dumas)测氮的方法。在分解样品时通过一定量的氧气助燃，以氦气为载气，将燃烧气体带过燃烧管和还原管，两管内分别装有氧化剂和还原铜，并填充银丝以去除干扰物质(如卤素等)，最后从还原管流出的气体除氦气以外只有二氧化碳、水和氮气。通过一定体积的容器并混匀，再由载气带此气体通过高氯酸镁以去除水分。在吸收管前后各有一个热导池检测器，由二者响应信号之差给出水的含量。除去水分后的气体再通入烧碱石棉吸收管中，由吸收管前后热导池信号之差再求出二氧化碳含量。最后一组热导池则测量纯氦气与含氮的载气的信号差，得出氮的含量。

氧/硫分析仪是现代的测碳、氢、氮的仪器，在换用燃烧热解管后可测定氧或硫。测定氧时，其前处理方法与经典法相似。将样品在高温管内热解，由氦气将热解产物携带通过涂有镍或铂的活性炭填充床，使氧全部转化成一氧化碳，混合气体通过分子筛柱，将各组分分离，通过热导池检测器检测一氧化碳气体而进行定量分析。另一种方法是使热解气体通过氧化铜柱，将一氧化碳转化成二氧化碳，用烧碱石棉吸收后由热导示差的信号测定，或者利用库仑分析法测定。测定硫时，在热解管内填充氧化钨等氧化剂，并可通过氧气帮助氧化，硫则通常被氧化成二氧化硫，生成的二氧化硫可用多种仪器方法测定。例如，可通过分子筛柱用气相色谱法测量；也可通过氧化银吸收管，由吸收前后热导差示响应求出含量；也可通过库仑滴定法，将二氧化硫吸收氧化成硫酸，吸收液的 pH 将改变，电解产生氢氧银离子，将与质子中和，使 pH 再恢复至原来数值，由电量求得硫含量。

整个实验流程如图 2-1 所示。

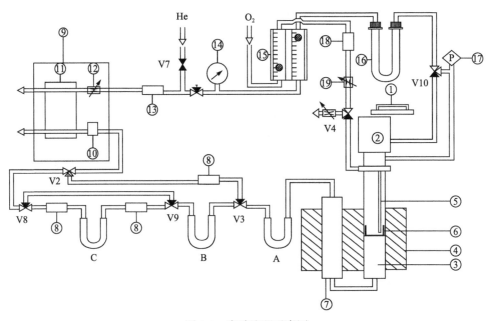

图 2-1　实验流程示意图

1-旋转式进样盘；2-球阀；3-燃烧管；4-可容 3 个试管的加热炉；5-O_2 通入口；6-灰坩埚；7-还原管；8-干燥管；9-气体控制；10-流量控制器；11-热导仪；12-节流阀；13-干燥管(He)；14-气体入口压力量表；15-O_2 和 He 的流量表；16-气体清洁管；17-压力传感器；18-干燥管(O_2)；19-加入 O_2 的针形阀；A-SO_2 吸附柱；B-H_2O 吸附柱；C-CO_2 吸附柱；V2、V3-解吸附 SO_2 的通道阀；V4-O_2 输入阀；V7-He 输入阀；V8、V9-解吸附 H_2O 的通道阀

在 CHN 工作模式下，含有碳(C)、氢(H)、氮(N)元素的样品经精确称量后(用百万分之一电子分析天平称取)，由自动进样器自动加入到 CHN 模式热解-还原管，如图 2-2 所示，在氧化剂、催化剂以及 950℃工作温度下，样品充分燃烧，其中的有机元素分别转化为相应稳定形态，如 CO_2、H_2O、N_2 等。

　　燃烧反应后生成的各气态形式产物先经过 CHN 模式还原管(图 2-3)，除去多余的 O_2 和干扰物质(如卤素等)。最后从还原管流出的气体除氦气外只有二氧化碳、水和氮气，这些气体进入到特殊吸附柱和热导仪(TCD)连续测定 H_2O、CO_2 和 N_2 含量,如通过高氯酸镁以除去水分、通过烧碱石棉吸附二氧化碳等。氦气(He)用于冲洗和载气。

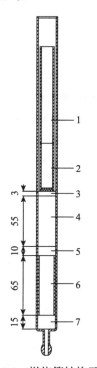

图 2-2　燃烧管结构示意

1-保护管；2-灰分管；3-Al_2O_3 颗粒填充，3 mm；
4-WO_3 颗粒填充，55 mm；5-石英棉填充，10 mm；
6-支撑管，65 mm；7-石英棉填充，15 mm

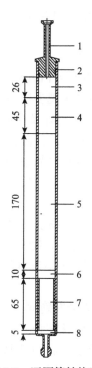

图 2-3　还原管结构示意

1-柱头；2-O 形圈；3-银丝棉填充，26 mm；
4-Al_2O_3 颗粒填充，45 mm；5-铜颗粒填充，170 mm；
6-石英棉填充，10 mm；7-支撑管，65 mm；
8-石英棉填充，5 mm

技术参数:

(1)测定范围：C，0.0004~30 mg；N，0.0001~10 mg。

(2)标准偏差：≤0.1%绝对误差(CHN 同时测定，4~5 mg 样品)。

(3)样品称量：0.02~800 mg(根据被测物质)。

(4)分解温度：950~1200℃(锡容器燃烧时达 1800℃)。

(5)分析时间：C、H、N 同时测定，6~9 min；C、H、N、S 同时测定，10~12 min。

(6)每次分析消耗气体：C、H、N 同时测定，2~3 L He；30~50 mL O_2。

(7)气体纯度：He，99.995%，O_2，99.995%。

(8)测量值输出：计算机屏幕显示与打印机打印出完整的元素含量。

(9)数据接口：V24/R232C 标准接口。

(10)电源：230 V，50/60 Hz，1.8 kW。

(11)外形尺寸：78 cm×60 cm×70 cm(长×宽×高)。

(12)质量：约 120 kg。

2.2.2　工作原理

以美国 Thermo Fisher 公司生产的 FlashSmart 型元素分析仪为例,该仪器主要采用微量燃烧法实现多样品的自动分析,通过自动在线测定和计算可提供数据处理、计算、报告、打印及存储等功能。仪器有 CHNS 模式和 O 模式两种工作模式,主要测定固体样品。仪器状态稳定后,可实现每 9 min 完成一次样品测定,同时给出所测定元素在样品中的百分含量,且仪器可自动连续进样。该仪器具有所需样品量少(毫克级)、分析速度快、适合进行大批量分析的特点,其主要性能指标如下:

(1)两种工作模式：CHNS 模式和 O 模式。

(2)空白基线(He 载气)：C，±30；H，±100；N，±16；S，±20；O，±50。

(3)K 因子检测(He 载气)：C，±0.15；H，±3.75；N，±0.16；S，±0.15；O，±0.16。

(4)元素测量准确度：C、H、N、S、O 的误差均≤0.3%。

(5)元素测量精确度：C、H、N、S、O 的误差均≤0.2%。

元素分析主要利用高温燃烧法测定原理来分析样品中常规有机元素碳(C)、氢(H)、氧(O)、氮(N)、硫(S)等的含量。在高温有氧条件下,有机物均可燃烧,燃烧后其中的有机元素分别转化为相应稳定形态,如 CO_2、H_2O、N_2、SO_2 等。

$$C_xH_yN_zS_t + uO_2 \longrightarrow xCO_2 + \frac{y}{2}H_2O + \frac{z}{2}N_2 + tSO_2$$

因此,在已知样品质量的前提下,通过测定样品完全燃烧后生成气态产物的多少,并进行换算,即可求得试样中各元素的含量。

2.3　实　验　步　骤

2.3.1　样品制备

样品均质化程度直接影响测定结果。可根据样品特点使用不同的均质化设备,若样品均质化程度较好也可无须进行样品前处理。

(1)需空白样一个。将空锡罐包好，作为空白样进行测定。

(2)将适量标准品放入锡罐内，作为标准试样进行测试，以验证仪器性能。

(3)标准品称量。①称量锡罐质量，归零；②将 1～3 mg 标准品包入锡罐中确保样品不会漏出；③用镊子夹住打包好的标准品，轻轻敲打镊子，以减少残留在外的标准品；④称量标准品，记录质量；⑤需标准品三个，质量范围根据常规测定范围选定。

(4)样品称量方法同标准品称量。

(5)将称量好的样品逐一放入自动进样器中。

2.3.2　测试操作

1. 开机

将减压阀出口压力调节至 0 MPa，打开气源(He，O_2)，减压阀出口压力逐步调节至 0.35～0.4 MPa。打开仪器前面板，确保 He 压力为 0.25 MPa，O_2 压力为 0.25 MPa(首次使用需设定，日常测定无须调节，确认在初始设定即可)。确保各个气路电源连接完毕后，开启仪器背面电源。仪器接通电源后，前面板 Power 灯亮，主机背面散热自动开启。

2. 测样前仪器准备

(1)打开 Eager Smart 软件，连接仪器。

(2)复制硬盘中存储"方法"的文件夹至待存储位置。建议每日更新数据存储位置，也可根据需要进行定期、不定期更新。

(3)打开"Load method"，加载测定方法。

(4)点击"Send parameters to analyzer"。

(5)点击"Edit elemental analyzer parameter status"，关闭双炉升温，关闭柱温箱。点击"Send"，将该命令发送至仪器。

(6)仪器检漏。

(7)气密性检测通过后可进行炉升温。检测器稳定且炉温达到指定温度后可以进行测样。

(8)填写样品信息，更改样品类型；在"Type"中依次选择"Blank"和"Bypass"。关闭并存储样品列表。

(9)依次点击软件主界面"Run→Start sequence of samples"，开始测定样品。

(10)测定空白样及仪器性能验证时需要监视样品情况以判断仪器状态。

(11)空白样测定结束后可进行仪器性能验证。若峰型正常则可继续进行样品测定。

2.3.3　仪器操作注意事项及维护

(1)开机前确保仪器进气压力在正常范围内(0.3~0.5 MPa),否则会对仪器造成损坏。

(2)每次开机前须清理灰分坩埚。

(3)含卤素、磷酸盐或重金属的样品可能会对分析结果或仪器零件寿命产生影响。

2.3.4　实验影响因素及其排除方法

实验影响因素及其排除方法见表2-1。

表 2-1　常见问题一览表

问题	描述	原因分析	解决方法
N 的空白值偏高	在测定 CHNS 或 CHN 的空白值时,发现 CHS 或 CH 的空白值明显下降,很快达到允许值范围,而 N 值下降非常慢,需要测定很多次才能达到允许值范围	仪器一旦更换燃烧管、还原管或灰分管后,由于拆装等,空气进入氧气管道,引起 N 值偏高。由于在测定空白值时,氧气的加入的时间只有 1 s,驱赶进入氧气管道中的空气缓慢,所以此时的 N 面积值逐渐下降	加氧空白一次,INDEX 1(90 s)用 RUN-IN 样品 3 个(既保证仪器条件化的需要,又可驱赶进入氧气管道中的空气)进行标准品分析
	在正常测定中,N 的峰面积突然增大,而 N 的含量随之增大或超出 100%,N 的峰型为双峰	还原铜失效。当还原铜失效时,进 TCD 检测的不是 N_2 而是 NO_x,此时会引起 N 的峰面积突然增大	更换还原铜
C 的测定值不稳定	在测定时,发现标准品的 C 含量不稳定	—	更换灰分管内的铝棉,清除灰分;检查陶瓷的加氧是否堵塞;加氧时,观察氧的流量计刻度;检查氧化剂
氢的数据偏低	开始时标准品已经无法达到 6.7 了,只有 6.1	仪器校准的合适与否依赖校准曲线	用丙酮或乙醇清洗石英桥;检查 H_2O 柱的入口是否有残留物。通常,需备有一根新填充氧化剂的石英管,用来判断和检查出现的问题
无法得到 H_2O 的积分值		由于特殊氧化剂的加入(吸收氟),H_2O 出峰时间延长,无法得到 H_2O 积分值。软件设置问题	增加 peak anticipations H 的时间,可以多延长一些时间,只要峰出现,peak anticipations H 就无此功能了
仪器的系统压力太低		压力传感器问题。钢瓶气体问题	检查氦气流程:He—电磁阀—稳压阀—压力表—氦气流量计—U 形载气净化管—电磁阀—进入燃烧管和球阀清洗—石英桥—还原管

2.4　应　　用

2.4.1　纤维素中 C、N、O 测定

仪器型号：FlashSmart；仪器模式：CHNS/O；实验条件：氧化温度 950℃，裂解温度 1060℃；氧气流速：载气流速 140 mL/min，参考气流速 100 mL/min；样品延迟：12 s；分析时间：720 s；标准品：BBOT；注氧时间：5 s；标准曲线形式：线性。

标准品含量及可接受范围见表 2-2。

表 2-2　标准品含量及可接受范围

标准品	N		C		O	
	含量/%	范围	含量/%	范围	含量/%	范围
BBOT	6.51	±0.10	72.53	±0.30	7.43	±0.10
甲硫氨酸	9.39	±0.10	40.25	±0.30	21.45	±0.20

CHNS 模式和 O 模式标准曲线分别见图 2-4 和图 2-5。

样品图谱见图 2-6 和图 2-7，检测数据见表 2-3 和表 2-4。

BBOT 及甲硫氨酸是测试过程中的质控标准品，用来验证序列数据是否正确。质控结果表明该测定数据有效。

2.4.2　样品中 H、O 测定

仪器型号：Flash Smart；仪器模式：CHNS/O；实验条件：氧化温度 950℃，裂解温度 1060℃；载气流速：140 mL/min；参考气流速：100 mL/min；标准品：BBOT，磺胺，胱氨酸；注氧时间：7 s；标准曲线形式：K 因子。

标准品含量及可接受范围见表 2-5。

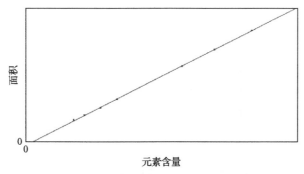

图 2-4　CHNS 模式标准曲线

K_b=1978818，K_c=5873.777，CF=0.9998094

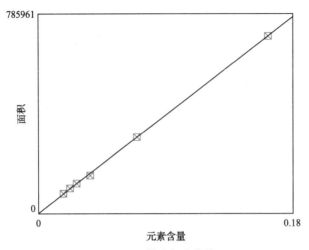

图 2-5　O 模式标准曲线

K_b=4267250，K_c=8560.946，CF=0.9996782

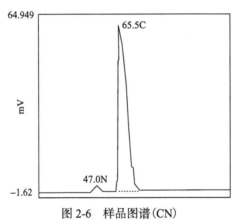

图 2-6　样品图谱(CN)

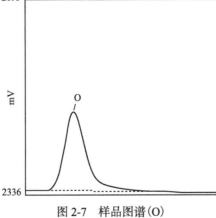

图 2-7　样品图谱(O)

表 2-3 样品 N，C 检测数据

名称	样品类型	称样量/mg	N/%	C/%
甲硫氨酸	QC	1.322	9.41	40.35
碳纤维 1	UNK	0.881	5.44	93.64
碳纤维 1	UNK	0.914	5.50	93.66
碳纤维 2	UNK	1.062	3.93	95.70
碳纤维 2	UNK	1.068	4.04	95.65
碳纤维 3	UNK	1.068	4.04	95.65
碳纤维 3	UNK	1.073	3.97	95.73
碳纤维 4	UNK	0.805	3.40	96.74
碳纤维 4	UNK	0820	3.42	96.97
甲硫氨酸	QC	1.305	9.39	40.32

表 2-4 样品 O 检测数据

名称	样品类型	称样量/mg	O/%
甲硫氨酸	QC	0.513	7.45
碳纤维 1	UNK	10.995	0.28
碳纤维 1	UNK	10.587	0.27
碳纤维 2	UNK	9.635	0.21
碳纤维 2	UNK	10.229	0.21
碳纤维 3	UNK	3.855	0.20
碳纤维 3	UNK	3.852	0.2
碳纤维 4	UNK	9.756	0.28
碳纤维 4	UNK	10.060	0.27
甲硫氨酸	QC	0.652	7.47

表 2-5 标准品含量及可接受范围

标准品	C		O	
	含量/%	范围	含量/%	范围
胱氨酸	5.03	±0.10	—	—
磺胺	4.68	±0.07	18.58	±0.20
BBOT	—	—	7.43	±0.10

CHNS 模式和 O 模式标准曲线分别见图 2-8 和图 2-9。

检测数据见表 2-6 和表 2-7。

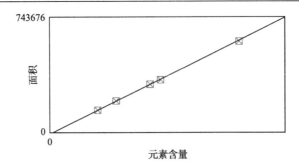

图 2-8　CHNS 模式标准曲线

$K_b=1.465906\times10^7$，$K_c=3067.833$，CF=0.9999628

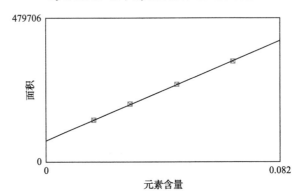

图 2-9　O 模式标准曲线

$K_b=4064315$，$K_c=74839.66$，CF=0.9998087

表 2-6　样品 H 检测数据

名称	样品量/mg	H/%
胱氨酸	0.319	5.07
1	1.078	0.25
1	1.083	0.22
1	2.007	0.24
1	1.993	0.26
2	1.045	0.35
2	1.038	0.34
2	1.993	0.36
2	1.972	0.38
3	2.003	0.021
3	2.012	0.017
4	1.983	0.009
4	2.012	0.010
胱氨酸	0.327	5.11

表 2-7　样品 O 检测数据

名称	样品量/mg	O/%
磺胺	0.408	18.64
1	2.003	0.52
1	2.225	0.54
2	2.048	0.55
2	2.045	0.51
3	2.018	0.19
3	2.025	0.21
4	2.023	0.17
4	2.015	0.15
磺胺	0.389	18.72

2.5　思　考　题

(1)怎样降低实验的系统误差?

(2)常见有机元素的测定除了仪器法,是否还有其他方法? 不同方法各有什么优缺点?

第3章 原子吸收光谱分析

3.1 概　　述

原子光谱包括原子发射光谱、原子吸收光谱和原子荧光光谱。原子发射光谱是价电子受到激发跃迁到激发态，再由高能态回到各较低的能态或基态时，以辐射形式放出其激发能而产生的光谱。原子吸收光谱是基态原子吸收共振辐射跃迁到激发态而产生的吸收光谱。原子荧光光谱是原子吸收辐射之后提高到激发态，再回到基态或邻近基态的另一能态，将吸收的能量以辐射形式沿各个方向放出而产生的发射光谱。

三种原子光谱分析方法各有所长，各有最适宜的应用范围。一般说来，对于分析线波长小于 300 nm 的元素，原子荧光光谱有更低的检出限；对于分析线波长位于 300～400 nm 的元素，三种原子光谱法具有相似的检出限；对于分析线波长大于 400 nm 的元素，原子发射光谱检出限较低。原子光谱是元素的固有特征，因此三种原子光谱分析方法都有良好的选择性。一般来说，原子吸收光谱和原子荧光光谱测定的精密度优于原子发射光谱。从应用范围看，原子发射光谱和原子荧光光谱适用分析的元素范围更广，且具有多元素同时分析的能力。电感耦合等离子体原子发射光谱和原子荧光光谱标准曲线的动态范围可达 4～5 个数量级，而原子吸收光谱通常小于 2 个数量级。原子吸收光谱的用样量小，如石墨炉原子吸收光谱测定，液体的进样量为 10～30 μL，固体进样量为毫克级。原子吸收光谱和原子荧光光谱的仪器设备相对比较简单，操作简便。从试剂应用领域看，三种原子光谱分析方法都已得到广泛应用，并且随着三种原子光谱分析方法和技术的不断完善与发展，应用领域将进一步扩大，分析的精密度和准确度将进一步提高。

3.2　仪器构成及原理

3.2.1　仪器基本构成

原子吸收光谱仪由光源、原子化器、光学系统、检测系统和数据工作站组成。光源提供待测元素的特征辐射光谱；原子化器将样品中的待测元素转化为自由原子；光学系统将待测元素的共振线分出；检测系统将光信号转换成电信号进而读出吸光度；数据工作站通过应用软件对光谱仪各系统进行控制并处理数据结果。图 3-1 为原子吸收光谱仪的结构示意图。

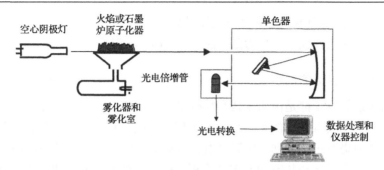

图 3-1　原子吸收光谱仪结构示意图

原子吸收光谱仪对辐射光源的基本要求是：

(1)辐射谱线宽度要窄，一般要求谱线宽度要明显小于吸收线宽度，这样有利于提高分析的灵敏度，改善校正曲线的线性关系。

(2)辐射强度大、背景小，并且在光谱通带内无其他干扰谱线，这样可以提高信噪比，改善仪器的检出限。

(3)辐射强度稳定，以保证测定具有足够的精度。

(4)结构牢固，操作方便，经久耐用。

空心阴极灯能够满足上述要求，它由一个被测元素纯金属或简单合金制成的圆柱形空心阴极和一个用钨或其他高熔点金属制成的阳极组成。灯内抽成真空，然后充入氖气，氖气在放电过程中起传递电流、溅射阴极和传递能量作用。空心阴极灯腔的对面是能够透射所需要的辐射的光学窗口，如图 3-2 所示。

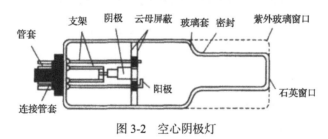

图 3-2　空心阴极灯

3.2.2　工作原理

原子吸收光谱法，又称原子吸收分光光度法，是基于从光源发出的被测元素特征辐射通过元素的原子蒸气时被其基态原子吸收，由辐射的减弱程度测定元素含量的一种现代仪器分析方法。按照热力学理论，在热平衡状态下，基态原子和激发态原子的分布符合玻尔兹曼公式：

$$\frac{N_i}{N_0} = \frac{g_i}{g_0}\exp(-E_i / kT) \tag{3-1}$$

式中，N_i 和 N_0 分别为激发态和基态的原子数；k 为玻尔兹曼常量；g_i 和 g_0 分别为激发态和基态的统计权重；E_i 为激发能；T 为热力学温度。

3.2.3 原子吸收光谱的产生

任何元素的原子都是由原子核和核外电子所组成。原子核是原子的中心体，荷正电，电子荷负电，总的负电荷与原子核的正电荷相等。电子沿核外的圆形或椭圆形轨道围绕原子核运动，同时又有自旋运动。电子的运动状态由波函数 ψ 描述。求解描述电子运动状态的薛定谔方程，可以得到表征原子内电子运动状态的主量子数 n、角量子数 l 和磁量子数 m。

原子核外的电子按其能量的高低分层分布而形成不同的能级，因此，一个原子核可以具有多种能级状态。能量最低的能级状态称为基态能级（E_0），其余能级称为激发态能级，而能量最低的激发态则称为第一激发态。一般情况下，原子处于基态，核外电子在各自能量最低的轨道上运动。如果将一定外界能量如光能提供给该基态原子，当外界光能量恰好等于该基态原子中基态和某一较高能级之间的能级差 ΔE 时，该原子将吸收这一特征波长的光，外层电子由基态跃迁到相应的激发态而产生原子吸收光谱。

例如图 3-3 所示的钠原子有高于基态 2.2 eV 和 3.6 eV 的两个激发态。当处于基态的钠原子受到 2.2 eV 和 3.6 eV 能量的激发，就会从基态跃迁到较高的激发态 I 和激发态 II 能级，而跃迁所需要的能量就来自于光。2.2 eV 和 3.6 eV 的能量分别相当于波长 589.0 nm 与 330.3 nm 的光线的能量，而其他波长的光不被吸收。

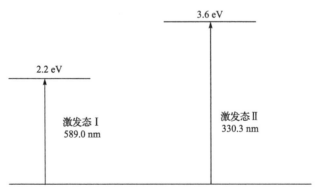

图 3-3　钠原子能级图

电子跃迁到较高能级以后处于激发态，但激发态电子是不稳定的，大约经过 10^{-8}s 以后，激发态电子将返回基态或其他较低能级，并将电子跃迁时所吸收的能量以光的形式释放出去，这个过程形成原子发射光谱。核外电子从基态跃迁至第一激发态所吸收的谱线称为共振吸收线，简称共振线。电子从第一激发态返回基态时所发射的谱线称为第一共振发射线。由于基态与第一激发态之间的能级差最小，电子跃迁概率最大，故共振吸收线最易产生。对多数元素来讲，它是所有吸收线中最灵敏的，在原子吸收光谱分析中通常以共振线为吸收线。

3.2.4　原子吸收谱线轮廓及变宽

理论和实验表明，无论是源自发射谱线还是吸收谱线，谱线并非一条严格的集合线，而是具有一定的形状，即谱线强度按频率有分布值，而且强度随频率急剧变化。吸收谱线通常以吸收系数 k 为纵坐标，频率 v 为横坐标。吸收光谱曲线反映了原子对不同频率的光具有选择性吸收的性质。极大值相对应频率称为中心频率，相应的吸收系数称为中心吸收系数或峰值吸收系数。k-v 曲线又称原子吸收光谱轮廓或吸收线轮廓。吸收线轮廓的宽度也叫光谱带宽，以半宽度 Δv 的大小表示。

原子吸收光谱变宽的原因有两个方面：一方面是由原子性质所决定，如自然宽度；另一方面是由于外界因素影响引起的，如多普勒变宽、洛伦茨变宽等。

1. 自然宽度

自然宽度是在无外界影响的情况下吸收线本身的宽度。自然宽度的大小与激发态的原子平均寿命有关，激发态原子平均寿命越长，吸收线自然宽度越窄，对于多数元素的共振线来讲，自然宽度约为 $10^{-6} \sim 10^{-5}$ nm。

2. 多普勒变宽

多普勒变宽又称热变宽，这是原子在空间做无规则热运动所引起的一种吸收线变宽现象。多普勒变宽随温度升高而加剧，并随元素种类而异，在一般火焰温度下，多普勒变宽可以使谱线增宽 10^{-3} nm。多普勒变宽是原子吸收谱线变宽的主要原因。

3. 洛伦茨变宽

待测元素的原子与其他元素原子相互碰撞而引起的吸收线变宽称为洛伦茨变宽。洛伦茨变宽随原子区内原子蒸气压增大和温度增高而增大。在 101.325 kPa 以及一般火焰温度下，大多数元素共振线的洛伦茨变宽与多普勒变宽的增宽范围具有相同的数量级，一般为 10^{-3} nm。

4. 场致变宽和自吸变宽

外界电场或磁场作用也能引起原子能级分裂而使谱线变宽，这种变宽称为场致变宽。另外，光源辐射共振线，周围较冷的同种原子吸收掉部分辐射，使光强减弱。这种现象称为谱线的自吸收,由自吸收现象引起谱线轮廓变宽称为自吸变宽。

3.2.5 原子吸收光谱分析的特点

原子吸收光谱分析具有许多分析方法无可比拟的优点:

1. 选择性好

由于原子吸收线比原子发射线少得多,因此谱线重叠的概率小,光谱干扰比发射光谱小得多。加之采用单元素制成的空心阴极灯作锐线光源,光源辐射的光谱较纯,在样品溶液中被测元素的共振线波长处不易产生背景发射干扰。

2. 灵敏度高

采用火焰原子化法,大多数元素的灵敏度可达 ppm(10^{-6})级,少数元素可达 ppb(10^{-9})级。若用高温石墨炉原子化法,其绝对灵敏度可达 $10^{-14} \sim 10^{-10}$ g。因此,原子吸收光谱法极适用于痕量金属分析。

3. 精密度高

火焰原子吸收法精密度高,在日常的微量分析中,精密度为 0.1%～3%;石墨炉原子吸收法比火焰法的精密度低一些,采用自动进样器技术,一般可以控制在 5%之内。

4. 分析范围广

可分析周期表中绝大多数的金属元素、类金属元素,也可间接测定有机物;就样品的状态而言,既可测定液态样品,也可测定气态样品。

5. 分析速度快

用样量小,火焰法进样速度一般为 3～6 mL/min,微量进样为 10～15 μL。石墨炉法的进样量为 10～30 μL。

3.3　原子吸收分析方法

根据原子化的手段不同,现有原子吸收最常用的有火焰原子化法、石墨炉原子化法和氢化物发生原子化法三大类。

3.3.1　火焰原子化法

火焰原子化发法具有分析速度快、精密度高、干扰少、操作简单等优点。火焰原子化法的火焰种类有很多，目前广泛使用的是乙炔-空气火焰，可以分析 30 多种元素；其次是乙炔-氧化亚氮(俗称笑气)火焰，可将测定元素增加到 70 多种。

1. 火焰特性及基本过程

火焰原子化法对火焰的基本要求是温度高、稳定性好与安全。样品溶液被喷雾雾化进入火焰原子化器，大体经历以下几个过程(图 3-4)：①雾化；②脱水干燥；③熔融蒸发；④热解和还原；⑤激发、电离和化合。

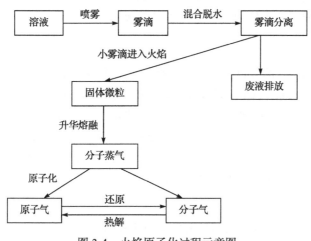

图 3-4　火焰原子化过程示意图

2. 原子化过程中的化学反应

1) 离解反应

火焰中存在的金属化合物，通常以双原子或三原子分子存在。多原子或有机金属化合物通常在火焰中不稳定，在雾滴脱除过程中即被分解成简单分子化合物。当火焰温度达到化合物的离解温度时，大多数双原子或三原子分子也不稳定，它们发生离解，形成自由原子。

$$MX \rightleftharpoons M + X$$

此时，火焰中自由原子浓度取决于该金属化合物在火焰中的离解度 α。

$$\alpha = [M]/([M]+[MX]) \tag{3-2}$$

式中，[M]为火焰中离解形成的金属原子的浓度；[MX]为还未离解的分子浓度。

在稳定的火焰温度下，金属原子与 MX 分子间达到平衡，根据质量作用定律，可得：

$$\alpha = 1/(1+[X]/K_d) \tag{3-3}$$

式中，[X]为火焰中非金属原子的浓度；K_d 为离解平衡常数。由此可见，K_d 越大，[X]越小，则离解度越大，火焰中存在的自由金属原子浓度就越高。若[X]$<K_d$，则 $\alpha \approx 1$，即被测元素几乎全部离解为基态原子；若[X]$>K_d$，则 $\alpha \approx 0$，化合物几乎不离解，一般情况介于这两种极限情况之间，即 $0 < \alpha < 1$。

对于给定[X]和火焰温度，K_d 的值主要取决于化合物 MX 的离解能。一般情况下，当离解能小于 3.5 eV 时，MX 在火焰中不稳定，易发生离解；而离解能大于 3.5 eV 时，MX 在火焰中较稳定，难以离解。

2) 电离反应

在高温火焰中，部分自由金属原子获得能量而发生电离($M \rightleftharpoons M^+ + e^-$)，电离程度随被分析元素浓度的增加而降低，从而导致曲线向上弯曲。原子的电离反应与分子的离解反应相类似。火焰温度不仅决定了自由原子的电离常数，而且决定了自由原子在高温介质中的电离度，同时火焰温度还决定了化合物离解成自由原子的离解常数和离解度。因此，在评价火焰中自由原子生成程度时，必须同时考察该化合物的离解和自由原子的电离。

3) 化合反应

在火焰反应中，离解形成的自由金属原子还可以与火焰中的氧发生化合反应，生成难离解的氧化物，这是火焰原子吸收分析中遇到的主要困难之一，自由原子的化合反应式如下：

$$M + O \rightleftharpoons MO$$

在热力学平衡条件下，火焰中的自由原子浓度则用式(3-4)表示：

$$[M] = K^*([MO]/[O]) \tag{3-4}$$

式中，K^* 为氧化物的离解常数。在一定温度下，[M]与[O]成反比。由于燃气与助燃气之比直接决定了火焰中氧原子的浓度，所以改变燃气比可改变氧原子的浓度，进而改变金属氧化物的生成程度。

在富燃火焰中，氧的浓度低，有利于自由金属原子的生成。对于某些氧化物离解能较大的元素，利用富燃焰可以避免这些元素在火焰中重新合成难离解的氧化物，从而提高分析灵敏度。

4) 还原反应

在富燃空气-乙炔火焰中，由于燃烧不完全，火焰介质中仍存在相当多的原子碳、固体碳微粒、CO 以及其他化学物质，此外还有一些与大气作用产生的含氮化合物，这些燃烧反应产生的副产物具有强烈的还原性，能够使火焰中的氧化物还原成金属原子。

$$MO + C \longrightarrow M + CO$$

$$MO + NH \longrightarrow M + N + OH$$

富燃火焰的强还原性，使生成的自由金属原子受到强烈还原气氛的保护，寿命得以延长。由此可见，富燃火焰的强还原性，对于测定那些易形成难熔氧化物的元素是极为有利的。

3. 火焰原子吸收法最佳条件选择

1) 吸收线选择

为获得较高的灵敏度、稳定性和宽的线性范围及无干扰测定，须选择合适的吸收线。选择谱线的一般原则如下：①灵敏度。一般选择最灵敏的共振吸收线，测定高含量元素时，可选用次灵敏线。可参考 SOLAAR 软件中的 COOKBOOK。②谱线干扰。当分析线附近有其他非吸收线存在时，将使灵敏度降低，工作曲线弯曲，应当尽量避免干扰。例如，Ni 230.0 nm 附近有 Ni 231.98 nm、Ni 232.14 nm 及 Ni 231.6 nm 非吸收线干扰。③线性范围。不同分析线有不同的线性范围，例如 Ni 305.1 nm 优于 Ni 230.0 nm。

2) 电流的选择

选择合适的空心阴极灯电流，可得到较高的灵敏度与稳定性。从灵敏度考虑，灯电流宜小些，因为谱线变宽及自吸效应小，发射线窄，灵敏度增高。但灯电流太小，灯放电不稳定。从稳定性考虑，灯电流要大，谱线强度高，负高压低，读数稳定，特别对于常量与高含量元素分析，灯电流宜大些。

从维护灯和使用寿命角度考虑，对于高熔点、低溅射的金属，如铁、钴、镍、铬等元素，灯电流允许用得大；对于低熔点、高溅射的金属，如锌、铅等元素，灯电流要用得小；对于低熔点、低溅射的金属，如锡，若需增加光强度，则允许灯电流稍大些。

3) 光谱通带的选择

光谱通带的宽窄直接影响测定的灵敏度与标准曲线的线性范围。

光谱通带=线色散率的倒数×缝宽

在保证只有分析线通过出口狭缝的前提下，尽可能选择较宽的通带。对于碱金属、碱土金属，可用较宽的通带；而对于稀有元素，当连续背景较强时，要用小的通带，比如 0.1 nm 的通带，对于分析 Ni、Fe 等元素，其斜率及线性范围随着光谱通带的变窄而改善。如图 3-5 所示。

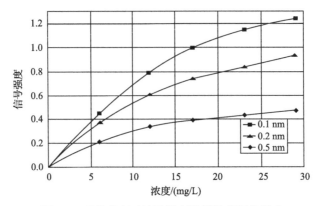

图 3-5　　通带宽度对镍灵敏度及线性范围的影响

4)燃气-助燃气比的选择

燃气-助燃气比(简称燃助比)不同,火焰温度和氧化还原性质也不同。根据火焰温度和气氛,可分为贫燃火焰、化学计量火焰、发亮火焰和富燃火焰四种类型。

燃助比(乙炔/空气)在 1:6 以上,火焰处于贫燃状态,燃烧充分,温度较高,除了碱金属可以用贫燃火焰外,一些高熔点和惰性金属如 Ag、Au、Pd、Pt、Rb、Cu 等,也可以用贫燃火焰。此时燃烧不稳定,测定的重现性较差。

燃助比为 1:4 时,火焰稳定,层次清晰分明,称化学计量火焰,适合于大多数元素的测定。

燃助比小于 1:4 时,火焰呈发亮状态,层次开始模糊,为发亮火焰。此时温度较低,燃烧不充分,但具有还原性,测定 Mg 时宜用此火焰。

燃助比小于 1:3 时为富燃火焰,这种火焰有强还原性,即火焰中含有大量的 CH、C、CO、CN、NH 等成分,适合于 Al、Ba、Cr 等元素的测定。

铬、铁、钙等元素对燃助比反应敏感,因此在拟定分析条件时,要特别注意燃气和助燃气的流量和压力。

5)观测高度的选择

观测高度可大致分为高、中、低三个部位。高位光束通过氧化焰区,这一高度在离燃烧器缝口 6~12 mm 处。此处火焰稳定、干扰较少,对紫外线吸收较弱,但灵敏度稍低。吸收线在紫外区的元素,适于这种高度。

中位光束通过氧化焰和还原焰,这一高度大约是离燃烧器缝口 4~6 nm 处。此高度处火焰稳定性比前一种差,温度稍低,干扰较多,但灵敏度高,适于铍、铅、硒、锡、铬等元素分析。

低位光束通过还原焰,这一高度大约在离燃烧器缝口 4 nm 以下。此处火焰稳定性最差，干扰多，对紫外线吸收最强，但吸收灵敏度较高，适于长波段元素的分析。

4. 火焰原子吸收光谱法中的干扰及消除

虽然原子吸收分析中的干扰比较少，并且容易克服，但仍不容忽视。为了得到正确的分析结果，了解干扰的来源和消除是非常重要的。

1) 物理干扰及其消除方法

物理干扰是指试样在转移、蒸发和原子化过程中，由于试样任何物理性质的变化而引起的原子吸收信号强度变化的效应。物理干扰属于非选择性干扰。

在火焰原子吸收中，试样溶液的性质发生任何变化，都直接或间接影响原子化效率。例如，试样的黏度发生变化时，则影响吸喷速率进而影响雾量和雾化效率。毛细管的内径和长度以及空气的流量同样影响吸喷速率。试样表面张力的变化，将影响雾滴的细度、脱溶剂效率和蒸发效率，最终影响到原子化效率。当试样中存在大量的基体元素时，它们在火焰中蒸发离解，不仅要消耗大量的热量，而且在蒸发过程中，有可能包裹待测元素，延缓待测元素的蒸发，影响原子化效率。物理干扰一般都是负干扰，最终影响火焰分析体积中原子的密度。

为消除物理干扰，保证分析的准确度，一般采用以下方法：

(1) 配制与待测试液基体相一致的标准溶液，这是最常用的方法。

(2) 当配制与待测试液基体相一致的标准溶液有困难时，需采用标准加入法。

(3) 当被测元素在试液中浓度较高时，可以用稀释溶液的方法来降低或消除物理干扰。

2) 光谱干扰及其消除方法

光谱干扰是指在所选用的光谱通带内，除了分析元素所吸收的辐射之外，还有来自光源或原子化器的某些不需要的辐射同时被检测器所检测而引起的干扰。主要有以下几种类型：光谱线的重叠干扰、多重吸收线的干扰和光谱通带内存在光源发射的非吸收线的干扰。

(1) 光谱线的重叠干扰及其消除。当被测样品中含有吸收线重叠的两个元素时，无论测定哪个元素，另一个元素都会对它产生干扰，导致测定结果不准确。消除此种干扰的方法主要有：①如果被测元素的灵敏线有干扰，可选次灵敏线作为分析线；②预先将干扰元素分离；③利用自吸收效应或塞曼效应扣除背景。

(2) 光谱通带内存在光源发射的非吸收线的干扰及其消除。在光谱通带内存在光源发射的非吸收线，例如制造阴极灯时用的合金材料或充入的气体中的杂质等，由于分析用的谱线与这些非吸收线不能完全分开，因而产生了非吸收线的干扰。这种干扰会降低灵敏度，使工作曲线弯曲。消除此种干扰的方法主要有：①选择调制分离原子共振线的方法来消除；②尽量选用质量好的阴极灯。

3)电离干扰及其消除方法

碱金属、碱土金属和稀土元素都具有较低的电离能，易在火焰高温下被电离而使参与原子吸收的基态原子数减少，导致吸光度下降，而且会使工作曲线随浓度的增加向纵轴弯曲。元素在火焰中的电离度与火焰温度和该元素的电离电位有密切关系。火焰温度越高，元素的电离电位越低，则电离度越大。与电离有关的干扰称为电离干扰。另外，电离度随金属元素总浓度的增加而减小，故工作曲线向纵轴弯曲。提高火焰中离子的浓度、降低电离度是消除电离干扰的最基本途径。

消除电离干扰最常用的方法是加入消电离剂。一般消电离剂的电离位越低越好。不过，有时加入的消电离剂的电离电位却比待测元素的电离电位还高，如铯(Cs)。利用富燃火焰也可抑制电离干扰，燃烧不充分的碳粒电离，使火焰中离子浓度增加。此外，标准加入法也可在一定程度上消除某些电离干扰。

4)化学干扰及其消除方法

化学干扰是指试样溶液转化为自由基态原子的过程中，待测元素和其他组分之间化学作用而引起的干扰效应。它主要影响待测元素化合物的熔融、蒸发和解离过程。这种效应可以是正效应，增强原子吸收信号，也可以是负效应，降低原子吸收信号。化学干扰是一种选择性干扰，它不仅取决于待测元素与共存元素的性质，还和火焰类型、火焰温度、火焰状态、观察部位等因素有关。

主要采用的消除办法有以下几种：

(1)利用高温火焰。改用 N_2O-乙炔火焰，许多在空气-乙炔火焰中出现的干扰在 N_2O-乙炔火焰中可以部分或完全消除。

(2)利用火焰气氛。对于易形成难熔、难挥发氧化物的元素，如硅、钛、铝、铍等，如果使用还原性气氛很强的火焰，则有利于这些元素的原子化。

(3)加入释放剂。待测元素和干扰元素在火焰中生成稳定的化合物时，加入另一种物质使之与干扰元素反应，生成易挥发的化合物，从而使待测元素从干扰元素的化合物中释放出来，加入的这种物质称为释放剂。常用的释放剂有氯化镧和氯化锶等。

(4)加入保护剂。加入一种试剂使待测元素不与干扰元素生成难挥发的化合物，可保护待测元素不受干扰，这种试剂称为保护剂。例如，乙二胺四乙酸(EDTA)作保护剂可抑制磷酸根对钙的干扰，8-羟基喹啉作保护剂可抑制铝对镁的干扰。

(5)加入缓冲剂。于试样和标准溶液中加入一种过量的干扰元素，使干扰影响不再变化，进而抑制或消除干扰元素对测定结果的影响，这种干扰物质称为缓冲剂。例如，用 N_2O-乙炔火焰测定钛时，铝抑制钛的吸收。当铝浓度大于 $200\ \mu g/mL$ 时，干扰趋于稳定，可消除铝对钛的干扰。缓冲剂的加入量，必须大于吸收值不再变化的干扰元素的最低限量。应用这种方法往往明显地降低灵敏度。

(6)采用标准加入法。

3.3.2　石墨炉原子化法

1. 石墨炉原子化法的特点

与火焰原子化不同，石墨炉原子化采用直接进样和程序升温方式，原子化曲线是一条具有峰值的曲线。它的主要优点如下：

(1)升温速度快，最高温度可达3000℃，适用于高温及稀土元素的分析。

(2)绝对灵敏度高，石墨炉原子化效率高，原子的平均停留时间通常比火焰中相应的时间长约10^3倍，一般元素的绝对灵敏度可达$10^{-12} \sim 10^{-9}$ g。

(3)可分析的元素比较多。

(4)所用的样品少，对分析某些取样困难、价格昂贵、标本难得的样品非常有利。

但石墨炉原子化法存在分析速度慢、分析成本高、背景吸收、光辐射和基体干扰比较大的缺点。

2. 石墨炉原子吸收分析最佳条件选择

石墨炉原子吸收分析有关灯电流、光谱通带及吸收线的选择原则和方法与火焰原子化法相同。所不同的是光路的调整要比燃烧器高度的调节难度大，石墨炉自动进样器的调整及在石墨管中的深度，对分析的灵敏度与精密度影响很大。另外选择合适的干燥、灰化、原子化温度及时间和惰性气体流量，对石墨炉分析至关重要。

1)干燥温度和时间的选择

干燥阶段是一个低温加热的过程，其目的是蒸发样品的溶剂或含水组分。一般干燥温度稍高于溶剂的沸点，如水溶液选择在100～125℃，甲基异丁酮(MIBK)选择在120℃。干燥温度的选择要避免样液的暴沸与飞溅，适当延长斜坡升温的时间或分两步进行。对于黏度大、含盐高的样品，可加入适量的乙醇或MIBK稀释剂，以改善干燥过程。

2)灰化温度和时间的选择

灰化的目的是降低基体及背景吸收的干扰，并保证待测元素没有损失。灰化温度与时间的选择应考虑两个方面，一方面使用足够高的灰化温度和足够长的时间以有利于灰化完全和降低背景吸收，另一方面使用尽可能低的灰化温度和尽可能短的灰化时间以保证待测元素不损失。在实际应用中，可绘制灰化温度曲线来确定最佳灰化温度。加入合适的基体改进剂，能更有效地克服复杂基体的背景吸收干扰。

3)原子化温度和时间的选择

原子化温度是由元素及其化合物的性质决定的，也就是由分析元素原子化前的存在状态，转化为蒸气原子所需的热量决定。这个热量又取决于原子化反应整个过程对自由能的需要。在不同温度下化学反应的自由能，可由反应物和生成物的自由能来计算。

3. 石墨炉基体改进技术

所谓基体改进技术，就是往石墨炉或试液中加入一种化学物质，使基体形成的易挥发化合物在原子化前驱除，从而降低背景干扰，或降低待测元素的挥发性以防止灰化过程中的损失。

基体改进剂已广泛应用于石墨炉原子吸收测定生物和环境样品中的痕量金属元素及其化学形态，目前有无机试剂、有机试剂和活性气体三大种类约 50 种。

基体改进主要通过以下 6 条途径来降低基体干扰：

(1)使基体形成易挥发的化合物来降低背景吸收。氯化物的背景吸收，可借助硝酸铵来消除，原因在于石墨炉内发生如下化学反应：

$$NH_4NO_3 + NaCl \longrightarrow NH_4Cl + NaNO_3$$

NaCl 的熔点近 800℃，加入基体改进剂 NH_4NO_3 反应后，产生的 NH_4Cl、$NaNO_3$ 及过剩的 NH_4NO_3 在 400℃即可挥发，在原子化阶段减少了 NaCl 的背景吸收。

生物样品中铅、铜、金和天然水中铅、锰和锌等元素的测定中，硝酸铵同样可获得很好的效果；硝酸铵可降低碱金属氯化物对铅的干扰；磷酸和硫酸这些高沸点酸，可消除氯化铜等金属氯化物对铅和镍等元素的干扰。

(2)使基体形成难离解的化合物，避免分析元素形成易挥发难离解的一卤化物，降低灰化损失和气相干扰，如 0.1% NaCl 介质中铊的测定，加入 $LiNO_3$ 基体改进剂，使氯化钠中的氯生成离解能大的 LiCl，对铊起了释放作用。

(3)使分析元素形成较易离解的化合物，避免形成热稳定碳化物，降低凝相干扰。碳是石墨管的主要元素，因此对于易生成稳定碳化物的元素，原子吸收峰低而宽。石墨炉测定水中微量硅时加入 CaO，使其在灰化过程中生成 CaSi，从而降低了 Si 的原子化温度。钙可以用来提高 Ba、Be、Si、Sn 的灵敏度。

(4)使分析元素形成热稳定的化合物，降低分析元素的挥发性，防止灰化损失。镉是易挥发的元素，硫酸铵对牛肝中镉的测定有稳定作用，使其灰化温度提高到 650℃。镍可稳定多种易挥发的元素，特别是 As、Se 等，例如 $Ni(NO_3)_2$ 可将硒的允许灰化温度从 300℃提高到 1200℃，其原因是生成了稳定的硒化物。

(5)形成热稳定的合金降低分析元素的挥发性，防止灰化损失。加入某种熔点较高的金属元素，与易挥发的待测金属元素在石墨炉内生成热稳定的合金，从而提高灰化温度。例如贵金属 Pt、Pd、Au 等对 As、Sb、Bi、Pb 和 Se、Te 有很好的改进效果。

(6)形成强还原性环境，改善原子化过程。许多金属氧化物在石墨炉中生成金属原子是基于碳还原反应的机理：

$$MO(s) + C(s) \longrightarrow M(g) + CO(g)$$

结果导致原子浓度的迅速增加。

4. 石墨管的种类及应用

石墨管的质量将直接影响石墨炉分析的灵敏度与稳定性，目前石墨管有许多种，但主要有普通石墨管、热解涂层石墨管及 L'vov 平台石墨管。

普通石墨管比较适合于原子化温度低、易形成挥发性氧化物的元素测定，比如 Li、Na、K、Rb、Cs、Ag、Au、Be、Mg、Zn、Cd、Hg、Al、Ga、In、Tl、Si、Ge、Sn、Pb、As、Sb、Bi、Se、Te 等，普通石墨管的灵敏度较好，特别是 Ge、Si、Sn、Al、Ga 等易形成挥发性氧化物的元素，在普通石墨管较强的还原气氛中不易生成挥发性氧化物，因此灵敏度比热解涂层石墨管高。

对 Cu、Ca、Sr、Ba、Ti、V、Cr、Mo、Mn、Co、Ni、Pt、Rh、Pd、Ir、Pt 等元素，热解涂层石墨管灵敏度较普通石墨管高，但也需加入基体改进剂，在热解涂层石墨管中创造强还原气氛，以降低基体的干扰。对 B、Zr、Os、U、Sc、Y、La、Ce、Pr、Nd、Sm、Eu、Gd、Tb、Dy、Ho、Tm、Yb、Lu 等元素，使用热解涂层石墨管可提高灵敏度 10～26 倍，而用普通石墨管这些元素易生成稳定的碳化物，记忆效应大。

L'vov 平台石墨管是在普通或热解涂层石墨管中衬入一个热解石墨小平台。平台可以防止试液在干燥时渗入石墨管，更重要的是，它并非像石墨管壁是靠热传导加热的，而是靠石墨管的热辐射加热，这样扩展了原子化等温区，提高了分析灵敏度和稳定性。

SOLAAR 原子吸收光谱仪具有五种不同的石墨管，分别是普通石墨管、热解涂层石墨管、长寿命石墨(ELC)管、平台石墨管和石墨炉探针管。其中 ELC 管在 2800℃可使用 2000 多次，配合基体改进剂可获得更好的效果。

5. 背景校正技术

与火焰法相比，石墨炉原子化器中的自由原子浓度高，停留时间长，同时基体成分的浓度也高，因此石墨炉法的基体干扰和背景吸收较火焰法要严重得多，背景校正技术对石墨炉法更为重要。

背景吸收信号一般是来自于样品组分在原子化过程中产生的分子吸收和石墨

管中的微粒对特征辐射光的散射。

目前原子吸收所采用的背景校正方法主要有氘灯背景校正、塞曼效应背景校正和自吸收效应背景校正。

1) 氘灯背景校正

氘灯背景校正是火焰法和石墨炉法用得最普遍的一种。众所周知，分子吸收是宽带(带光谱)吸收，而原子吸收是窄带(线光谱)吸收，因此当被测元素的发射线进入石墨炉原子化器时，石墨管中的基态分子和被测元素的基态原子都将对它进行吸收。这样，通过石墨炉原子化器以后输出的是原子吸收和分子吸收(即背景吸收)的总和。当氘灯信号进入石墨炉原子化器后，宽带的背景吸收要比窄带的原子吸收大许多倍，原子吸收可忽略不计，所以可认为输出的只有背景吸收，最后，将两种输出结果进行比较，就得到了扣除背景吸收以后的分析结果(图 3-6)。

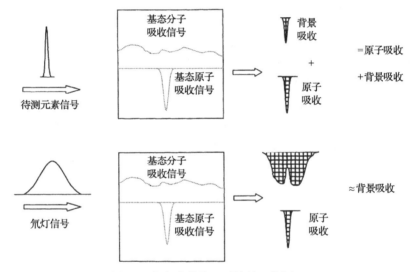

图 3-6　氘灯背景校正系统的工作原理

2) 塞曼效应背景校正

塞曼效应背景校正是利用空心阴极灯的发射线或样品中被测元素的吸收线在强磁场的作用下发生塞曼裂变来进行背景校正。前者为直接塞曼效应；后者为反向塞曼效应，实际应用最多。反向塞曼又有直流与交流之分。其中反相交流塞曼效应扣背景，电流在磁场内部调制，促使磁场交替地开和关。当磁场关闭时，没有塞曼效应，原子吸收线不分裂，测量的是原子吸收信号加背景吸收信号。当磁场开启时，高能量强磁场使原子吸收线裂变为 π 和 σ^+、σ 组分，平行于磁场的 π 组分在中心波长 λ_0 处的原子吸收被偏振器挡住，垂直于磁场的 σ^+ 和 σ 组分($\lambda_0 \pm \Delta\lambda$ 处)不产生或产生微弱的原子吸收，而背景吸收不管磁场开与关，始终不分裂，在

中心波长 λ_0 处仍产生背景吸收。二者相减即得到校正后的原子吸收信号(图 3-7)。

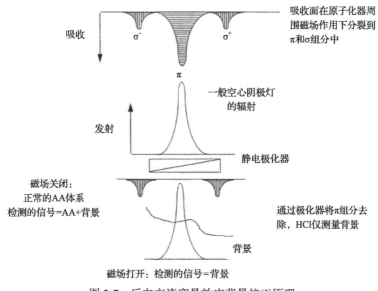

图 3-7　反向交流塞曼效应背景校正原理

3）自吸收效应背景校正

普通空心阴极灯以两个电源脉冲交替通过两个不同强度的电流,在低电流下,测定的是原子吸收信号和背景吸收信号;在高电流下,吸收谱线产生自吸效应,其辐射能量由于自吸变宽而分布于中心波长的两侧,测定的是背景吸收信号。两者相减即为校正后的原子吸收信号。

三种背景校正的特点如下:

(1)氘灯背景矫正。灵敏度高,动态线性范围宽,消耗低,适合于 90% 的应用。仅对紫外区有效,扣除通带内平均背景而非分析线背景,不能扣除结构化背景与光谱重叠。

(2)塞曼效应背景校正。利用光的偏振特性,可在分析线处扣除结构化背景与光谱重叠,全波段有效。灵敏度较氘灯背景校正低,线性范围窄,费用高。

(3)自吸收效应背景校正。使用同一光源,可在分析线处扣除结构化背景与光谱重叠。灵敏度低,特别对于那些自吸收效应弱或不产生自吸收效应的元素,如 Ba 和稀土元素,灵敏度降低高达 90% 以上。另外,空心阴极灯消耗大。

SOLAAR M6 具有氘灯、塞曼效应以及二者联合背景校正的特点,可校正 3A 的背景,并确保对于 2A 的背景校正误差小于 2%。

3.3.3　氢化物发生原子化法

As、Sb、Bi、Ge、Sn、Pb、Se、Te 八种元素的最佳分析线都处于近紫外区,用常规的火焰原子吸收会产生严重的背景吸收,石墨炉原子化法的基体干扰和灰化损失比较严重,甚至等离子体发射光谱法对上述元素加上汞的检出能力都无法满足测定一般样品的需要。

氢化物发生法是根据上述八种元素的氢化物在常温下为气态,且热稳定性差的特点,利用某些能产生初生态的还原剂或者化学反应,与样品中的分析元素形成挥发性共价氢化物,并用惰性气体作载气,将氢化物蒸气导入加热的 T 形石英管中,氢化物受热后迅速分解,将被测元素离解为基态原子蒸气,从而吸收该元素的特征发射信号。

1969 年,澳大利亚的 Holak 首次利用氢化物发生技术测定了砷,由于砷以砷化氢的形式与基体分离,使基体的干扰明显降低。

概括起来,氢化物发生方法有金属酸还原体系、硼氢化钠(钾)-酸体系以及电解法三种。目前应用最多的是硼氢化钠(钾)-酸体系,它的反应原理如下:

$$NaBH_4 + 3H_2O + HCl \longrightarrow H_3BO_3 + NaCl + 8H^+$$

$$8H^+ + E^{m+} \longrightarrow EH_n\uparrow + H_2\uparrow(过剩)$$

其中,E^{m+}为正 m 价的被测元素离子;EH_n 为被测元素的氢化物。

氢化物的形成取决于两个因素,一是被测元素与氢化合的速率,二是硼氢化钠在酸性溶液中的分解速率。

1. 氢化物发生中的干扰

氢化物发生中的干扰类型主要有液相干扰和气相干扰。实际样品分析中,往往会遇到不同程度的多种干扰现象,干扰机理可概括为如下七个方面:

1)形成固态氢化物

酸度是非常重要的条件,酸度不合适,既影响氢化物的生成速率,又容易产生固态氢化物和泡沫状的衍生物。例如测定砷时,如果酸度低,会发生如下反应:

$$AsH_3 + HOAsH_2 \longrightarrow As_2H_4(s) + H_2O$$

$$As_2H_4 \longrightarrow As_2H_2(s) + H_2(g)$$

这就减少了 AsH_3 的生成量。测定锑、锗时也会出现同样问题。

2)形成难溶化合物

如果待测元素与干扰元素之间生成难溶于酸的化合物,则势必影响氢化物的释放效率而引起负干扰。铜对硒的干扰比对砷的干扰强,就是因为还原产生的硒化氢与溶液中的铜离子生成不溶性的硒化铜,而砷化铜是可溶于酸的。显然抑制干扰元素与待测元素之间形成难溶于酸的化合物是消除这种干扰的根本途径。

3) 析出金属沉淀捕获氢化物

某些金属离子在酸介质中可被硼氢化钠还原成金属而沉淀析出，而这些析出的金属沉淀捕获待测元素的氢化物而降低氢化物的释放效率从而导致干扰，许多实验证实，铜、钴、镍等元素对测定的干扰，原因在于金属沉淀的析出。

4) 气相干扰

气相干扰指挥发性氢化物在火焰中形成化合物而引起的相互干扰。K. Dittrich等认为，氢化物形成元素间气相干扰的原因是分析元素与基体元素二聚体分子的形成。一些在石英管原子化器 (1000℃) 中存在的干扰，在石墨炉高温条件 (2000℃) 可以消除的实验事实支持了上述观点，此时多聚体分子因被解离而原子化。

5) 催化作用

Brown Jr 和 Fry 研究了 Cu^{2+} 和 NO_3^- 对硒干扰的机理。他们通过实验证明，在含有 NO_3^- 的反应液中，若加入 Cu^{2+}，则对硒化氢的信号有严重抑制，当 Cu^{2+} 和 NO_3^- 共存时对硒化氢信号抑制程度比二者单独存在时抑制之和要大，原因在于被 BH_4^- 还原出的铜作为催化剂影响 BH_4^- 和 NO_3^- 之间的反应，NO_2^-、NO_2 和 NO 的增多导致严重的负干扰。

6) 消耗气相中的自由基

近年来，有人较为详细地研究了砷和硒之间的干扰，硒对砷的干扰大，而砷对硒的干扰小，砷(Ⅲ)对硒干扰重，而砷(Ⅴ)对硒干扰轻，硒对砷(Ⅲ)和砷(Ⅴ)的干扰相同。就其还原速率而言，硒快，砷(Ⅴ)慢，而砷(Ⅲ)最慢。如果用竞争还原反应机理只能解释硒对砷的干扰比砷对硒重，砷(Ⅴ)比砷(Ⅲ)对硒干扰严重，而不能解释硒对砷(Ⅲ)、砷(Ⅴ)干扰相同，且这种干扰与砷、硒比例关系无关，只与硒的绝对量有关。氢化物分解要借助氢化物分子与自由基碰撞，在石英管原子化器中，自由基数目本来就不多，硒化氢优先分解消耗一些自由基而影响砷化氢的原子化，由于硒化氢的分解有拖尾现象，因此，硒对砷(Ⅲ)、砷(Ⅴ)的干扰程度相同，砷(Ⅴ)较砷(Ⅲ)对硒干扰严重，也就是砷(Ⅴ)消耗自由基要早于砷(Ⅲ)。

7) 价态效应

氢化物原子吸收法的灵敏度受待测元素价态影响，若测量某种元素的总量或测定其中某一价态的含量，必须考虑价态效应，否则会引起较大的测量误差。

2. 氢化物干扰的消除

氢化物的干扰可以通过以下途径得以消除：

1)选择最佳酸度介质

氢化物的反应在酸性介质中进行，因此有关研究都要涉及反应介质问题，介质不同，对待测元素的干扰及干扰的大小不同，如硝酸对砷和硒的测定有干扰；酸的浓度对硒和碲的测定有影响，要有较高的酸度；而锗、锡、铅的氢化物发生都要求在较严格的浓度下进行测定。表 3-1 中列出了部分氢化物反应的酸度条件。

表 3-1　氢化物反应酸度条件

元素	价态	反应介质	元素	价态	反应介质
As	+3	1～6 mol/L HCl	Sb	+3	1～6 mol/L HCl
Te	+4	4～6 mol/L HCl	Bi	+3	1～6 mol/L HCl
Ge	+4	20% H_3PO_4	Se	+2	1～6 mol/L HCl
Sn	+4	酒石酸缓冲溶液 pH=1.3			

控制酸度也可以控制价态干扰，例如在 pH=4 时，只有三价砷能转化为砷化氢；而当 pH=5 时，三价砷和五价砷均可还原成砷化氢，则可测出两种价态砷的总量。

2)选择最佳还原剂及用量

有人对比采用 Zn 和硼氢化钠两种还原体系时，发现某些离子的干扰程度取决于所采用的还原剂种类。他们还研究了测定砷和锑时碘化钾对共存离子的掩蔽作用，掩蔽效果与硼氢化钠的浓度有极密切的关系。总的来说，低浓度的硼氢化钠溶液可以降低共存离子的干扰，原因在于稀溶液不能将金属离子还原成金属。需要指出的是，硼氢化钠溶液不能消除其他可形成氢化物元素的干扰。

3)利用络合剂

对于重金属及贵金属的干扰，除通过选择最佳的酸介质和还原剂用量外，还可以加入适当的络合剂，利用对共存离子的掩蔽作用，防止共存离子与待测元素生成难溶的化合物或避免被硼氢化钠还原成沉淀析出，因而可提高氢化物的释放效率。

4)共沉淀和浮选分离

共存离子的干扰可以通过共沉淀和浮选分离等预处理方法加以克服，如测定地下水中的砷，海水中的锡、砷、铋，河水中的砷、铋，自来水中的锑，都可以用 $Fe(OH)_3$ 共沉淀和浮选分离的方法克服共存离子如铜、镍、铁等的干扰；测定金属铜中的铋、砷、硒、锡、碲可以借助氢氧化镧共沉淀来克服铜的干扰；测定饮用水中的铅可以通过二氧化锰共沉淀克服铜和镍的干扰。此方法也可以用于锡的测定。表 3-2 列出了砷、硒、铋、碲和锡元素的干扰元素以及所需加入的掩蔽剂。

表 3-2　测定不同元素加入的掩蔽剂

测定元素	干扰元素	加入试剂
As, Se	Cu, Co, Ni, Fe	EDTA
Bi	Ni	EDTA
As	Ni	KCNS
Te	Cu, Au	硫脲
Bi	Cu	硫脲
Bi	Cu	KI
As	Ni	1,10-邻菲罗啉、氨基硫脲
As	Cu, Co, Ni 等	8-羟基奎琳
As	Cu	$K_4[Fe(CN)_6]$
Sn	Cu, Ni, Fe	硫脲-抗坏血酸

5) 电解和溶剂萃取分离

测定金属中杂质元素往往需要预分离，电解方法也是一种良好的分离方法，但由于操作烦琐而不常用，溶剂萃取分离是一种有效的分离方法，现已广泛用于氢化物发生原子吸收方法中。有关萃取的研究非常丰富，所报道的文献也较多，感兴趣的读者可以参考相关资料。

6) 色谱分离

为了进一步消除基体成分的干扰和进行金属化学形态的分析，目前发展出色谱-原子吸收联用技术，这种技术综合了色谱分离效果好和原子吸收检测灵敏度高的特点。由于许多实验室不具备色谱仪，且联用存在一定的技术难度，目前，这种分析方法并没有得到广泛的发展。

3.4　实　验　步　骤

3.4.1　样品制备

原子吸收样品大致可分为无机固体样品、有机固体样品以及液体样品三大类。采集样品应注意以下几点：①采集的样品要具有代表性；②被测样品不能被污染；③放置样品的容器要经过酸处理，洗涤干净；④样品应保存在干燥、不被阳光直射的地方。

1. 无机固体样品的处理方法

1) 酸溶法

常用的溶剂有 HCl、HNO_3、H_2SO_4、H_3PO_4、$HClO_4$、HF 以及它们的混合酸

如 $HCl+HNO_3$、$HCl+HF$ 等。为了提高溶解效率，还可以在溶解过程中加入某些氧化剂(如 H_2O_2)、盐类(如铵盐)或有机溶剂(如酒石酸)等。在原子吸收光谱中，HNO_3 和 HCl 的干扰比较小，因此，处理样品时通常使用 HNO_3 和 HCl 来溶解样品。

2) 熔融法

当有些样品不易用酸溶解时，可以采用熔融法来处理。常用的熔剂有 NaOH、$LiBO_2$、Na_2O_2、$K_2S_2O_7$ 等。熔融法分解样品能力较强，速度也比酸溶法快，但由于溶液中盐浓度含量较高，因此，在稀释倍数较小时会造成雾化器或燃烧器堵塞，稀释倍数过大时又会降低检出能力，同时熔融过程中腐蚀的坩埚材料和熔剂中的杂质也易造成干扰，影响测定结果。实际操作中，通常将酸溶法与熔融法结合使用，可将样品先进行酸溶解处理，再加少量熔剂熔融后加酸溶解。

2. 有机物固体样品的处理方法

有机固体样品包括各种食品、植物、化工产品等。其分解方法一般分为干法灰化和湿法消化等。

1) 干法灰化

干法灰化是将有机物样品经过高温分解后，使被测元素呈可溶状态的处理方法。该方法可消除有机物质对待测元素的影响，无须消耗大量试剂，因而减少了试剂污染，但同时也存在缺点，在灰化过程中容易造成待测元素的挥发、粘留在容器的器壁上以及滞留在酸不溶性残渣上。因此，对含有 Hg、As、Se 等元素的样品，不能采用干法灰化，只能采用湿法消化分解。Zn、Cr、Fe、Pb、Cd、P 等元素也有一定程度的挥发，特别是有卤素存在时损失更大。有些元素如 Si、Al、Ca、Be、Nb 等在灰化温度高于 500℃时，可以在灰化过程中生成酸不溶性混合物，有些金属在 500℃以上还会与容器反应，引起吸附效应。

2) 湿法消化

湿法消化是用浓无机酸或再加氧化剂，在消化过程中保持在氧化状态的条件下消化处理样品。常用的消化剂有 HNO_3、HNO_3+HCl、$HNO_3+H_2SO_4$、$HNO_3+HCl+H_2O_2$ 等，$HClO_4$ 是一种强氧化剂，但在加热时，容易分解甚至发生爆炸，因此，一般不单独使用 $HClO_4$ 来消化有机物，但它与其他消化剂混合使用(如 $HNO_3+HCl+HClO_4$)非常有效。湿法消化法样品挥发损失比干法灰化要小一些，但对于 Hg、Se、Fe 等易挥发金属元素仍有较大损失。

3) 等离子氧低温灰化法

等离子氧低温灰化法是用高频电源将低压氧激发，使含原子态氧的等离子气体接触有机样品，并在低温下缓慢氧化除去有机物，使有机样品中所含微量金属元素不被挥发损失。

3. 液体样品的稀释处理

地表水、地下水、工业废水、海水、盐湖水等无机物液体样品,对于待测元素含量较高的液体样品在稀释后均可直接测定,对于待测元素含量低于检出限的样品,可以富集后再测定。有机物液体样品包括果汁、酒类、油类、血液样品等。对于其中水溶性有机液体如血等可用稀酸或分析用水稀释后直接测定,油类样品可采用有机溶剂稀释后测定。

4. 微波消解法

传统的消解方法存在试剂消耗量大、易造成挥发性元素损失、污染样品等缺点,微波消解在密封容器内加压进行,避免了挥发性元素的损失,减少了试剂消耗量,不污染环境,消解速率比传统加热消解快 4～100 倍,且重复性好。

3.4.2 测试操作

(1)配制标准溶液。
(2)选择合适的实验条件:分析波长、光谱铜带带宽、灯电流等。

3.4.3 数据分析

1. 检出限

检出限是指能产生一个确实在样品中存在的待测组分的分析信号所需要的该组分的最小含量或最小浓度。检出限意味着仪器所能检出的最低(极限)浓度。元素的检出限定义为吸收信号相当于 3 倍噪声电平所对应的元素浓度。不同的仪器其检出限也不同,SOLLA989 型原子吸收光谱仪火焰法铜的检出限为 0.0045 mg/L,石墨炉镉的检出限为 0.2 pg。

将仪器各参数调至最佳工作状态,用空白溶液调零,分别对三种铜标准溶液进行三次重复测量,取三次测定的平均值,按线性回归法求出工作曲线斜率,即仪器铜的灵敏度(S)

$$S = dA/dC \tag{3-5}$$

式中,A 为吸光度;C 为浓度,$\mu g/mL$。

再将空白溶液进行 11 次吸光度测量,并求出其标准偏差(S_A),按式(3-6)计算仪器铜的检出限(DL):

$$DL = 3S_A/S \tag{3-6}$$

将仪器各参数调至最佳工作状态，分别对空白和三种镉标准溶液进行三次重复测量，取三次测定的平均值，按线性回归法求出工作曲线斜率，即为仪器镉的灵敏度(S)

$$S=\mathrm{d}A/\mathrm{d}Q=\mathrm{d}A/\mathrm{d}(C_xV) \tag{3-7}$$

再将空白溶液进行 11 次吸光度测量，并求出其标准偏差(S_A)，按式(3-6)计算仪器镉的检出限。

2. 灵敏度

灵敏度(S)为吸光度随浓度的变化率 $\mathrm{d}A/\mathrm{d}C$，即校准曲线的斜率。火焰原子吸收的灵敏度用特征浓度来表示。其定义为能产生 1%吸收(吸光度为 0.0044)时所对应的元素浓度，可用式(3-8)计算：

$$S = \frac{C \times 0.0044}{A} \tag{3-8}$$

式中，C 为测试溶液的浓度；A 为测试溶液的吸光度。

灵敏度直接与检测器的灵敏度、仪器的放大倍数有着密切的依赖关系，因此不同仪器的灵敏度也是不同的，对于 SOLLA989 型原子吸收光谱仪，火焰法 5 ppm Cu 标准的吸光度大于 1.0，特征浓度为 0.04 ppm。石墨炉镉的特征质量为 0.6 pg。

3. 精密度

精密度是指多次重复测定同一量时各测定值之间彼此相符合的程度。它表征测定过程中随机误差的大小，常用标准偏差 S_A 或相对标准偏差 RSD 来表示。精密度与被测定的量值大小和浓度有关。

SOLLA989 型原子吸收光谱仪在最佳工作状态下，对 3.0 mg/mL 镉标准溶液(介质为硝酸)进行七次重复测量，求出其相对标准偏差 RSD<3%。

4. 准确度

准确度是指在一定实验条件下多次测定的平均值与真值相符合的程度。准确度表征系统误差的大小，用误差或相对误差表示。常用的准确度的评定方法主要采用通过加入被测元素的纯物质进行回收实验来确定。

3.4.4　仪器操作注意事项及维护

(1)乙炔为易燃、易爆气体，必须严格按照操作步骤进行。在点燃乙炔火焰之前，应先开空气，后开乙炔；结束或暂停实验时，应先关乙炔，后关空气。切记以保障安全。

(2)乙炔钢瓶为左旋开启，开瓶时，气瓶出气口处不准有人，要慢开启，不能过猛，否则冲击气流会使温度过高，易引起燃烧或爆炸。开瓶时，阀门不要充分打开，旋开不应超过 1.5 转。

(3)石墨炉用于分析 ppb 级浓度的样品，因此，不能盲目进样，浓度太高会造成石墨管被污染，可能多次高温清烧也烧不干净，造成石墨管报废。一般的测量过程要先检查水的干净程度，纯水的吸光度一般要≤0.01，然后加酸做成空白，再进样，检查酸的纯度，同样，吸光度不能太大，建议控制在 0.01 以内，否则会影响灵敏度及线性。空白没问题后再配制标准品系列，同样，要注意标准品的吸光度，最高浓度标准品吸光度建议在 0.8 以下，否则可能线性不良或造成石墨管污染，导致测量误差大。石墨炉法测量，对大气环境及接触样品的容器的干净程度要求很高，大气环境要干净无灰尘，否则很可能测不到准确值。

(4)一般的石墨管可用几百次以上，如样品中有强氧化剂或含氧酸，可能影响石墨管寿命。一般来说，同一样品重现性明显变差，排除其他原因仍不能改善，或石墨管已被严重污染不能烧干净的时候，要考虑换石墨管。

3.5　思　考　题

(1)原子吸收光谱法中应选用什么光源？为什么？

(2)原子化温度对灵敏度有何影响？

(3)原子吸收光谱分析中主要产生哪些干扰？分别采用什么方法消除干扰？

(4)火焰原子吸收光谱法与石墨炉原子吸收光谱法原理上有什么区别？各有什么优缺点？

第4章 电感耦合等离子体质谱分析

4.1 概　　述

电感耦合等离子体质谱技术是以电感耦合等离子体(inductively couple plasma)为离子源，以质谱分析器(mass spectrometer)进行元素检测和同位素分析的技术，简称 ICP-MS。

ICP-MS 拥有多元素快速分析的能力，其元素定性定量的分析范围几乎覆盖整个元素周期表，常规分析的元素大约为 85 种，质谱系统对所有离子都有响应，但部分卤素元素(如 F、Cl)、非金属元素(如 O、N)以及惰性气体元素等，由于第一电离能 I_1 太高，在氩等离子体中(Ar 的 I_1=15.76 eV)，电离度低，因此信号太小。也有的因背景信号太强(如水溶液中引入的 H 和 O)等，没有被包括在常规可分析元素的范围之内。

ICP-MS 具有灵敏度高、检测限低、线性范围宽、可检测元素覆盖范围广等特点，同时具备同位素和同位素比值分析的能力，目前被公认为是最强有力的痕量和超痕量元素分析技术，已被广泛应用于地质、环境、冶金、生物、医学、化工、微电子和食品安全等各个领域。

经过多年的发展，除了最初的电感耦合等离子体四极杆质谱外，还发展出了电感耦合等离子体扇形磁场质谱仪、电感耦合等离子体多接收器质谱仪、电感耦合等离子体飞行时间质谱仪等。本章以电感耦合等离子体四极杆质谱仪为例进行介绍。

4.2　仪器构成及原理

4.2.1　仪器基本构成

ICP-MS 仪器系统可以分成以下几个部分：进样系统(雾化器、雾化室、蠕动泵、半导体制冷装置)、等离子体炬管、接口、离子聚焦系统、碰撞反应池、质量分析器(本章以四极杆质量分析器为例)、检测器、仪器控制和数据处理系统，以及辅助装置真空系统和循环水冷却系统(图 4-1)。

1. 等离子体质谱仪进样系统

常规 ICP-MS 气溶胶进样系统的前端由雾化器、蠕动泵、进样管、内标管和

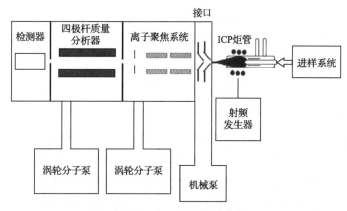

图 4-1　ICP-MS 结构示意图

排液管等组成。雾化器主要是气动雾化器，而溶液样品的提升方式有两种，一种是靠蠕动泵输送样品溶液的方式，另一种是自吸雾化器利用气体流动产生的文丘里效应自行提升溶液的方式。

2. 电感耦合等离子体炬管

通常等离子体炬管(图 4-2)由三个同心的石英玻璃管组成。通入气体，分别为雾化气(或称载气)、辅助气、冷却气(或称等离子气)。在氩气流和电感线圈的共同作用下，在等离子体炬管产生稳定的等离子体，样品在此处离子化。

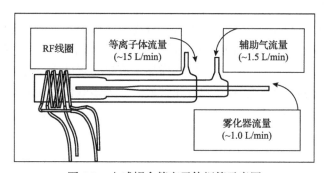

图 4-2　电感耦合等离子体炬管示意图

3. 接口

接口的功能是将等离子体中的离子有效传输到质谱分析器。在质谱分析器和等离子体火焰之间存在温度、压力和浓度的巨大差异，前者要求在高真空和常温条件件下工作(质谱技术要求离子在运动中不产生碰撞)，而后者则是在常压下工作。接口通常包含两个水冷的金属锥(采样锥和截取锥)。采样锥的作用是把来自等离子体中心通道的载气流，即离子流大部分吸入锥孔，进入第一级真空室。采样锥通常由 Ni、Al、Cu、Pt 等金属制成，Ni 锥使用最多。截取锥的作用是选择来自采样锥孔的膨胀射流的中心部分，并让其通过截取锥进入下一级真空，安装在采样锥后，并与其在同轴线，两者相距 6~7 mm，截取锥通常比采样锥的角度更尖一些，以便在截取锥尖口边缘形成的冲击波最小。

4. 离子聚焦系统

ICP-MS 的离子聚焦系统与原子发射或吸收光谱中的光学透镜一样起聚焦作用，但离子聚焦系统聚焦的是离子，而不是光子。其原理是利用离子的带电性质，用电场聚集或偏转牵引离子，将离子限制在通向质量分析器的路径上，也就是将来自截取锥的离子聚焦到质量分析器。它可以消除光子与中性粒子进入四极杆分析器、降低背景信号、提高分析灵敏度。

5. 四极杆质量分析器

四极杆的工作是基于在四根电极之间的空间产生一个随时间变化的特殊电场，只有给定质荷比(m/z)的离子才能获得稳定的路径通过极棒，从其另一端出射，其他离子将被过分偏转，与极棒碰撞，并在极棒上被中和而丢失。四极杆是一个顺序质量分析器，依次对目标质量进行扫描，并在一个测量周期内采集离子，其扫描速度很快，大约每 100 ms 可扫描整个元素覆盖的质量范围。

6. 检测器

四极杆系统将离子按质荷比分离后，最终引入检测器，检测器将离子转换成电子脉冲，然后由积分线路计数。电子脉冲的大小与样品中分析离子的浓度有关。通过与已知浓度的标准比较，实现未知样品中痕量元素的定量分析。离子离开四极杆后不能直接被检测，信号必须首先被放大。大多数仪器使用电子倍增器：离子撞击第一个倍增极，释放出电子；加在检测器上的电压使这些电子加速，撞击下一个倍增极，释放出更多的电子；经过多次放大后，大量的电子形成一个脉冲，可以被检测到。

7. 碰撞/反应池系统

分子离子之间相互碰撞后产生反应，是碰撞/反应池技术的应用基础，这种技术通常以碰撞/反应池这种形式来命名，其目的是消除等离子体质谱法中的分子离子干扰。

8. 真空系统

等离子体质谱仪的真空系统由分子涡轮泵和机械真空泵所组成，所有的质量分析器都必须在高真空状态下操作，真空泵是所有质谱仪器的核心部件，质谱技术要求离子具有较长的平均自由程，以便离子在通过仪器的途径中与另外的离子、分子或原子碰撞的概率最低，真空度直接影响离子传输效率、质谱波形以及检测器寿命，真空度越高，待测离子受到的干扰越少，仪器灵敏度越高。

9. 循环水冷却系统

循环水冷却系统是等离子体质谱仪器配置的独立辅助装置，等离子体质谱仪的锥口、等离子体焰炬的 RF 线圈、水冷却型等离子体射频发生器、半导体制冷雾化室、分子涡轮泵，通常需要循环水来冷却。循环水冷却系统由水泵、制冷机、控温系统、压力表、调压阀组成。循环水冷却系统的温度，一般控制在 20℃左右。

10. 数据处理系统

数据处理系统可根据标样的测试结果建立标准曲线，根据待测样品的测试结果，直接给出样品中待测元素浓度。

4.2.2　工作原理

电感耦合等离子体质谱仪，采用 ICP 作为离子激发源，等离子体提供了一种高温环境，样品通过进样系统进入等离子体中心高温区时，样品会变成离子和电子。质谱系统通过接口有效采集等离子区中心区域产生的离子，同时接口阻挡了大部分高温高密度气体分子，减少它们进入系统的机会。接口锥面直接接触高温，安装接口的不锈钢座当中内置了水槽，循环水冷却系统的冷却水，通过水槽和锥座对接口进行冷却处理。离子聚焦系统促使离子束聚焦并传输至质量分析器。施加一定交直流电场的四极杆过滤器，在一定的单位时间只让特定质荷比的离子通过，并被检测器同步检测，当施加的交直流电场变化时，四极杆质谱即可以对不同质荷比的离子完成跳峰和扫描检测。现在等离子体质谱系统绝大多数还包括碰撞/反应池系统，利用碰撞/反应消除和减少多原子离子的干扰，扩大仪器的应用范围。

4.3　实　验　步　骤

4.3.1　样品制备

通常将固体样品用盐酸、硝酸或王水消解，转化为液体样品。一般不使用硫酸、磷酸等高沸点酸。样品消解后稀释定容，一般将浓度控制在 ppb～ppm 之间。浓度太高，记忆效应严重；浓度太低，相应信号弱，信噪比小，测量误差较大。

4.3.2　测试操作

1. 开机/点火/稳定

(1)开机：确认有足够的 Ar 气可供连续工作(储量≥1 瓶)。打开 Ar 气(分压稳定在 0.55~0.6 MPa)；打开 He 气(分压稳定在 0.05~0.1 MPa)；打开稳压电源；打开计算机；若仪器处于停机状态，打开主机电源。仪器开始预热并抽真空。若真空系统没有启动，可在仪器控制软件(Instrument Control)中打开真空界面(Vacuum System)，选择"On"启动真空系统。

(2)点火：打开冷却循环水；打开排风机；夹好蠕动泵夹，样品管放入蒸馏水中；打开"Instrument Control"，点击"On"；待左下角出现 Operate。

(3)稳定：点击"Run"，在 Select 菜单下，选择 STD 模式，水洗 10~15 min，等待 Li 的信号值<6000；水洗后，用纸擦拭两根细管，同时放入调谐液里。观察 Li、Co、In、U 的 Value 值，待 Li>5 W，Co>10 W，In>22 W，U>20 W 以后，在 Select 菜单栏切换为 KED 模式，待 Co>3 W，Co/Cl/O>18，数值稳定后。同时用纸擦拭两根细管后，放入水中，最小化窗口。

2. 仪器调谐/质量校准/交叉校准

(1)所谓仪器调谐(instrument tuning)就是将仪器工作条件最佳化的过程。对于多元素分析，一般采取折中条件。调谐的主要指标是灵敏度、稳定性、氧化物以及二次离子产率等。通常采用含有轻、中、重质量范围的元素的混合溶液(比如 Li、Be、Co、In、Rh、Ce、Ba、Pb、Th、Bi、U，浓度范围一般为 1~10 ng/mL)进行最佳化调谐实验。调谐的仪器参数包括透镜组电压、等离子体采样位置(深度和上下左右定位)、等离子体发生器的入射功率和反射功率、载气流速、检测器电压(需要时)等。

(2)质量校准(mass calibration)就是对质谱仪器质量标度的校准过程，通常在整个质量范围内进行，一般选择几个有代表性的轻、中、重质量范围的元素(比如 Li、In、U、Be、Th，浓度范围一般为 5~50 ng/mL)作为校准点进行自动校准。

(3)通过交叉校准得到各元素模拟信号与脉冲信号之间的线性拟合因子，建议一个月或自动调谐无法通过时，做质量校准及交叉校准。

若机器无法达到稳定状态，可在仪器控制软件(Instrument Control)菜单栏中点击"Autotune"进行自动调谐。若自动调谐无法通过，做质量校准及交叉校准。

3. 实验测量

(1)打开软件 Qtegra，选择 Labbooks，命名测试数据文件、设置存放地址、设置或调用测试参数与模板。

(2)点击"Save"保存测试模板文件。

(3)点击"Run"，该测试进入待测状态，并出现在测试序列中。

(4)在测试序列中点击"Run"，开始数据采集。

(5)将两根进样管分别放入内标样与待测样品中，依照设备提示测试样品。

(6)测试结束，将数据导入 Excel 文件并保存。

4. 关机

测试完成后，将进样管、内标管插入蒸馏水中，清洗 10 min，在仪器控制软件(Instrument Control)中，点击"off"。等仪器处于 standby 状态，拆下进样管、内标管和排液管，关闭冷却水、排风机。

4.4　应　　用

以 Rh 为内标元素测量样品中 As、Cd、Pb 的含量

准备好标准样品、内标样品和待测样品，开机稳定后开始测量工作。

(1)打开软件 Qtegra，选择 Labbooks，命名测试数据文件为 As-Cd-Pb。

(2)设置模板。

在 Acquisition 中按照如下设置：

Identifier	Duell Time(s)	Channels	Spacing(u)	Measure Mode
75As(KED)	0.05	1	0.1	KED
103Rh(KED)	0.05	1	0.1	KED
111Cd(KED)	0.05	1	0.1	KED
208Pb(KED)	0.05	1	0.1	KED

在 Interference Correction 中按照如下设置：

Identifier	Enabled	Correction		
75As(KED)				
103Rh(KED)				
111Cd(KED)				
208Pb(KED)				

若 Correction 栏提示干扰修正公式，则在 Enable 栏中"√"。

在菜单栏 New 中选 Elemental Standards，添加标样及其浓度，一般设置 5～6

个标样，例如：

	75As（KED）	10
S1	103Rh（KED）	5
	111Cd（KED）	10
	208Pb（KED）	10
	75As（KED）	20
S2	103Rh（KED）	5
	111Cd（KED）	20
	208Pb（KED）	20
S3	...	
...		

在 Quantification 中按照如下设置：

Analyte	Quantify	Internal Standards
103Rh（KED）	No	Use as Internal Standards

在菜单栏中选 Add，添加具体的测试样品及类型：

序号	Label	Main Run	Sample Type	Standard	Special Blank
1	S0	3	BLK		1:S0
2	S1	3	STD	S1	1:S0
3	S2	3	STD	S2	1:S0
4	S3	3	STD	S3	1:S0
5	S4	3	STD	S4	1:S0
6	S5	3	STD	S5	1:S0
7	样品 1	3	UNKNOWN		1:S0

(3)点击"Save"保存测试模板文件。

(4)点击"Run"，该测试进入待测状态，并出现在测试序列中。在测试序列中点击"Run"，开始数据采集。将两根进样管分别放入内标样中与待测样品中，依照设备提示测试样品。测试结束，将数据导入 Excel 文件并保存。

(5)关机。

第5章 色谱分析方法概述

5.1 色谱法的发展简史

所谓分析，就是要确定是什么(定性)和有多少(定量)。定性分析中，若只要求确定元素的组成(如无机定性分析)，则用如发射光谱分析等方法一次测定就可以得到多种元素的分析结果。但一般而言，分析对象是由各种元素组成的化合物，为数不多的几种元素即可组成许多化合物，尤其在有机化合物中，由碳、氢、氮、氧、硫和卤素等几种元素可以组成数百万种化合物。仅用一种分析装置就能分析这些混合物的仪器至今还没有发明。分析混合物，必须利用组分之间某种物理和化学行为的差异，逐一分离各组分，测定其构成元素的种类、各元素原子的数目、结合状态、分子的立体构型和分子量等，再鉴定其组分。若能分离出需要量(几十毫克)的纯化合物组分，则用现代鉴定方法(如质谱分析、核磁共振分析、红外吸收分析、元素分析、X射线分析等)就能确定结构。反之，当待测样品中有多种化合物共存时，即使用上述方法，也不可能对各种组分进行识别和鉴定。因此，在使用这些分析仪器之前，除去干扰物，分离出分析仪器鉴定极限以上的纯品量的前处理工作是必不可少的。

直到19世纪色谱法才被化学家所使用。对色谱法首先进行详细描述的是俄国植物学家Tswett。1906年，Tswett在研究植物色素的组成时，把含植物色素——叶绿素的石油醚提取液注入一根装有$CaCO_3$颗粒的竖直玻璃管中，提取液中的色素被吸附在$CaCO_3$颗粒上，再加入纯石油醚，任其自由流下，经过一段时间以后，叶绿素中的各种成分就逐渐分开，在玻璃管中形成了不同颜色的谱带，"色谱"(即"有色的谱带")一词由此而得名。用机械方法将吸附色素的区带依次推出，各个区带的色素再分别用适当的溶剂洗脱下来。这种分离方法被命名为色谱法，这根玻璃管称为色谱柱。

上述分离方法实际上属于吸附色谱法。Tswett用这一方法证明了叶绿素不是一种单一的物质，而是一种混合物。这一出色的工作，不仅破除了当时普遍认为叶绿素是一种单一物质的陈腐观念，而且为色谱法的创立奠定了坚实的科学基础。Tswett将色谱分析法定义为：当混合物溶液经吸附剂柱过滤时，色素即被分成不同颜色的区带，复杂色素中的各个成分依次有规律地分布在色谱柱上，这样就有可能对它们进行定性和定量分析，而将这种分析方法称为色谱分析法。

色谱法(chromatography)这一名词由希腊字"Chromatus"(颜色)和"Graphein"

(记录)合并而成。以后的研究和应用说明,无颜色的物质也可以用色谱法分离。

Tswett 的这一发现引起了人们的注意,人们对这种分离技术进行了不断的研究与应用。1935 年人工合成离子交换树脂的成功,为离子交换色谱的广泛应用提供了物质基础。1938 年苏联的 Izmailov 等创立了薄层色谱法,并将此法用于药物分析。然而,薄层色谱法用于无机物的分析是从 20 世纪 50 年代末开始的,而应用于稀土元素的分离则是 1964 年由 Pierce 开始的。

1941 年 Martin 和 Synge 把含有一定量水分的硅胶填充到色谱柱中,然后将氨基酸的混合物溶液加入柱中,再用氯仿淋洗,结果各种氨基酸得到分离。这种实验方法与 Tswett 的方法在形式上相同,但其分离原理完全不同,他们把这种分离方法称为分配色谱法。

1944 年,Consden、Cordon 和 Martin 首先描述了纸色谱法。Martin 和 Synge 用此法成功地分离了氨基酸的各种成分。

1947 年美国的 Boyd 和 Speding 等发表了一系列论文,报告了他们应用离子交换色谱法分离裂变产物和稀土元素混合物的情况。

1952 年 Martin 和 Synge 成功研究出气-液色谱法,并将蒸馏塔板理论应用到色谱分离中,进一步推动了色谱法的发展,目前这一方法已在科学研究和工业上得到了广泛应用,特别是在有机物的分析方面应用更加普遍。Martin 和 Synge 由于在色谱法的研究中作出了重大贡献而荣获 1952 年的诺贝尔化学奖。

1956 年荷兰著名学者范第姆特(van Deemter)在总结前人经验的基础上提出范第姆特方程,使气相色谱的理论更加完善。1957 年,Golay 发明了高效能的毛细管柱,使色谱分离效能显著提高。20 世纪 50 年代末,Holmes 将气相色谱与质谱联用,这是近代仪器分析发展的重要标志之一。

虽然经典的柱液色谱法能够分离性质相近的元素,但由于柱效低,分离速度慢,不能适应现代科学技术迅速发展的需要。20 世纪 60 年代末,法国的 G. Aubouin 和美国的 Scott 等几乎同时各自创立了高效液相色谱法。高效液相色谱法是由现代高压技术与传统的液相色谱法相结合,加上高效柱填充物和高灵敏检测器所发展起来的新型分离分析技术。由于它具有高效、快速、高灵敏度以及宽的适应范围和大的工作容量等一系列特点,为分析化学中广泛应用柱液相色谱法开拓了广阔的前景。高效液相色谱法与分光光度法、库仑法、荧光法和电导法等测定方法联用,可以使分离和检测实现自动化,现在 14 个镧系元素可以在 17 min 内达到定量分离。由于各种新的色谱填充剂的研制成功以及新的色谱技术的发展,高效液相色谱法已发展成为一种强有力的分离和分析手段,其发展速度已超过气相色谱,并实现了高效液相色谱-质谱联用。由于开发了高效液相色谱法并用于医学、化学、药学、环境化学等领域,近年来色谱法已成为极其有效的分析方法,对科学的发展做出了重大的贡献。

色谱法与其他分析方法的联用，使分析灵敏度提高，鉴别能力增强，分析速度加快，而得到的大量数据需要电子计算机进行计算和存储，这促使色谱技术与电子计算机紧密结合起来，进一步促进了色谱与其他分析仪器联用技术的发展。

应用色谱法的目的是进行定量分析和单个分离纯物质。实际研究工作者根据分析目的，可采用气相色谱法、液相色谱法和薄层色谱法中的一种或几种相互联用。由于色谱法分析技术不断发展，这些方法所得信息的差别逐渐消失。例如，气相色谱法中填充柱的理论塔板数为 1000～2000 塔板/m，柱长一般 2～3 m。高效液相色谱法的理论塔板数为 20 000～60 000 塔板/m，柱长一般 15～30 cm。所以，实际上两者大体上均用理论塔板数为 4000 塔板/m 左右的色谱柱分离组分，仅从色谱峰的形状看，所得到的色谱图也没有太大差别。但是，在适于分析的物质、检测方法及与其他分析仪器联用等方面，每种方法各有特点。

20 世纪 50 年代初，我国的科技工作者就开展了气相色谱的研究与应用工作，60 多年来在薄层色谱、气相色谱、毛细管色谱、高效液相色谱、联用技术、毛细管电泳色谱以及智能色谱等方面都取得了很大的成就。色谱技术在科学研究和国民经济建设中发挥了重要作用。

5.2 色谱法的分类和特点

色谱法是利用在固定相和流动相之间相互作用的平衡场内物质行为的差异，从多组分混合物中使单一组分互相分离，继而进行定性检出和鉴定、定量测定和记录的分析方法。

5.2.1 色谱法的分类

色谱法的分类有好几种，各种分类方法的依据或出发点是不一样的。根据流动相和固定相组合方式的不同，可分为液相色谱和气相色谱等；按照操作技术的不同，色谱法又可分为洗脱法、顶替法和迎头法等；按照色谱法的分离机理，则可分为吸附色谱法、离子交换色谱法、分配色谱法、沉淀色谱法和排阻色谱法等。

在实际工作中，色谱方法的分类，一部分是根据两相状态的不同，而另一部分是根据色谱的分离机理的不同。

1. 按两相的状态分类

在色谱分析中有流动相和固定相两相。所谓流动相就是色谱分析过程中携带组分向前移动的物质。固定相就是色谱分析过程中不移动的具有吸附活性的固体或是涂渍在载体表面上的液体。用液体作为流动相的称为液相色谱法，用气体作为流动相的称为气相色谱法。又因固定相也有两种状态，按照使用流动相和固定相的不同,可将色谱法分为液-固色谱法,即流动相为液体,固定相为具有吸附活性的固体;液-液色谱法,即流动相为液体,固定相为液体;气-固色谱法,即流动相为气体,固定相为具有吸附活性的固体;气-液色谱法,即流动相为气体,固定相为液体。

2. 按色谱分离机理分类

(1)吸附色谱法。以固定相为吸附剂,利用吸附剂对不同组分吸附性能的差别进行色谱分离和分析的方法。这种色谱法根据使用的流动相不同,又可分为气-固吸附色谱法和液-固吸附色谱法。

(2)分配色谱法。利用不同组分在流动相和固定相之间分配系数(或溶解度)的不同而进行分离和分析的方法。根据使用的流动相不同,又可分为液-液分配色谱法和气-液分配色谱法。

(3)离子交换色谱法。用一种能交换离子的材料为固定相来分离离子型化合物的色谱方法。这种色谱法广泛应用于无机离子、生物化学中各种核酸衍生物、氨基酸等的分离。

(4)凝胶色谱法。利用某些凝胶对不同组分分子的大小不同而产生不同的滞留作用,从而达到分离的色谱方法。这种色谱法主要用于较大分子的分离,也称为筛析色谱法和尺寸(空间)排阻色谱法。

3. 按固定相的性质分类

(1)柱色谱法。这种色谱法可分为两大类。一类是将固定相装入色谱柱内,称为填充柱色谱法。另一类是将固定相涂在一根毛细管内壁(而毛细管中心是空的),称为开管型毛细管柱色谱法。如果先将固定相填满一根管子,再将管子拉成毛细管或再将固定液涂于管内载体上,则称为填充型毛细管柱色谱法。

(2)纸色谱法。以纸为载体,以纸纤维吸附的水分(或吸附的其他物质)为固定相,样品点在纸条的一端,用流动相展开以进行分离和分析的色谱法。

(3)薄层色谱法。将吸附剂(或载体)均匀地铺在一块玻璃板或塑料板上形成薄层,在此薄层上进行色谱分离的方法。按分离机理可分为吸附法、分配法、离子交换法等。

4. 按色谱操作技术分类

(1)冲洗法。将试样加在色谱柱的一端,选用在固定相上被吸附或溶解能力比试样组分弱的气体或液体冲洗柱子,由于混合物中各组分在固定相上被吸附或溶解能力的差异,而使各组分被冲洗出来的顺序不同,从而达到分离的目的。这种方法的分离效能较高,适合于多组分混合物的分离,是一种使用最广泛的色谱方法。

(2)迎头法。使多组分的混合物连续地进入色谱柱,混合物中吸附或溶解能力最弱的组分最先流出色谱柱,其次是最弱的与吸附、溶解能力稍强的组分的混合物流出色谱柱,然后是最弱的、稍强的、较强的三个组分的混合物流出色谱柱,依此类推。

(3)顶替法。将混合物试样加入色谱柱,将选择的顶替剂加入惰性流动相中,这种顶替剂对固定相的吸附或溶解能力比试样中所有组分都强,当含顶替剂的惰性流动相通过柱子后,试样中各组分依吸附或溶解能力的强弱顺序被顶替出色谱柱,最弱者最先流出,最强者最后流出。利用这种方法可从混合物中分离出几种纯品。该法的分离效果优于迎头法。

5.2.2 色谱法的特点

色谱法与其他分析方法相比,其显著特点是能在分析过程中分离出纯物质,并测定该物质的含量。所以,对一种组分,用色谱法可以得到该组分的两种信息,即从注入到检出的保留值和质量。当然,色谱法也可用作定性分析。但一般而言,色谱法的定性能力较差,而作为定量方法却是非常重要的手段。色谱仪与质谱仪或傅里叶变换红外光谱仪联用,可以提高其定性能力。气相色谱法和液相色谱法已有十分完善的联用仪器在市场上出售。

色谱法在使用上的特点是:仅用所购置的仪器还不能得到满意的数据。其他仪器如红外光谱仪和质谱仪等,若制备好样品并置于样品架,开动仪器就能得到有用的数据。对于这些仪器,即使完全不懂分析仪器的工作原理,只要操作方法没有错误,就能得到所需的信息。但是,色谱仪与上述仪器不同。分析工作者必须自己根据分析目的,选择固定相和流动相的种类和组成以及检测器,并组成分析系统。而且从理论上选择的分析系统也不能保证是最佳的,只能通过大量实验加以证实。有时即使重复实验文献记载的分析条件,也得不到完全相同的分离能力和灵敏度。这是因为,往往存在未记载的分析条件,或不可能记载的分析条件,以及分析工作者没有认识到的分析条件,例如流动相纯度、化学键合硅胶中残余的硅醇基含量、柱外死体积、标准样品的纯度、试液的稳定性、仪器的温度差异、仪器配件系统的污染程度等,均会影响分离。所以,在重复实验文献的方法而得不到满意结果时,分析工作者必须具备改善分析条件获得良好数据的能力。为此,要求分析工作者必须理解色谱法的理论,从逻辑上探讨错误的原因,并不断积累相关经验。

5.3 色谱法的比较

将色谱分析系统的必要条件分为实用性、分析速度、灵敏度和重现性等几方面,比较气相色谱法、高效液相色谱法和薄层色谱法,结果见表 5-1。

表 5-1 色谱法的比较

分析系统的必要条件		气相色谱	高效液相色谱	薄层色谱
性能	比较的内容			
实用性	适用于多种化合物 / 耐腐蚀材料(原则上)	△	◎	○
	适用于多种化合物 / 检测器丰富	◎	○	△
	样品量范围大 / 柱尺寸,检测器灵敏度	◎	◎	○
	与其他分析仪器联用 / 联机 MS,FT-IR	◎	△	×
	自动化	◎	△	×
分析速度	高流速 / 高压泵、柱填料	◎	○	×
	高效 / 柱填料	◎	○	△
	高效 / 连接方法(死体积)	◎	○	—
	高效 / 检测器(池体积)	◎	○	△
	快速洗脱 / 温度编程序	◎	×	—
	快速洗脱 / 溶剂编程序	×	◎	○
	高速数据处理 / 在线检测,积分仪	◎	◎	×~○
	同时处理多个样品	—	—	◎
灵敏度	通用型检测器	◎	△	○
	选择型检测器	◎	◎	○
	选择型检测器(衍生化)	○	◎	—
重现性	性能随时间变化 / 色谱柱	◎	○	—
	环境变化的控制 / 温度控制	◎	◎	—
	环境变化的控制 / 流动相组成控制	◎	○	△
	环境变化的控制 / 流量控制	◎	◎	△

注:◎为优,○为良,△为稍差,×为不可

气相色谱法与液相色谱法及薄层色谱法的差别在于其基本原理不同。在气相色谱法中,样品组分在惰性气体中以气体形式在色谱柱内流动,而在液相色谱法和薄层色谱法中,样品组分溶解于溶剂后在柱或板上移动。因此,它们在适用的样品、分析速度和灵敏度方面存在差异。

5.3.1 适用的样品

在气相色谱法中,分析对象仅限于柱温 350℃以下可以气化的物质(难以准确表示,但最大分子量不超过 1000)。然而,在液相色谱法和薄层色谱法中,所有可溶于流动相的物质均可作为分析对象。在全部分析对象中,估计约有 20%可以用气相色谱法分析。实际上,由于分析工作者不能把所有物质都作为分析对象,所以按照对象的范围不同，对实用性的评价也不同。

5.3.2　分析速度

一般气体和液体的物理性质如下：

扩散系数：气体，10^{-1} cm^2/s；液体，10^{-5} cm^2/s。

密度：气体，10^{-3} g/cm^3；液体，1 g/cm^3。

黏度：气体，10^{-5} Pa·s；液体，10^{-3} Pa·s。

压缩性：气体，压缩性；液体，非压缩性。

扩散系数影响到达平衡的时间，扩散会造成色谱峰展宽。因为液体的扩散系数是气体的 $1/10^4$，到达平衡的时间很长，所以必须尽可能使用表面积大而薄的固定相，减少与固定相接触的流动相量，以减少扩散的影响。另一方面，由于气体的扩散系数大，如果载气流速太慢，色谱峰反而扩展。

由于液体的黏度比气体大 10^2 倍，所以，需用高压以便得到一定的流速。

在高效液相色谱使用的压力范围内，液体是非压缩性的，理论上高效液相色谱的处理比气相色谱容易。

由上可见，一般气相色谱较液相色谱速度快。

5.3.3　灵敏度

在色谱法中，被分离的组分存在于大量的流动相中，因而理想的检测器应该是对流动相完全没有应答而仅对组分有应答。气相色谱的流动相是惰性气体，在氢火焰离子化检测器上没有应答。液相色谱的流动相如低黏度的挥发性有机溶剂，在本质上与被检测的有机物没有任何差别，因此，只能利用流动相和被检测组分之间某种物性差别的检测方法。即使能够发明选择性的检测器，也几乎不可能有实用的、高灵敏度的、通用型检测器。所以就检测器而言，气相色谱法是有利的。另外，在与其他分析仪器联用时，流动相的影响也很大。

液相色谱法和薄层色谱法的差别在于固定相的形状不同。薄层色谱法具有多个样品同时展开、二维展开、在色谱板上直接检测等特点。最好使高效薄层色谱法在性能上接近高效液相色谱法，但是，如果仪器的价格昂贵，并且测定时间延长时，将会失去薄层色谱法原来简便、快速、便宜的特点。作为高效液相色谱的预实验方法，薄层色谱也是有用的。

5.4　色谱法的选择和应用

应用色谱法的目的是分离分析，因此首先要考虑混合物的分离。色谱法的分离性能较蒸馏法、萃取法等其他分离方法优越得多，尤其在分离沸点相近的化合物、共沸化合物或结构类似的化合物方面更具优越性。此外，色谱法还具有检测灵敏度高、样品量少以及能检测极微量组分等优点。

最常用的是气相色谱法、薄层色谱法和液相色谱法，一般根据分析的目的或样品性质等分别单独或组合使用这些方法。为灵活有效地应用这些方法，必须充分掌握各种色谱法的特点和适用条件。

5.4.1　样品的前处理和衍生化

1. 样品的前处理

样品有气体、液体和固体等各种形式。用色谱法分析这些样品时，首先必须明确样品的性质和特点，详细了解待测样品的制取过程、前处理方法、样品的物理性质和化学性质等。

用色谱法分析混合物时，经常要求对样品进行前处理。对成分复杂的混合物，即使本身适于色谱分析，但由于固定相、流动相等分析条件的限制，也难以充分分离。在这种情况下，应预先进行蒸馏、萃取和过滤等前处理，然后再使用色谱方法。气相色谱一般通过蒸馏等除去不挥发性成分，而液相色谱则通过脱气、过滤除去低沸点成分或固体成分。前处理不仅能提高分离性能，而且对延长色谱柱寿命和防止色谱仪器装置发生故障也很有效。

例如，分析生物样品或水中的多氯联苯(PCB)时，样品需经高纯度正己烷萃取、碱化等前处理之后，再浓缩并用气相色谱法分析。

2. 样品的衍生化

进行上述蒸馏、萃取等必要的前处理之后，用气相色谱法、液相色谱法、薄层色谱法等进行分析。为提高样品的挥发性、热稳定性或检测灵敏度，有时还须采用在样品分子结构中引入特殊官能团、变成衍生物之后再进行测定。例如在气相色谱中，常常把含有羟基、羧基和氨基的难挥发性样品变成三甲基硅醚(TMS)衍生物、酯类衍生物和三氟醋酸酯衍生物以提高挥发性；为提高类固醇等物质的热稳定性，将其变成肟类衍生物后再测定等。

5.4.2　根据样品状态选择色谱方法

表 5-2 列出了根据样品状态采用的色谱方法和适用样品。对于挥发性、热稳定性好的化合物，一般采用气相色谱法(GC)，利用各种固定相，可以分析以碳氢化合物为代表的多种有机化合物。

液相色谱法(LC)或薄层色谱法(TLC)常常用来分析不适于用气相色谱法分析的难挥发的不稳定化合物或高分子化合物、离子型化合物等。高效液相色谱法已广泛用于医药、农药等与生物化学有关的样品分析。

表5-2　根据样品状态采用的色谱方法和适用样品

样品状态	色谱法	适用样品
气体	GC	气体
液体(溶液)	GC	挥发性、热稳定性化合物
	TLC	高沸点化合物，难挥发化合物
	LC	高沸点化合物，难挥发化合物，高分子化合物
固体	GC	不溶性化合物(热解气相色谱等)

　　液相色谱法还建立了在分离之前使各成分与荧光物质反应，用荧光检测器做极微量分析的方法。

5.4.3　根据分析目的选择色谱法

　　根据样品的形态、成分的种类或含量进行必要的前处理后，可选择最适合分析目的的色谱方法。这时，必须仔细考虑定性分析、定量分析、欲分析成分的种类和数量、分析精度及分析时间等问题，再选择最适当的色谱分析方法。定性分析时，用气相色谱的保留时间与色谱图上峰的位置对化合物进行鉴定。但是，此法不宜分析含有未知结构的组分的样品，这类样品必须用气相色谱-质谱联用法等进行鉴定。用气相色谱-质谱联用法也不能鉴定时，应分别收集色谱分离后的各个成分，借其红外、质谱和核磁共振波谱等进行鉴定。但收集液相色谱、薄层色谱分离后的成分进行鉴定时，必须除去溶剂。用各色谱图的峰面积或峰高进行定量分析。在色谱分析中，应根据分析对象选择适当的检测器。不同的色谱方法具有不同的检测特点和选择方法。各种色谱法的检测器及其特征见表5-3。

表5-3　各种色谱法的检测器及其特征

色谱法	检测器或检测法	特点	检测浓度范围/(mg/L)
GC	热导检测器	可以检测所有化合物，定量性好，灵敏度低	$1\times10^{-5}\sim1$
	火焰离子化检测器	检测有机化合物，灵敏度高，线性范围广，定量性好	$1\times10^{-8}\sim0.1$
	电子捕获检测器	检测卤化物，灵敏度高，线性范围窄	$1\times10^{-10}\sim0.1$
	火焰光度检测器	对硫和磷化合物灵敏度高，浓度和峰高为对数关系	$1\times10^{-9}\sim1\times10^{-4}$
	氮磷检测器	对氮和磷化合物灵敏度高，定量的重现性稍差	$1\times10^{-9}\sim1\times10^{-4}$
	质谱仪	主要用谱图鉴定，也可用碎片质谱法定量	$1\times10^{-7}\sim1$
	红外光谱仪	由红外光谱图鉴定	$0.01\sim1$
	高频等离子体检测器	用等离子体发射光谱分析，可做元素分析	$1\times10^{-6}\sim3\times10^{-3}$

色谱法	检测器或检测法	特点	检测浓度范围/(mg/L)
LC	紫外检测器	检测有紫外吸收的化合物,灵敏度高,定量性好	$1\times10^{-7}\sim5\times10^{-2}$
	示差折光检测器	可检测大部分化合物,但灵敏度比紫外检测器差	$1\times10^{-7}\sim5\times10^{-2}$
	荧光光度计	检测有荧光或与荧光试剂反应的化合物,灵敏度很高	$1\times10^{-7}\sim1\times10^{-2}$
TLC	紫外检测法	检测有紫外吸收的化合物,灵敏度高,定量性好 (用加入荧光剂的载体)	$1\times10^{-7}\sim0.1$
	碘蒸气吸附检测法	可检测大部分有机化合物	$1\times10^{-3}\sim1$
	显色试剂检测法	按不同官能团使用显色试剂,可以定量分析	$1\times10^{-6}\sim0.1$

5.5 色谱法的发展趋势

色谱法是分析化学中发展最快、应用最广的方法之一。现代色谱法具有分离与"在线"分析两种功能,不仅能用于解决复杂物质的分离、定性和定量分析的问题,而且具有分离制备纯组分的功能。色谱法在对复杂物质分离分析上具有其他技术不可替代的强大功能,并将不断发展。其发展趋势主要体现在以下两方面。

5.5.1 新型固定相和检测器的研究

各种手性固定相的出现简化了手性药物的分离分析。近年来,固定相载体的研究取得了引人注目的成绩,粒径均匀、高强度的高分子多孔微球制备技术已相对比较成熟。但是随着粒径减小,仪器柱压将迅速提高,因此对填料及仪器的耐压性能要求明显提高,因而目前一般仪器所用填料粒径限制为 3～5 μm。最近新研制的超高效液相色谱较好地解决了耐高压的问题,使用粒径为 1.7 μm 的填料,使高效液相色谱法分离分析的高选择性、高通量、高速度又上了一个新台阶。

被称为第四代色谱填料的整体柱技术是近年来液相色谱发展的一个热点。整体柱又称棒柱,是将填料单体、引发剂、制孔剂等混合后通过原位聚合或固化在柱管中而形成的多孔结构的棒状整体式柱体。由于整体柱的多孔结构有极好的通透性,在高流速下仍然有较低的柱压和较高的柱效,因此可通过延长柱长实现高柱效,在提高柱效和重现性、实现快速分离分析方面具有明显的优势。

新型检测器也在不断发展。高效液相色谱所用的蒸发光散射检测器和半导体激光荧光检测器已逐步得到普及。蒸发光散射检测器信号响应不依赖于样品的光学性质,适用于挥发性低于流动相的组分,因而可用于不吸收紫外光的物质的测定;而半导体荧光检测器具有高灵敏度,其检测限可优于普通紫外分光光度法两个数量级。

5.5.2　色谱新技术的研究

20 世纪 80 年代初发展起来的毛细管电泳技术，由于其高选择性和高灵敏度的特点，符合以分子生物学及各种生物技术为主的生命科学各领域中对生物大分子(肽、蛋白、DNA 等)的分离分析的要求，受到分析化学工作者的普遍重视，成为生命学科及其他自然学科分析实验室中常用的分析手段。

毛细管电色谱、低背景毛细管梯度凝胶电泳色谱、手性色谱等近期发展起来的各种色谱新技术取得了一批达到国际先进水平的研究成果。毛细管电色谱法兼有毛细管电泳和微填充柱色谱法的优点，其应用研究越来越多，将成为最重要的色谱方法之一。1995 年出现了以激光的辐射压力为色谱分离驱动力的光色谱，可按几何尺寸对组分进行分离，其应用仍在研究之中。

以毛细管电泳为基础，由其集成化、小型化、自动化而形成的微全分析系统的重要分支——微流控芯片分析系统，是 20 世纪 90 年代末期才发展起来的分析技术。由于该系统能在芯片上实现样品处理系统、成分分离系统、检测系统等分析实验室的整体功能，因此又称为"芯片实验室"(lab-chip)。芯片实验室不仅可用于样品的分析(如药物分析、环境监测、基因组学、蛋白质组学及细胞研究等)，而且可用于有机合成与药物筛选。因此，它的出现备受分析化学、生命科学及环境科学等诸多领域的研究人员的广泛重视。

联用技术是分析方法发展的重要趋势。色谱分离和光谱检测方法的联用，将色谱的分离效能和光谱的检测可靠性结合起来，能在复杂混合组分分离的基础上，进一步对组分的结构做出合理的判断，获得更多的组分定性定量信息。

对于一个高度自动化的完整仪器系统，色谱专家系统的应用技术也是一个重要的研究领域。专家系统是指模拟色谱专家的思维方式，解决色谱应用实际问题的计算机软件系统。色谱专家系统的功能包括了柱系统推荐和评价、样品预处理方法推荐、分离条件推荐与优化、在线定性定量分析、数据处理及结果的解析等。色谱专家系统的应用，对色谱分析方法的建立、优化和实验数据处理、分析有明显的指导作用。

第6章 气相色谱分析

6.1 概 述

气相色谱(gas chromatography, GC)是 20 世纪 50 年代出现的一项重大科学技术成就，是以惰性气体作为流动相，利用试样中各组分在色谱柱中的气相和固定相间的分配系数不同，当气化后的试样被载气带入色谱柱中运行时，组分就在其中的两相间进行反复多次($10^3 \sim 10^6$)的分配(吸附-脱附-放出)，由于固定相对各种组分的吸附能力不同(即保存作用不同)，因此各组分在色谱柱中的运行速度就不同，经过一定的柱长后，便彼此分离，顺序离开色谱柱进入检测器，产生的离子流信号经放大后，在记录器上描绘出各组分的色谱峰。这是一种新的分离、分析技术，它在工业、农业、国防、建设、科学研究中都得到了广泛应用。气相色谱可分为气-固色谱和气-液色谱。

6.2 仪器构成及原理

6.2.1 仪器基本构成

气相色谱仪大致可以分为以下六大系统：气路系统、进样系统、分离系统、检测系统、数据处理系统、温控系统，如图 6-1 所示。

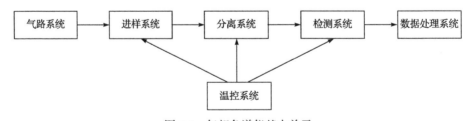

图 6-1 气相色谱仪基本单元

气相色谱法分析过程：进行气相色谱法分析时，载气(一般用 N_2 或 H_2)由高压钢瓶供给，经减压阀减压后，载气进入净化管干燥净化，然后由稳压阀控制载气的流量和压力，并由流量计显示载气进入柱之前的流量后，以稳定的压力进入气化室、色谱柱、检测器后放空。当气化室中注入样品时，样品瞬间气化并被载气带入色谱柱进行分离。分离后的各组分，先后流出色谱柱进入检测器，检测器将其浓度信号转变成电信号，再经放大器放大后在记录器上显示出来，就得到了色谱的流出曲线。利用色谱流出曲线上的色谱峰就可以进行定性、定量分析。

1. 气路系统

气路系统的作用是供给色谱分析所需要的纯净、流速稳定的载气、燃气及助燃气。

气路系统包括气源、净化干燥管和载气流速控制及气体化装置。主要有气体钢瓶(气体发生器)、减压阀、净化管(脱氧管、脱水管)、稳压阀和稳流阀、气体管路等组件。

1)载气

最常用的载气有 N_2、H_2 等。所走的路线为钢瓶(或气体发生器)—压力表—减压阀—净化管—仪器进气孔—稳压表—稳流表—气化室—柱—检测器。载气流速恒定是通过压力表、流量计、针形稳压阀来控制的。载气纯度对色谱分析有很大影响,载气在使用前要经过纯化处理,常用纯化方法是在室温下将载气先通过净化器,然后进入色谱仪柱系统。

2)燃气、助燃气

燃气和助燃气一般分别为 H_2 和空气,纯度要求 99.999%以上。要求化学惰性好,不与有关物质反应;所走的路线为钢瓶(或气体发生器)—压力表—减压阀—净化管—稳流表—检测器。

3)压力

色谱体系压力多为两级压力表指示:第一级,钢瓶压力指示。用减压阀将高压气瓶中气体的压力降至 200～500 kPa(比进口压力至少高 100 kPa)。对填充柱:0.4 MPa 左右;对毛细管开口柱:0.2 MPa 左右。第二级,柱头压力指示。载气经过针形阀、气体净化器、气体稳压阀,使气体以稳定的压力输入色谱仪。对填充柱:0.1 MPa 左右;对毛细管开口柱:0.06 MPa 左右;程序升温时,柱温不断变化,为使通过色谱柱的载气质量流量不变,在气体稳压阀的后面还要连接气体稳流阀。经过这些阀件后,气体流量的变化一般可控制在 5%以内。

稳压阀用于调节气体流量和稳定流程中的气体压力。稳压阀入口压力一般不得超过 0.6 MPa,出口压力在 0.05～0.3 MPa 范围内能获得最佳的稳压效果。

稳流阀为膜片反馈式,稳流阀入口压力一般不宜超过 0.25 MPa,出口压力控制在 0.02～0.2 MPa 范围内能获得较好的稳流效果,一般进出口压差必须大于0.05 MPa。

4)流量计

在柱头前使用转子流量计,但不太准确。通常在柱后,以皂膜流量计测流速。许多现代仪器装置有电子流量计,并以计算机控制其流速保持不变。

5)净化器

多为分子筛和活性炭管的串联，去除载气中的水、有机物等杂质。其中，净化器中装有的变色硅胶或 4Å 分子筛除去载气中水，活性炭除去载气中的碳氢化合物，活氧剂除去载气中的氧气。净化器进气口和出气口要用玻璃棉堵好，防止粉尘进入色谱仪气路系统。

2. 进样系统

进样系统的作用就是把各种形态的样品转化为气态，并使样品进入系统以便分离分析。进样系统组成部分为进样器(气体球胆、六通气体进样阀、液体进样针、固体裂解进样器)、气化室、加热系统。

进样要求：进样量适宜以及"塞子"式进样。对于填充柱，进样体积在 0.2～20 μL；对于毛细管柱，进样体积在 0.2～5 μL，此时应采用分流进样装置来实现。体积过大或进样过慢，将导致分离变差(拖尾)。

进样器可以分为气体进样器、液体进样器和固体进样器等。

1)六通阀进样器——气体样品的进样

通常用六通阀进样器，其结构如图 6-2 所示。在采样位置时，载气经 1 流入，直接从 2 流出，到达色谱柱。气体样品从进样口 5 流入到接在通道 3 和 6 上的定量管 7 中，并从通道 4 流出。当六通阀从采样位置旋转 60°至进样位置时，载气经 1 和 6 通道与定量管 7 连通，将定量管中的样品从通道 3 和 2 带至色谱柱中。

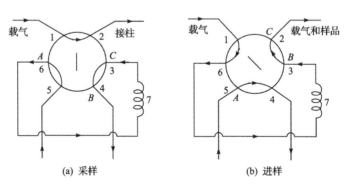

(a) 采样　　　　　　　　　(b) 进样

图 6-2　六通阀工作原理示意图

2)隔膜进样器——填充柱液体样品的进样

液体样品通过气化室转化为气体后被载气带入色谱柱。色谱柱的一端插入气化室中，气化室的另一端有一个硅橡胶隔膜，注射器穿透隔膜将样品注入气化室。这种隔膜进样器的结构如图 6-3 所示。

3）分流进样器——毛细管柱液体样品的进样

由于毛细管柱样品容量在纳升（nL）级，直接导入如此微量样品很困难，通常采用分流进样器，其结构如图 6-4 所示。进入气化室的载气与样品混合后只有一小部分进入毛细管柱，大部分从分流气出口排出，分流比可通过调节分流气出口流量来确定，常规毛细管柱的分流比为 1∶50～1∶500。

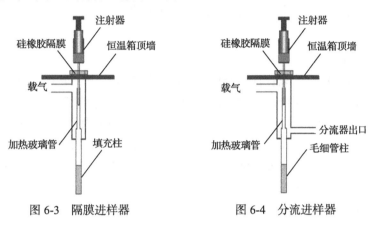

图 6-3　隔膜进样器　　　　　　　　图 6-4　分流进样器

3. 分离系统

分离系统是色谱分析的心脏部分，其作用就是把样品中的各个组分分离开来。分离系统主要包括柱室（后开门、风扇）、色谱柱、温控部件。

1）固定相

A. 气-固色谱固定相

气-固色谱中，色谱柱填充的固定相是表面有一定活性的固体吸附剂，当样品随载气不断通过色谱柱时，利用固体吸附剂表面对样品各组分的吸附和解吸差异实现色谱分离的目的。常用的气-固色谱固定相有活性炭、氧化铝、硅胶、分子筛、高分子多孔小球等。

B. 气-液色谱固定相

气-液色谱固定相分为载体和固定液两部分，固定液必须涂渍在载体上才能发挥其分离混合物的作用。好的气-液色谱载体要求比表面积较大，孔径分布均匀；表面化学惰性，无吸附和催化性能；热稳定性好，有一定机械强度。气-液色谱载体大致可分为硅藻土型与非硅藻土型两类，前者应用比较普遍，只有在特殊情况下采用氟化物和玻璃微球等非硅藻土型载体。

理想的固定液，在色谱柱操作的温度下，需要具备以下各种条件：①有较大的溶解能力和高的选择性，这样，各组分随载气通过色谱柱时在固定液中有较大的、各不相同的溶解度，就有可能达到良好的分离。②蒸气压低，在实际的操作柱温下不易挥发(蒸气压一般在 1.3332～13.332 Pa)，以免固体液容易流失。③固定液的化学稳定性要好，在一般情况下不与载体、组分和载气起不可逆化学反应。④固定液的使用温度范围要宽，黏度要小，凝固点要低，热稳定性要好，在较低温度下不凝固，在较高温度下不发生分解、聚合和交联。根据上述要求，如能正确地选择到合适的固定液，加之正确的涂渍与装柱技术，就可制备出柱效较高的色谱柱。气-液色谱中使用的固定液已达 1000 多种。

2) 色谱柱

A. 填充柱

常用的填充柱有玻璃管柱、金属管柱和塑料管柱三类。填充柱的柱管尺寸有许多规格，以适应不同样品分离目的、载体粒度、载气流量和仪器的要求。分析柱管外径有 3.18 mm、4.76 mm、6.35 mm 三种；前两种内径为 2 mm，后一种内径为 2 mm、3 mm、4 mm 三种；长度多在 3 m 以内；柱子的形状有 U 形或螺旋形，U 形柱效较高，螺旋柱的圈径应比柱内径大 15 倍，才能取得较好的柱效。柱管的内径越小，越应填装粒度细的固定相，才可获得更高的柱效；但柱容量随之减小，柱压降增大。

B. 毛细管开口柱

目前毛细管开口柱都使用玻璃管，有普通玻璃管和石英玻璃管两种。选用内径 2.0～6.0 mm、外径 4.0～10.0 mn、长 1.5 m 以上的柱管，使用拉管机拉制成内径 0.2～0.5 mm、圈径约 12 m、长 20 m 以上的毛细管。拉制前原料管依次用 50% HNO_3、5% HF 水溶液、蒸馏水洗涤，最后用丙酮冲洗，放置干燥。拉制后的毛细管在涂渍前用蒸馏水、丙酮、溶解固定液的溶剂冲洗，氮气吹干。

4. 检测系统

检测器是将流出色谱柱的被测组分的浓度转变为电信号的装置，是色谱仪的眼睛。通常由检测元件、放大器、数模转换器三部分组成；被色谱柱分离后的组分依次进入检测器，按其浓度或质量随时间的变化，转化成相应电信号，经放大后记录和显示，给出色谱图。

下面介绍一下几种常用的气相色谱检测器。

1) 热导检测器

热导检测器(TCD)是目前应用最广泛的一种检测器。热导检测器的工作原理是依据不同的物质具有不同的热导率。在工作时保持恒温，含有被测组分载体的热导率与纯载气的热导率大不相同。当组分被载气带入热导池中，会引起池体上安装的热敏元件的温度变化，由此产生热敏元件阻值的变化，惠斯顿电桥平衡被破坏，输出电信号。信号的大小随组分的含量的变化而变化，故可以通过得到的信号的大小计算出组分的含量。

优点：结构简单；稳定性好；线性范围宽；不破坏组分，可重新收集制备；通用型，应用广泛，而且适用于无机气体和有机物，可用于常量分析或分析含有十万分之几以上的组分含量。缺点：与其他检测器比灵敏度稍低(因大多数组分与载气热导率差别不大)。

2) 氢火焰离子化检测器

氢火焰离子化检测器(FID)主要用于可在 H_2-空气火焰中燃烧的有机化合物(如烃类物质)的微量检测，是典型的破坏型、质量型检测器，已得到广泛应用。

工作原理：在外加 50～300 V 电场的作用下，氢气在空气中燃烧，生成的热量作为能源，形成的离子流是微弱的。当载气(N_2)带着有机物样品进入燃烧着的氢火焰时，有机物与 O_2 进行化学电离反应产生大量的离子，离子在收集极化电压的作用下，正离子向负极移动，电子向正极移动，形成离子流。离子流的大小和火焰中燃烧样品的量成正比，离子流被静电计转化成数字信号，由电流输出设备输出，最后由工作站画出色谱图。

特点：

(1) 灵敏度高(约 10^{-12} g/s)、线性范围宽(约 10^7 数量级)、噪声低、结构简单、稳定性好、响应迅速等。

(2) 对无机物、永久性气体和水基本无响应，因此 FID 特别适于水中和大气中痕量有机物分析或受水、N 和 S 的氧化物污染的有机物分析。

(3) 对含羰基、羟基、卤代基和氨基的有机物灵敏度很低或根本无响应。

(4) 不适于分析稀有气体、O_2、N_2、N_2O、H_2S、SO_2、CO、CO_2、COS、H_2O、NH_3、$SiCl_4$、$SiHCl_3$、SiF_4、HCN 等。

(5) 样品受到破坏，无法回收。

3) 电子捕获检测器

电子捕获检测器(ECD)是放射性离子化检测器的一种，主要对含有较大电负性原子的化合物响应。它特别适合于多硫化物、多环芳烃、金属离子的有机螯合物、环境样品中卤代农药和多氯联苯等微量污染物的分析。

工作原理：电子捕获检测器利用内有一个放射源(Ni-63 放射源)作为负极，还有一正极。放射源不断放出的 β 粒子在衰变过程中具有一定的能量，两极间加适当电压。当载气(N_2)进入检测器时，受到 β 粒子的轰击发生电离，由于电子移动速率比正离子快得多，所以电子和正离子复合概率很小，正离子和电子分别向负极和正极移动，形成恒定的基流。含有电负性元素的样品进入检测器后，就会捕获大量电子而生成稳定的负离子，这些负离子的移动速率跟正离子差不多，使得负离子与载气正离子复合的概率比之前高出 10^5～10^8 倍，结果导致基流下降。因此，样品经过检测器，会产生一系列的倒峰。对这些倒峰进行转换处理，就形成了色谱图上的正峰。

特点：为高选择性检测器；仅对含有卤素、过氧基、醌基、硝基等元素的化合物有很高的灵敏度，检测下限 10^{-14}g/mL；对大多数烃类没有响应；较多应用于农副产品、食品及环境中农药残留量的测定；载气用高纯氮气，要用净化管除去氧和水。

4) 火焰光度检测器

火焰光度检测器(FPD)是对含 S、P 化合物具有高选择性和高灵敏度的检测器。因此，也称硫磷检测器。主要用于 SO_2、H_2S、COS、石油精馏物的含硫分、有机硫、有机磷的农药残留物分析等。

工作原理：在富氢火焰中，含硫、磷的有机物燃烧后分别发出特征的蓝紫色(波长为 350~430 nm，波长 394 nm 为最大强度)和绿色光(波长为 480~560 nm，波长 526 nm 为最大强度)，经滤光片(对 S 为 394 nm，对 P 为 526 nm)滤光，再由光电倍增管测量特征光的强度变化，转变成电信号，就可检测硫或磷的含量。对于硫、磷的检测应选用不同的滤光片和不同的火焰温度。

主要特点有：高灵敏度和高选择性；对磷的响应为线性；对硫的响应为非线性。用于测含 S，P 化合物，信号约比 C—H 化合物大 10 000 倍。用 P 滤光片时，P 的响应值/S 的响应值>20；用 S 滤光片时，S 的响应值/P 的响应值>10。

5) 氮磷检测器

氮磷检测器(NPD)又称热离子检测器(TID)。NPD 的结构与 FID 类似，是在氢火焰离子检测器基础上发展起来的一种高选择性检测器，只是在 H_2-空气火焰中燃烧的低温热气再被硅酸铷($Rb_2O \cdot SiO_2$)电热头加热至 600~800℃，从而使含有 N 或 P 的化合物产生更多的离子。

工作原理：热离子化检测器内侧盐玻璃珠或陶瓷环上的 Rb^+ 从加热电路中得到电子，生成中性铷原子。铷原子在冷氢焰中受热蒸发。当含 N、P 的化合物进入冷氢焰(700~900℃)后会分解产生电负性基团(CN，PO，PO_2)。这些电负性基团会从热离子源表面的铷原子蒸气夺取其电子生成负离子(CN^-，PO^-，PO_2^-)。负离子在高压电场下形成离子流，产生电信号，而铷原子失去电子后重新生成正离子，回到热离子源表面循环。由于检测器使用的冷氢焰在火焰喷嘴处不能形成正常燃烧的氢火焰，因此烃类在冷氢焰中不产生电离，故变成了对 N、P 化合物的选择性检测。

特点：NPD 是选择性检测器，对含有能增加碱盐挥发性的有化合物特别敏感，对氮、磷的有机物灵敏度很高。检测 N、P 化合物，是一种破坏性检测器。对含 N、P 化合物具有选择性，对 P 的响应是对 N 的响应的 10 倍，是对 C 原子的 10^4~

10^6 倍；灵敏度高，与 FID 对 P、N 的检测灵敏度相比，NPD 分别是 FID 的 500 倍(对 P)，50 倍(对 N)。

5. 气相色谱分析的特点

气体黏度小，传质速率高，渗透性强，有利于高效快速的分离。气相色谱法具有如下特点：

(1)高效能。在较短的时间内能够同时分离和测定极为复杂的混合物。如含有 100 多个组分的烃类混合物的分离分析。

(2)高选择性。能分离分析性质极为相近的物质，如有机物中的顺、反异构体和手性物质等。

(3)高灵敏度。可以分析 $10^{-13}\sim10^{-11}$g 的物质，特别适合于微量和痕量分析。

(4)高速度。一般只需几分钟到几十分钟便可完成一个分析周期。

(5)应用范围广。可以分析气体、易挥发的液体和固体及包含在固体中的气体。一般情况下，只要沸点在 500℃以下，且在操作条件下热稳定性良好的物质，原则上均可用气相色谱法进行分析。对于受热易分解和挥发性低的物质，如果通过化学衍生的方法使其转化为热稳定和高挥发性的衍生物，同样可以实现气相色谱的分离与分析。

气相色谱不适用于大部分沸点高和热稳定性不好的化合物以及腐蚀性和反应性能较强的物质，大约有 15%～20%的有机化合物能用气相色谱法进行分析。

6.2.2　工作原理

气相色谱法是一种对实际工作中复杂基体中的多组分混合物分离分析的技术。对含有未知组分的样品，首先通过色谱柱将其分离，然后通过适当的检测方法对有关组分进行进一步的分析。混合物中各组分的分离性质在一定的条件下是不变的，因此，一旦确定了分离条件，就可用来对样品组分进行定性定量分析。这就是色谱分离分析过程。

气相色谱法主要是利用各组分物质结构和性质的不同，在色谱柱中前进速度的不同来实现混合物的分离。其过程如图 6-5 所示。待分析样品在气化室气化后被惰性气体(即载气，也叫流动相)带入色谱柱。柱内含有液体或固体固定相，各组分与固定相、流动相存在分配作用或吸附/解吸作用。由于样品中各组分的沸点、极性或吸附性能不同，固定相及流动性对各组分的作用能力不同，组分在色谱柱中进行反复多次的分配或吸附/解吸，导致各组分流出色谱柱的速度不同。组分流出色谱柱后，立即进入检测器。检测器能够将样品组分的存在与否转变为电信号，而电信号的大小与被测组分的量或浓度成比例。当将这些信号放大并记录下来时，就是如图 6-6 所示的色谱图(假设样品分离出三个组分)，它包含了色谱的全部原始信息。在没有组分流出时，色谱图记录的是检测器的本地信号，即色谱图的基线。

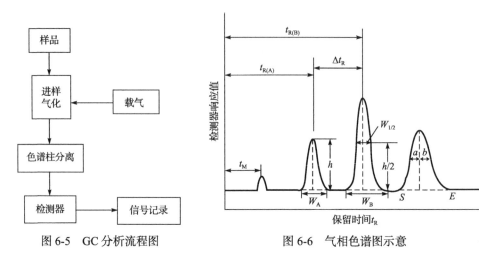

图 6-5　GC 分析流程图　　　　　　图 6-6　气相色谱图示意

1. 基本术语和参数

1)常用术语

常用术语如表 6-1 中所示。

表 6-1　色谱中常用术语

序号	术语	符号	定义
1	色谱图		色谱分析中检测器响应信号随时间的变化曲线
2	色谱峰		色谱柱流出物通过检测器时所产生的响应信号的变化曲线
3	基线		在正常操作条件下仅有载气通过检测器时所产生的信号曲线
4	峰底		连接峰起点与终点之间的直线
5	峰高	h	从峰最大值到峰底的距离
6	峰(底)宽	W	在峰两侧拐点处所作切线与峰底相交两点间的距离
7	半峰宽	$W_{1/2}$	在峰高的中点作平行于峰底的直线，此直线与峰两侧相交点之间的距离；对于高斯峰，$W=1.7W_{1/2}$
8	峰面积	A	峰轮廓线与峰底之间的面积
9	基线漂移		基线随时间的缓慢变化
10	基线噪声		各种因素引起的基线波动
11	拖尾峰		后沿较前沿平缓的不对称峰
12	前伸峰		前沿较后沿平缓的不对称峰
13	假(鬼)峰		并非由样品本身产生的色谱峰

2) 保留值

A. 保留时间

被测组分从进样开始到柱后出现峰极大值时所需的时间称为保留时间(t_R)。

B. 死时间

不被固定相保留的组分从进样开始到柱后出现峰极大值时所需的时间称为死时间(t_M)，由于组分未被固定相滞留，因此它的流速与载气的流速相等。t_M 也可用式(6-1)来求得：

$$t_M = \frac{L}{u_0} \tag{6-1}$$

式中，L 为柱长，cm；u_0 为流动相平均线速度，cm/s。

C. 调整保留时间

某组分的保留时间扣除死时间后称为该组分的调整保留时间(t_R')，即

$$t_R' = t_R - t_M \tag{6-2}$$

组分在色谱柱中的保留时间 t_R 表示组分流过色谱柱所需的总时间，实际上包含两部分：一部分是组分在柱内流动相中运行所需的时间 t_M，另一部分是组分在固定相中滞留所需的时间 t_R'。

D. 保留体积(V_R)

被测组分从样品进柱开始到柱后出现峰极大值时所通过的流动相的体积称为保留体积 V_R(mL)。保留体积 V_R 与保留时间 t_R 的关系如下：

$$V_R = t_R \times F_0 \tag{6-3}$$

式中，F_0 为流动相体积流速，mL/h。

E. 死体积

死体积(V_M)是指色谱柱中未被固定相占据的空隙体积，即色谱柱内流动相的体积。但在实际测量时，它包括了柱外死体积，即色谱仪中的管路和连接头间的空间以及进样系统和检测器的空间。当柱外死体积很小时，可以忽略不计。死体积由死时间与流动相体积流速 F_0 计算：

$$V_M = t_M \times F_0 \tag{6-4}$$

F. 调整保留体积

某组分的保留体积扣除死体积后称为该组分的调整保留体积(V_R')。

$$V_R' = V_R - V_M = t_R' \times F_0 \tag{6-5}$$

G. 相对保留值

某组分 2 的调整保留值与组分 1 的调整保留值之比称为相对保留值(r_{21})，存在下列关系：

$$r_{21} = \frac{t'_{R_2}}{t'_{R_1}} = \frac{V'_{R_2}}{V'_{R_1}} \tag{6-6}$$

式中，2 代表流出较晚的组分；1 代表流出稍早的组分。

因此，$r_{21} \geqslant 1$，注意 r_{21} 是调整保留时间之比或调整保留体积之比，而非保留时间之比或保留体积之比。r_{21} 可作为衡量固定相选择性的指标，又称选择性因子。r_{21} 越大，相邻两组分的 t_R 相差越大，分离得越好。$r_{21}=1$，两组分不能分离。相对保留值只与柱温及固定相的性质有关，与柱径、柱长、填充情况及流动相流速无关。

3) 分配系数和分配比

组分与固定相、流动相之间发生的吸附、脱附或溶解、挥发的过程叫分配。在一定温度压力下，组分在色谱柱一小段体积内达到分配平衡，它们之间的相互作用关系可以用分配系数来表示。

A. 分配系数

在一定的温度和压力下，当分配体系达到平衡时，组分在固定相中的浓度 c_S 与流动相中的浓度 c_M 之比为一常数。此常数称为分配系数(K)，即

$$K = \frac{c_S}{c_M} \tag{6-7}$$

分配系数 K 具有热力学意义，它是由温度、压力以及组分和两相(固定相和流动相)的热力学性质决定的。当色谱条件(固定相、流动相、柱温)一定，浓度很低时，分配系数只取决于组分的性质，与浓度无关，是每一个组分的特征值。K 值的大小表明组分与固定相分子间作用力的大小。K 值小的组分在柱中滞留的时间短，较早流出色谱柱；反之，结果相反。因此，不同组分的分配系数的差异是实现色谱分离的先决条件，分配系数相差越大，越容易实现分离。

B. 分配比

分配比(k)也称为容量因子，是指在一定温度和压力下，组分在两相间达到分配平衡时，分配在固定相和流动相中的质量之比，即

$$k = \frac{m_S}{m_M} \tag{6-8}$$

分配系数与分配比之间的关系为

$$K = \frac{c_S}{c_M} = \frac{m_S / V_S}{m_M / V_M} = k \frac{V_M}{V_S} = k\beta \tag{6-9}$$

式中，V_M 为色谱柱中流动相体积；V_S 为色谱柱中固定相体积，在不同类型的色谱法中含义不同，例如吸附色谱中 V_S 为吸附剂表面容量，在分配色谱中则为固定液体积；β 为相比率，是柱中流动相体积和固定相体积之比，即

$$\beta = \frac{V_M}{V_S} \tag{6-10}$$

它反映了各种色谱柱柱型的特点。例如，填充柱的 β 值约为 6～35，毛细管柱的 β 值为 50～1500。

色谱条件(固定相、流动相、柱温)一定，浓度很低时，分配比除了与组分的性质有关外，还随固定相的量的变化而变化。K 和 k 是两个不同的参数，但在表征组分的分离行为时，二者完全是等效的。k 值可以方便地由色谱图直接求得，它比分配系数更为常用；其大小直接影响组分在柱内传质阻力、柱效能及柱的物理性质，所以分配比 k 是一个重要的色谱参数。

4) 保留值与分配比的关系

设柱中某组分的平均速度为 u，流动相的平均线速度为 u_0，则

$$R = \frac{u}{u_0} = \frac{t_M}{t_R} = \frac{t_M}{t_M + t_S} = \frac{m_M}{m_M + m_S} = \frac{c_M V_M}{c_M V_M + c_S V_S} \tag{6-11}$$

则

$$\frac{t_M}{t_R} = \frac{1}{1+k} \tag{6-12}$$

即

$$t_R = t_M (1 + k) \tag{6-13}$$

式(6-13)表明，t_R 是 t_M 和 k 的函数。因此，分配比 k 是色谱柱对组分保留能力的参数，k 值越大，保留时间越长。换句话说，当色谱条件一定的情况下，组分的保留时间受分配比 k 控制。

$$k = \frac{t_R - t_M}{t_M} = \frac{t'_R}{t_M} = \frac{V'_R}{V_M} \tag{6-14}$$

式(6-14)说明，分配比 k 同时也是组分在固定相中停留的时间与在流动相中停留

的时间之比。换句话说，k 不仅与物质的热力学性质有关，还与色谱柱的柱形及其结构有关。

将式(6-13)代入式(6-6)，得

$$r_{21} = \frac{k_2}{k_1} \qquad (6\text{-}15)$$

式(6-16)说明，选择性因子 r_{21} 是一个热力学常数，只与柱温及固定相的性质有关，因此它是色谱法中，特别是气相色谱法中，广泛使用的定性数据。

2. 气相色谱理论

气相色谱法是一种对混合组分先分离再分析的过程。所以无论是定性分析还是定量分析，混合物组分能否完全分离是气相色谱法的关键所在。

要使混合物组分能够完全分离需要满足两个条件：一是两组分的保留值相差要足够大。在色谱条件一定的情况下，组分的保留值由该组分在流动相和固定相的分配比 k 决定，属于色谱体系中的热力学过程；二是色谱峰的峰宽要足够窄。色谱峰的峰宽由组分在两相中的扩散速率和在两相中达到平衡的速率所决定，属于色谱体系中的动力学过程。

下面介绍两种气相色谱理论：塔板理论和速率理论，并分别介绍气相色谱体系中的热力学过程和动力学过程中的影响因素。

1) 塔板理论

A. 塔板理论的模型与假定

塔板理论最早于 1941 年由 James 和 Martin 提出，并用数学模型描述了色谱分离过程。他们将一根色谱柱比作一个精馏塔，柱内由一系列设想的塔板组成，把连续的色谱柱分成许多小段，这样一个小段称作一个理论塔板。一个理论塔板的长度称为理论塔板高度，用 H 表示。组分随着流动相进入色谱柱后，在每块理论塔板高度间隔内两相间很快达成分配平衡，然后随着流动相继续向前移动。经过多次分配平衡。分配系数小的组分先离开色谱柱，分配系数大的组分后离开色谱柱。塔板理论假定：

(1)色谱柱由一块一块的虚拟塔板组成，在一个塔板内组分在气液两相间可以很快达到；

(2)载气进入色谱柱不是连续而是脉动的，每次进入柱子的载气的最小体积是一个塔板的体积；

(3)试样开始时都加在第 0 号塔板上，且试样沿色谱柱方向的扩散可以忽略不计；

(4)分配系数在各塔板上是常数，与组分在塔板中的浓度无关。

B. 塔板理论方程式

根据塔板理论，组分在色谱柱中 n 个虚拟塔板上经过反复平衡分配，在 n 次平衡分配之后，两相中组分含量服从二项式分布，从二项式展开成高斯分布，得到色谱峰方程：

$$C = \frac{m\sqrt{n}}{V_R\sqrt{2\pi V_R}}\exp\left[-\frac{n}{2}\left(\frac{V_R-V}{V_R}\right)^2\right] = C_{\max}\mathrm{e}^{-\frac{(t-t_R)^2}{2\sigma^2}} \tag{6-16}$$

式中，$C_{\max}$ 为色谱峰最高值；t_R 为色谱峰为最高值时位置；σ 为标准方差。

对一根长为 L 的色谱柱，组分达成分配平衡的次数应为

$$n = \frac{L}{H} \tag{6-17}$$

式中，n 为理论塔板数，量纲为一；H 为塔板高度，与 L 单位一致。

由塔板理论可导出理论塔板数 n 的计算公式为

$$n = 5.54\left(\frac{t_R}{W_{1/2}}\right)^2 = 16\left(\frac{t_R}{W}\right)^2 \tag{6-18}$$

式中，n 量纲为一，保留时间和峰宽度的单位需要保持一致。

由式(6-17)和式(6-18)可见，当色谱柱长 L 固定时，理论塔板高度 H 越小，理论塔板数 n 就越大，色谱峰越窄，此时柱效能越高，根据塔板理论模型，具有不同分配系数的组分通过在柱内反复进行分配而得以分离。分配次数越多，表明固定相的作用越显著，柱子的分离能力越强，越有利于分离柱效能提高，因此用 n 或 H 作为描述柱效能的指标。

在实际应用中，常常出现虽然计算出来的 n 值很大，但是色谱柱对样品的分离效能不是很好的现象，特别是死时间 t_M 在 t_R 中所占的比重比较大的时候。这是因为采用 t_R 计算时未能真正反映实际的分离效能，需要扣除掉死时间 t_M，故提出了用有效理论塔板数 $n_{有效}$ 或有效塔板高度 $H_{有效}$ 作为柱效能指标。分别表示为

$$n_{有效} = 5.54\left(\frac{t_R'}{W_{1/2}}\right)^2 = 16\left(\frac{t_R'}{W}\right)^2 \tag{6-19}$$

$$H_{有效} = \frac{L}{n_{有效}} \tag{6-20}$$

将式(6-18)除以式(6-19)，可得 n 与 $n_{有效}$ 的关系式

$$n = n_{有效}\left(\frac{1+k}{k}\right)^2 \tag{6-21}$$

式(6-21)说明，k 越小，n 与 $n_{有效}$ 相差越大。色谱柱的 n 或 $n_{有效}$ 越大，越有利于分离，但不能说明混合组分能否被分离。混合组分能否被分离取决于各组分在色谱柱中分配系数 K 的差异，而不是分配次数的多少。若两组分的分配系数相同，无论 n 或 $n_{有效}$ 多少，两组分都无法被分离。因此 n 或 $n_{有效}$ 的大小不是组分能否分离的标志，而是在一定条件下柱分离能力发挥程度的标志。

由于不同物质在同一色谱柱上分配系数不同，所以同一色谱柱对不同物质计算得到的柱效能是不一样的。因此，在用塔板数或塔板高度表示柱效能时，除应注明色谱条件外，还应指明被测组分。

C. 对塔板理论的评价

塔板理论从热力学方面阐述了组分在色谱柱中的分离原理，解释了组分在色谱柱中的移动速率、流出曲线以及色谱峰最大值的位置，并提出了计算及评价柱效能高低的理论塔板数的公式。但是，塔板理论无法解释影响柱效能的因素以及色谱峰扩展的原因。色谱过程不仅受热力学因素的影响，还与分子的扩散、传质等动力学因素有关。下面通过动力学因素，即速率理论来阐述色谱分离原理。

2) 速率理论

1956 年荷兰学者 van Deemter 等在研究气液色谱时，吸收了塔板理论中塔板高度的概念，同时考虑了影响塔板高度的动力学因素，提出了色谱过程的动力学理论——速率理论。他们指出理论塔板高度是峰展宽的量度，导出了塔板高度 H 与载气线速度 u 的关系式。此关系式称为速率理论方程式，即范第姆特方程，即

$$H = A + B/u + Cu \tag{6-22}$$

式中，A，B，C 为常数；A 为涡流扩散项；B/u 为分子扩散项；Cu 为传质阻力项；u 为流动相的平均线速度，cm/s。

由式(6-22)可见，色谱峰展宽受三个动力学因素控制，即涡流扩散项、分子扩散项和传质阻力项。当载气流速 u 一定时，A、B、C 三个常数越小，峰越锐，柱效越高；反之，则峰展宽，柱效越低。

由式(6-22)及图 6-7 可知，在一定色谱条件下，塔板高度 H 与载气流速 u 呈双曲线关系，在低流速时($0 \sim u_{最佳}$)，u 越小，B/u 越大，Cu 越小，则 B/u 的影响占主导地位，随 u 的增大，H 降低，柱效能升高；在高流速时($u > u_{最佳}$)，u 流速越大，B/u 越小，Cu 越大，则 Cu 的影响占主导地位，随 u 的增大，H 增大，柱效能降低；欲降低 H 的数值，提高柱效能，需降低式(6-22)中各项的数值。下面分别讨论各项的物理意义。

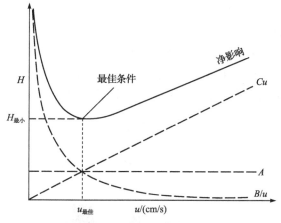

图 6-7　GC 中 H-u 曲线示意图

A. 涡流扩散项 A

在填充色谱柱中，组分分子随流动相在固定相粒间的孔隙穿行，向柱尾方向移动。组分与填充颗粒不断发生碰撞并改变方向，使组分分子在流动相中形成紊乱的类似"涡流"的流动。由于填充物颗粒大小不同以及填充的不均匀性，组分分子通过填充柱时的路径长短不同。如图 6-8 所示，①号分子走过的路径最曲折，流出时间最晚；②号分子次之；③号分子的路线最为平直，最早从柱尾流出。因此，同一组分的不同分子在柱内停留的时间不同，到达柱子出口处的时间有先有后，造成了色谱峰展宽，使分离变差。

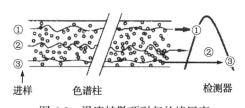

图 6-8　涡流扩散项引起的峰展宽

涡流扩散项 A 与固定相颗粒大小及填充的均匀性有关：

$$A = 2\lambda d_{p} \tag{6-23}$$

式中，λ 为填充不规则因子；d_{p} 为填充物颗粒的平均直径。

式(6-23)表明，填充不规则和固定相颗粒大小是影响涡流扩散项的因素。颗粒越小越均匀，填充得越均匀，A 越小，从而塔板高度越小，柱效能越高。对于填充柱，使用颗粒细、粒度均匀的填充物且填充均匀，是减少涡流扩散从而提高柱效能的有效途径。但是，颗粒 d_{p} 过小会增加柱子的阻力，使渗透性变差。λ 与填充技术及固定相颗粒均匀度有关，与组分、流动相以及线速度无关。对于空心毛细管柱，不存在涡流扩散，因此 $A=0$。

B. 分子扩散项 B/u

分子扩散又称为纵向扩散。如图 6-9 所示，样品以"塞子"的形式进入色谱柱，在"塞子"前后形成浓度差，导致组分分子不断向后扩散，这种扩散沿柱的纵向进行，结果使色谱峰变宽、分离变差。分子扩散项系数 B 为

$$B = 2\gamma D_g \tag{6-24}$$

式中，γ 为弯曲因子；D_g 为组分分子在气相中的扩散系数，cm^2/s。

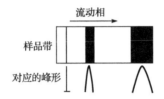

图 6-9　分子扩散项引起的色谱峰展宽

弯曲因子 γ 与组分分子在柱内扩散路径的弯曲程度有关。对填充柱，$\gamma=0.5\sim 0.7$；而毛细管空心柱因无填充物阻碍，$\gamma=1$。扩散系数 D_g 与组分的分子量、载气分子量的平方根、载气流速及柱压成反比，与柱温及保留时间成正比。故为了减小扩散系数 D_g，可以通过使用较大分子量的载气如氮气作为载气，增大载气流速，增大柱压，降低柱温，在组分能完全分离的情况下使用较短的色谱柱缩短保留时间来实现。

C. 传质阻力项 Cu

在物质体系中物质因存在浓度差而发生的物质迁移过程称为传质，传质过程中存在着传质阻力。对于气-液色谱，传质阻力 Cu 包括气相传质阻力 $C_g u$ 和液相传质阻力 $C_l u$。

气相传质阻力是指组分从气相到气液两相界面进行分配传质时所受到的阻力。气相传质阻力系数

$$C_g = \frac{0.01k^2}{(1+k)^2} \times \frac{d_p^2}{D_g} \tag{6-25}$$

式中，k 为分配比。

从式(6-25)可以看出，气相传质阻力系数 C_g 与填充物粒度 d_p 的平方成正比，与组分在气相中的扩散系数 D_g 成反比。因此，采用粒度小的填充物和使用较小分子量的载气(如 H_2)，适当减低载气流速、降低柱压、升高柱温，可以降低气相传质阻力。

液相传质阻力是指组分分子从气液两相界面扩散至固定液内部进行物质交换，达到分配平衡后再返回气液两相界面的这一过程中所受到的传质阻力。组分分子滞留在固定液期间，流动相带着载气中的组分继续向前移动，导致这部分组分滞后于在流动相中的组分，造成峰展宽。液相传质阻力越大，组分在液相中的滞留时间越长，峰展宽现象越严重。

液相传质阻力系数

$$C_1 = \frac{2k}{3(1+k)^2} \times \frac{d_{\mathrm{f}}^2}{D_1} \tag{6-26}$$

式中，d_{f} 为固定相液膜厚度；D_1 为组分分子在固定液中的扩散系数。

由式(6-26)可见，液相传质阻力与固定液膜厚度 d_{f} 的平方成正比，与组分分子在固定液中的扩散系数 D_1 成反比。可以通过适当降低固定液用量或采用比表面积较大的担体来减低液膜的厚度；可以通过选用低黏度固定液或适当提高柱温来提高组分分子在固定液中的扩散系数；这样可以加快组分分子在固定液中的扩散速度，缩短组分在固定液中的扩散时间，使组分快速达到平衡，减小液相扩散阻力。

将 A，B 和 C 代入式(6-62)中，即可得到气液色谱的速率理论方程：

$$H = 2\lambda d_{\mathrm{p}} + \frac{2\gamma D_{\mathrm{g}}}{u} + \left[\frac{0.01k^2}{(1+k)^2} \times \frac{d_{\mathrm{p}}^2}{D_{\mathrm{g}}} + \frac{2k}{3(1+k)^2} \times \frac{d_{\mathrm{f}}^2}{D_1}\right] u \tag{6-27}$$

范第姆特方程指出，被分离组分分子在色谱柱内运行的多路径、浓度梯度所造成的分子扩散及传质阻力，使气液两相间的分配平衡不能瞬间达到等因素，是造成色谱峰扩展、柱效下降的主要原因。速率理论为色谱分离和操作条件的选择提供了理论指导，阐述了固定相粒度、液膜厚度、载气种类、载气流速及柱温对柱效能及分离效果的影响。其中各个因素之间相互制约，需要综合考虑选择合适的色谱条件才能提高柱效能。

3. 分离度与拖尾因子

1) 分离度

分离度 R，又称为总分离效能指标或分辨率，表示相邻两个峰分离程度的优劣，是色谱柱分离效能的指标，既能反映柱效能又能反映选择性的指标。分离度定义为相邻两组分色谱峰保留值之差与两组分色谱峰底宽度总和之半的比值。即

$$R = \frac{2(t_{R_2} - t_{R_1})}{W_1 + W_2} \tag{6-28}$$

在计算 R 值时,组分的保留值和峰底宽度要采用相同的计量单位。由式(6-28)可见,两峰保留值相差越大,峰越窄,R 值就越大,相邻两组分分离得越好。图 6-10 表示了不同分离度时色谱峰分离的程度。从图中可以看出,$R=0.75$ 时,两色谱峰大部分重叠在一起,完全没有分开;$R=1.0$ 的两峰有部分重叠,大部分被分开,分离度达到 98%;而 $R=1.5$ 的两峰则完全分离,分离程度可达 99.7%。通常用 $R=1.5$ 作为相邻两组分已完全分离的标志。

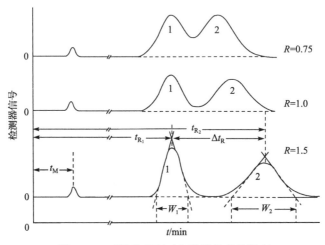

图 6-10　不同分离度时色谱峰分离的程度

当峰形不对称或相邻两峰稍有重叠时。测量峰底宽度比较困难,可用半峰宽来代替,此时分离度可表示为

$$R = \frac{t_{R_2} - t_{R_1}}{W_{1/2(1)} - W_{1/2(2)}} \tag{6-29}$$

式(6-28)与式(6-29)表示的意义不完全等同。但实际计算中差别很小,故可将两式近似看成等式。

2) 分离度的影响因素

分离度 R 作为色谱柱的总分离效能指标,可以判断难分离混合物在色谱柱中的分离情况,体现着柱效能和选择性对分离结果的影响,但是从式(6-28)中无法看出这三者之间的关系。

当难分离的相邻两组分之间的 K 相差很小时,则可以假设 $k_1 \approx k_2 \approx k$,$W_1 \approx W_2 \approx W$,可以推导出分离度($R$)、柱效能($n$)和选择性($r_{21}$)的关系式:

$$R = \frac{\sqrt{n}}{4} \times \frac{r_{21} - 1}{r_{21}} \times \frac{k}{k+1} \tag{6-30}$$

用有效柱效能（$n_{有效}$）和选择性（r_{21}）表示的色谱分离度方程为

$$R = \frac{\sqrt{n_{有效}}}{4} \times \frac{r_{21}-1}{r_{21}} \tag{6-31}$$

A. 分离度与柱效能的关系

由式（6-30）可以看出，分离度与 n 的平方根成正比，主要取决于色谱柱性能和载气流量，柱效能 n 是影响分离度的一种重要因素。首先增加柱长可以增大分离度，但同时各组分的保留时间增长，容易使色谱峰变宽，因此在保证一定分离度的前提下尽量用短的柱子。由速率理论可知，可以选择颗粒较小、填充均匀的固定相，另外应选择合适的色谱操作条件，如载气流速、柱温等。

B. 分离度与选择性的关系

r_{21} 是柱选择性的量度，r_{21} 越大，柱选择性越好，对分离越有利。分离度对 r_{21} 的微小变化很敏感，增大 r_{21} 值是提高分离度的有效办法。当 $r_{21}=1$ 时，$R=0$，两物质不能实现分离；当 r_{21} 很小的情况下，特别是 $r_{21}<1.1$ 时，两物质很难分离，需要增大 r_{21} 值。气相色谱法中一般通过改变固定相组成或采用较低的柱温来增大 r_{21} 值，而较少通过改变载气种类是因为载气是惰性的，且可选择种类很少。

C. 分离度与分配比的关系

从式（6-30）可以看出，增大 k 值对分离有利，但当 $k>10$ 时，增加 k 值对 $k/(k+1)$ 的改变不大，对 R 的改进不明显，反而使分析时间大为延长。因此 k 值的最佳范围是 $1\sim10$，在此范围内，既可得到大的 R 值，又可使分析时间不致过长，峰的扩展不会太严重。

分配比 k 主要受到固定相、流动相、柱温或改变相比的影响。前三种方法使分配系数 K 发生变化，从而使 k 改变。改变相比包括改变固定相的量及改变柱的死体积。固定相的量越大，则 k 值越大；由式（6-9）可知，柱的死体积越大，则 k 值越小。

将式（6-31）变换形式，得

$$n_{有效} = 16R^2 \left(\frac{r_{21}}{r_{21}-1} \right)^2 \tag{6-32}$$

于是

$$L = 16R^2 \left(\frac{r_{21}}{r_{21}-1} \right)^2 H_{有效} \tag{6-33}$$

由式（6-33）可计算出达到某一分离度所需色谱柱长。

D. 拖尾因子

拖尾因子 r 是用于评价色谱柱惰性(活性)或惰化程度的一个参数，用以衡量色谱峰的对称性。拖尾因子指在 10%峰高处的前峰宽 a 与后峰宽 b 的比值。

$$r=b/a \tag{6-34}$$

$r=1$，峰形为对称的高斯曲线；$r>1$，峰形拖尾；$r<1$，峰形前伸。r 越大，色谱峰拖尾越严重。

3) 区域宽度

色谱峰的区域宽度是组分在色谱柱中谱带扩张的函数，它反映了色谱操作条件的动力学因素。色谱峰的区域宽度可用下面三种方法表示。

(1)标准偏差 σ。色谱峰是正态分布曲线，可以用标准偏差 σ 表示峰的区域宽度，即 0.607 峰高处色谱峰宽的一半。

(2)半峰宽 $W_{1/2}$ 为峰高一半处色谱峰的宽度，它与标准偏差的关系是

$$W_{1/2} = 2.354\sigma \tag{6-35}$$

(3)峰底宽度 W 为色谱峰两侧拐点上的切线在基线上截距，它与标准偏差的关系是

$$W = 4\sigma \tag{6-36}$$

色谱流出曲线是色谱分析的主要依据。从流出曲线上可以得到许多重要信息。例如，根据色谱峰的个数，可以判断样品中所含组分的最少个数；根据色谱峰的保留值(或位置)可以进行定性分析；根据色谱峰的面积或峰高可以进行定量分析；利用色谱峰的保留值及其区域宽度，可以对色谱柱的分离效能进行评价；根据色谱峰两峰间的距离，可以对固定相(和流动相)的选择是否合适进行评价。

6.3　实　验　技　术

6.3.1　色谱柱分离条件的选择

1. 载体粒度及筛分范围

载体粒度越小，柱效越高。但粒度过小，则阻力及柱压增加。通常，对填充柱而言，粒度大小为柱内径的 1/25~1/20 为宜。

2. 固定相的选择

气-液色谱应根据"相似相溶"的原则。相似相溶原理是指结构或极性相似的物质之间有较大的溶解度。色谱分析中要实现组分的分离，就要使固定液对组分

具有不同的保留能力，而固定液对组分的保留能力就取决于组分在两相中的溶解和解吸能力的大小。因此，可按以下原则进行选择：

(1)分离非极性组分时，通常选用非极性固定相。此时 $P=0$，级数为–1 或+1。不论非极性组分多少，各组分按沸点顺序出峰，低沸点组分先出峰。例如，正辛烷、正壬烷、正癸烷、正十二烷、正十三烷等组分在 SE-30 柱上分离时，正辛烷先流出，正壬烷流出以后各组分依次流出。而对烃和极性物质的混合物，同沸点的极性物质先流出。

(2)中等极性样品应选中等极性固定液，组分基本按沸点顺序出峰，低沸点先出峰。而对沸点相同的非极性与极性组分，非极性组分先流出。

(3)分离极性组分时，一般选用极性固定液。各组分按极性大小顺序流出色谱柱，极性小的先出峰。

(4)分离非极性和极性的(或易被极化的)混合物，一般选用极性固定液。此时，非极性组分先出峰，极性的(或易被极化的)组分后出峰。

(5)醇、胺、水等强极性和能形成氢键的化合物的分离，通常选择极性或氢键型的固定液。

(6)组成复杂、较难分离的试样，通常使用特殊固定液或混合固定相。

另外，也可以利用罗尔施奈德和麦克雷诺常数或者"最相邻技术"优选固定相。

3. 柱长和柱内径的选择

柱长选择：柱越长，理论塔板数越多，分离越好。增加柱长对提高分离度有利，但组分的保留时间 t_R 增加。柱过长，分析时间增加且峰宽也会增加，导致总分离效能下降。柱长的选用原则是在能满足最难分离组分达到较好的分离度($R \geqslant$ 1.5)的前提下，尽可能选用较短的柱，有利于减小峰宽以及缩短分析时间。填充色谱柱的柱长通常为 1～3 m。可根据要求的分离度通过计算确定合适的柱长或实验确定。

柱内径选择：填充柱为 2～4 mm；毛细管柱为 0.2～0.5 mm。柱内径增加，柱效下降。

4. 固定液含量的选择

固定液的含量就是指固定液与载体的质量之比。固定液含量的选择与被分离组分的极性、沸点以及固定液本身性质等因素有关。但是从范第姆特方程中可以看出来，固定液的厚度对柱效率影响很大。当 d_f 较厚时，液相传质阻力增大，柱效降低。d_f 减小，液相传质阻力减小，柱效可以提高。以前多采用高固定液含量，随着载体表面处理技术的发展和高灵敏度检测器的采用，现多采用低固定液含量，一般在 10%以下。

采用低固定液含量，可以使用低柱温，缩短了组分的保留时间，有利于实现快速分析，也有利于低柱温下分析高沸点样品。但是固定液含量太低，很难覆盖全部载体表面，容易产生吸附，使色谱峰拖尾，柱效降低。

5. 柱温的确定

柱温升高可缩短分析时间，也提高了气相和液相的传质速率，有利于提高效能，色谱峰变窄变高。但是被测组分的挥发度升高，即被测组分在气相中的浓度增大，低沸点组分峰易产生重叠，分离度下降。而柱温降低可使色谱柱的选择性增大，利于组分的分离和提高色谱柱的稳定性，延长色谱柱寿命。而由于两组分的相对保留值增大的同时，两组分的峰宽也在增加，当后者的增加速度大于前者时，两峰的交叠更为严重。选择柱温一般遵循以下几个原则：

(1) 应使柱温控制在固定液的最高使用温度(超过该温度固定液易流失)和最低使用温度(低于此温度固定液以固体形式存在)范围之内。

(2) 在能保证分离度 R 的前提下，尽量使用低柱温，但应保证适宜的 t_R 及峰不拖尾。

(3) 根据样品沸点情况选择合适柱温，应低于组分平均沸点 50～100℃，宽沸程样品应采用程序升温，程序升温可以采用线性也可以采用非线性的。

6.3.2　色谱柱操作条件的选择

1. 载气种类的选择

载气种类的选择应考虑三个方面：载气对柱效的影响、检测器要求及载气性质。载气摩尔质量大，可抑制试样的纵向扩散，提高柱效。载气流速较大时，传质阻力项起主要作用，采用较小摩尔质量的载气(如 H_2、He)，可减小传质阻力，提高柱效。载气的选择除了要考虑对柱效能的影响外，还需要与分析对象及所用的检测器相配(表 6-2)。

表 6-2　载气与检测器的搭配

载气	使用纯度/%	匹配检测器	载气	使用纯度/%	匹配检测器
氢气	99.99～99.9999	FID，TCD	氩气	99.9999	EC，AID
氮气	99.9999	FID，ECD	二氧化碳	>99.9	计氮管
氦气	99.99～99.9999	MS，TCD，HID			

在载气选择时，还应综合考虑载气的安全性、经济性及来源是否广泛等因素。

2. 载气线速度的选择

载气线速对柱效率和分析速度有显著影响，在最佳线速下，其塔板高度 H 最小，柱效最高。在 H-u 曲线中有一定最低点，此时 B/u 项和 Cu 项对塔板高度的影响都最小，柱效率最高，其塔板高度称为最小塔板高度 $H_{\min}$，相应的线速度称为最佳载气线速度 u_{opt}。

$$H_{\min} = A + 2(AB)^{1/2} \tag{6-37}$$

$$u_{\text{opt}} = (B/C)^{1/2} \tag{6-38}$$

在实际分析工作中，为提高分析速度，所选载气线速度可略高于 u_{opt}，常称为最佳实用线速度。一般填充柱，内径约 3～4 mm。以 H_2 作载气时，常用线速为 15～20 cm/s，以 N_2 作载气时，常用线速为 10～15 cm/s。

3. 气化温度的选择

色谱仪进样口下端有一气化器，液体试样进样后，在气化室瞬间气化；气化室的温度的选择取决于样品的挥发度、沸点及稳定性，以使待测样品迅速气化而不产生分解为准。气化温度一般较柱温高 30～70℃，稍高于样品沸点，防止气化温度太高造成试样分解。对于稳定性差的样品可用灵敏度高的检测器降低进样量，在远低于沸点温度时即可气化。

4. 检测器温度的选择

检测器的使用温度一般等于或高于进样口温度；大于柱温 30～50℃，防止待测样品组分冷凝而滞留于检测器或管路，造成检测器的污染而降低灵敏度，或堵塞 FID 喷嘴；一般不小于 100℃，否则水凝结在检测器上造成污染。

6.4　实　验　步　骤

6.4.1　样品制备

样品的配制；
标准溶液的配制。

6.4.2　测试操作

1. 开机

1）步骤 1

(1)将气体钢瓶打开，将 N_2（或 He）钢瓶的输出压力设定为 5 kg，空气钢瓶的输出压力设定为 4 kg，氢气钢瓶的输出压力设定为 3 kg。

(2)当确认所需气体均打开后，打开计算机，然后打开主机电源，并点击桌面上的"Galaxie"快捷键。

请双击此图标

2)步骤 2

在"用户识别"处输入用户名，一般为"user1"，选择所属的"组""任务"，如有密码，输入密码。输入完成后点击右方的"确定"键。

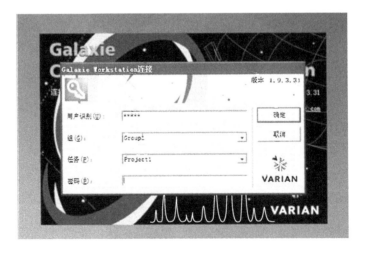

3)步骤 3

点击"确定"后会出现以下画面，点击"系统"。

4)步骤 4

在 450GC 前的小方格内打钩(软件与主机建立通信)。

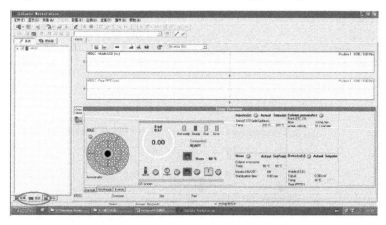

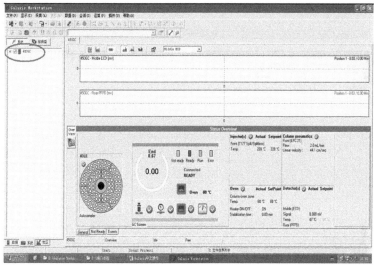

5)步骤5

此时听到计算机发出"滴"的一声，在"Overview"窗口内看到红色的"Not Connected"变为绿色的"Connected"，表示联机成功。

此时便已经完成开机步骤，接下来便可以启动分析方法进行分析样品。

2. 方法建立

以下是针对分析方法的建立以及各项参数的设定作一个示范。

1)步骤1

点击"文件"—"新建"—"新建方法"。

2)步骤2

点选后出现以下画面，选择系统名称，如果只有一台仪器，直接点"前进"。

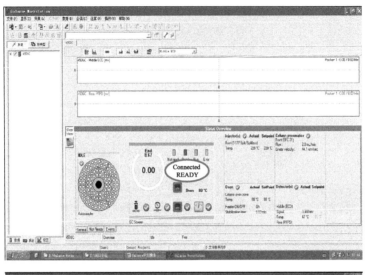

3)步骤 3

键入方法名称,键入方法描述(也可以不填写),按"确定"键继续。

4)步骤 4

出现方法框架。

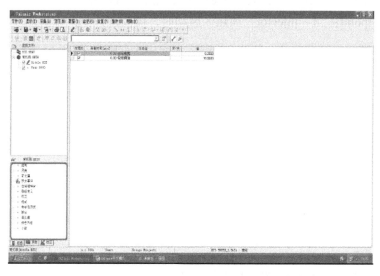

5)步骤 5

(1)在方法名称下方勾选要使用的进样口,并点击要使用的检测器,使出现在该检测器的前面。

(2)点选方法内容的"控制",点选右方 GC 的小图标。

(3)GC 的各项控制参数即出现的右方画面,点击右方相应的子目录对相应项目进行编辑。

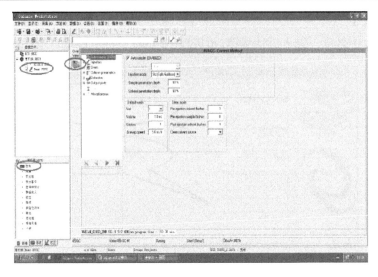

6) 步骤 6

点选"Injectors"设定进样口参数。如果有多个进样口，需要依次设定，通常将不使用的进样口设为加热关闭，分流比为 10∶1。

(1) Heater(ON/OFF)：代表"Injector"加热区是否加热。

(2) Setpoint：当"Injector"加热区启动时，需要加热到的设置温度。

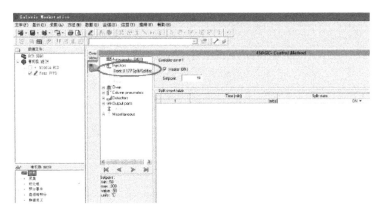

7) 步骤 7

点选"Column Oven"设定柱温箱参数。

8) 步骤 8

以下为柱箱的参数设定。

(1) 左方表格即为柱箱的升温条件设定处，代表的意义为：柱箱的初始温度为 80℃，当开始分析时，先以 80℃停留 1 min，以 20℃/min 的升温速率将温度升至 200℃，在 200℃保持 1 min，总共 8 min。

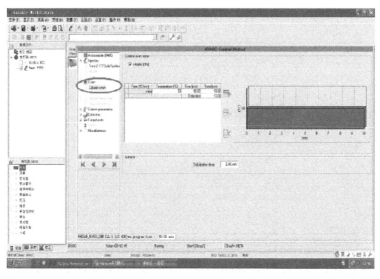

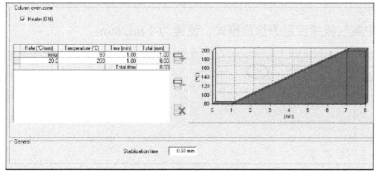

（2）Stabilization time（稳定时间）定义为柱箱的温度平衡时间，可按需要更改，可设定为 0～2 min，一般设为 0.5 min 即可。

9）步骤 9

点选 "Column pneumatics"（柱流速的设定）。

若气相色谱仪是电子流量控制，需要进行以下设定：

最多可设定三组电子流量控制流量，分别为 Front EFC、Middle EFC 及 Rear EFC。

以 Front EFC 为例，流量控制模式有两种：

（1）恒压模式：当下方 "Constant flow"（载气流速）未勾选时。控制压力在右方的表中设定，画面代表 10 psi[①]的柱头压力。也可依照时间的不同设定不同压力。如需要增加行数点选右方圈出的图示即可。

———————————

① 1 psi=6.894 76×10³ Pa

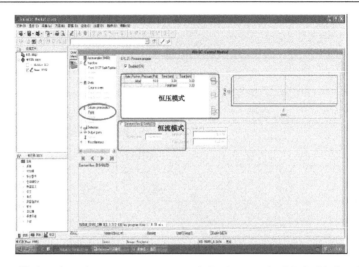

(2)恒流模式：当下方"Constant flow"有勾选。只需要设定所需要的"Column flow"即可。

下图中载气流速设定为恒流模式，流速为 1 mL/min。

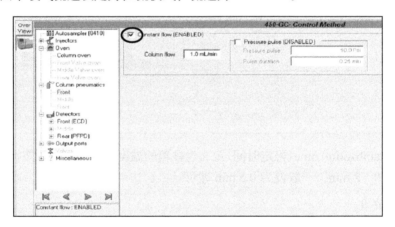

10)步骤 10

点选"Detector"进入检测器参数设定。

以 FID 为例，得到以下界面。

在 Heat-only zone 2 区域：

(1)Heater(ON/OFF)：加热区是否开启；

(2)Setpoint：当加热区为打开时需要加热到多少度，可设 300℃；

(3)Electronics(ON/OFF)：电路是否打开；

(4)Time Constant：Slow/Fast 定义为检测器取点的时间常数，毛细柱设为"Fast"。

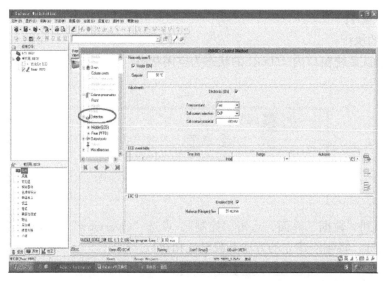

下方空白处为信号采集，可作程序控制。

Time：欲采集信号的时间区段。

Range：检测器的灵敏度，可设定为9、10、11、12。数字越大代表灵敏度越佳，数值差代表信号以10倍增减。

Autozero："Yes/No"定义为是否启动信号自动归零。

若检测器为电子流量控制，则于下方的"EFC Type"处的"Type11"设定相应流量：

Make Up Flow(mL/min)：设定辅助气流量(该流量与载气流量之和等于 30 mL/min)。

H_2 Flow(mL/min)：设定氢气的流量(建议值为 30 mL/min)。

Air Flow(mL/min)：设定空气的流量(建议值为 300 mL/min)。

其他参数采用默认设置。此时分析方法已经初步建立，点击保存按钮" 💾▾ "保存方法。

11)步骤 11

方法的执行:

(1)确认系统窗口内 450GC 的状态为空闲状态，450GC 前的状态为交通灯的状态。

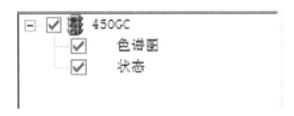

(2)回到"数据"界面，点击"控制"，点选"Overview"图标后再点选下载"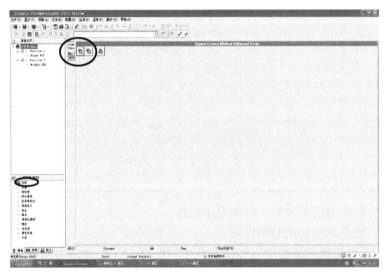"图标，将刚刚建立的方法下载至气相执行。

(3)重新切换回"系统"界面查看气相准备情况。

3. 单针进样

1)步骤 1

打开要使用的方法，并下载至仪器执行。等温度到达设定值后，打开电路"Electronics"开关并等待仪器充分稳定。

2)步骤 2

点选上方注射针状小图标或者按下 F8，调出"QuickStart"窗口。在出现的"QuickStart"窗口内，选择系统名称与即将使用的方法后点击"确定"。

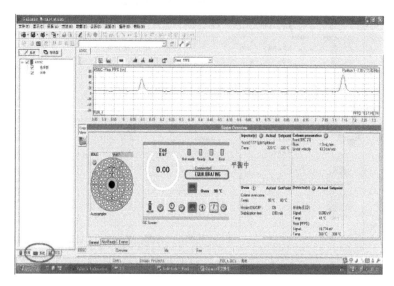

◎ 表示已准备好；Ⓘ 表示正在平衡中。

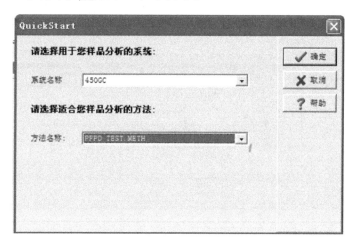

在接着出现的窗口内输入：

(1)文件名前缀：输入样品名称；

(2)进行辨识：流水编号；

(3)瓶位：如果使用 "Autosampler" 时需设定 "sample vial" 于相应的瓶位；

(4)采集时间：采集信号的时间长度。

输入完成后点击 "Start" 开始进样。

如果没有自动进样器，则在状态栏内出现 "Waiting for Injection" 时，注射样品。

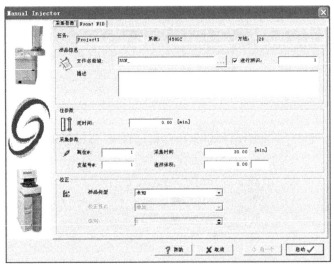

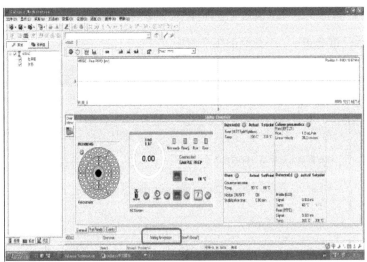

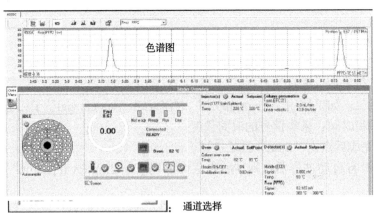

色谱图

通道选择

4. 结果报告

1) 步骤 1

开启图档—"Data"页面—"File"—"Open Chromatogram"。

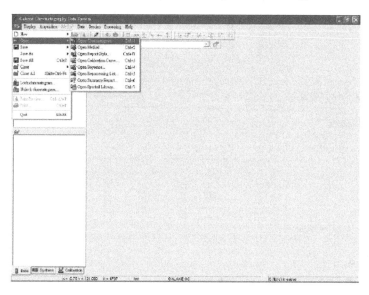

2) 步骤 2

点选欲处理之图谱后按"Open"以开启图谱。

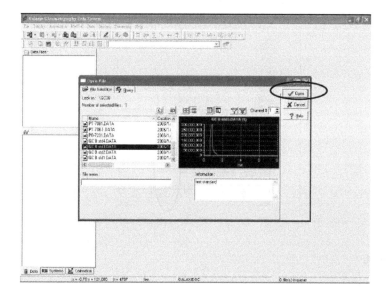

3)步骤 3

出现谱图的相关数据，按下预览键即可看到谱图与结果。

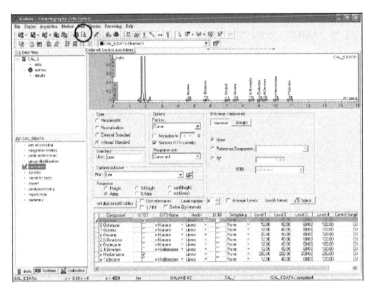

4)步骤 4

报告完成。

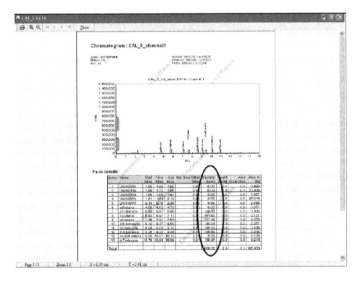

5. 关机

1)步骤 1

在"数据"页面下点选"文件"—"打开"—"打开方法"。

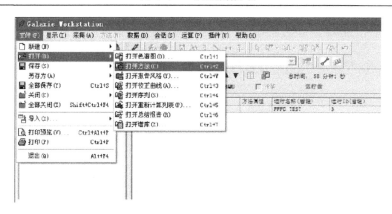

2）步骤 2

方法打开后请点选下方"控制"键，请再按箭头所指点击"下载键"即可执行方法。之后切换到"系统"页面查看各项条件是否达到设定值。

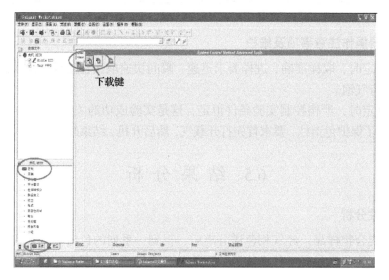

3）步骤 3

待所有参数条件达到设定值时（通常建议温度降到 50℃以下）。

4）步骤 4

（1）确认所有温度均达到设定值。

（2）退出工作站。

（3）关闭 GC 电源（于仪器左上方的开关由"I"扳至"O"位置）。

（4）关闭计算机。

（5）关闭气源。

完成关机程序。

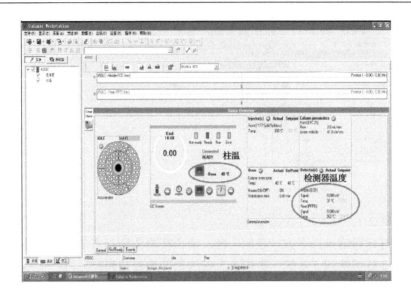

6.4.3　仪器操作注意事项及维护

(1)测定时，取样准确，进样要求迅速，瞬间快速取出注射器；注入试样溶液时，不应有气泡。

(2)测定时，严格控制实验条件恒定，这是实验成功的关键。

(3)为了保护色谱柱，要求首先打开载气，然后开机，结束时先关机，后关载气。

6.5　结　果　分　析

6.5.1　定性分析

一个混合物样品，经气相色谱分离后，得到一系列的色谱峰，首先需要定性分析来鉴别这些峰是属于什么物质。目前，色谱定性方法很多，以下介绍常用的定性方法。

1. 利用保留值定性

在一定的色谱条件下，每一种物质都有确定的保留值，依据这一特性即可定性。但是，在相同的色谱条件下，具有相同的保留值的两物质不一定是同一种物质，这就要求利用保留值定性时必须要慎重，严格控制实验条件的稳定性和一致性。常有下列几种方法：

1)利用保留时间定性

该法比较简单、方便。在一定的色谱条件下，将未知样、标准物质分别进样色谱分离，然后对它们的 t_R 进行比较，如果未知样的组分与标准物质的 t_R 相同，就认为它们属于同一物质。要求载气的流速、载气温度和柱温都保持恒定，任何一种微小变化都会影响保留值的测定。也可测定 V_R 或 X_R 进行定性，而且 V_R 不受载气流速变化的影响。峰加高也是常用的方法，就是在少量的试样中加入一定的标准物质后混合均匀，观察加入标准物质前后色谱峰高的变化，如果峰加高，则认为试样和标准物质属于同一物质。这种定性方法的可靠性欠佳，因为不同的物质可能有相同的 t_R，可通过其他定性方法加以检验。

2）利用比保留体积定性

比保留体积 V_g 为 273 K 时每克固定液的净保留体积：

$$V_g = \frac{273}{T_c} \times \frac{V_N}{m_S} = \frac{jV_R'}{m_S} \times \frac{273}{T_c} \tag{6-39}$$

式中，V_N 为净保留体积，为平均柱压下的调整保留体积，即用压力梯度校正因子修正的调整保留体积（$V_N = jV_R$）；T_c 为色谱柱的热力学温度，K；m_S 为固定液的质量，g。

式（6-39）对比保留体积 V_g 进行了调整保留体积、固定液质量以及柱温三方面的修正，则较其他保留值更精确。计算出组分的 V_g 与标样的 V_g 进行比较即可定性，这也是一种常用的定性方法。但是要注意，由于固定液在使用中总会流失，所以计算出的 V_g 值也会发生变化，影响定性的准确性。

3）利用相对保留值定性

用相对保留值定性可依据式（6-40）：

$$r_{12} = \frac{t_{R(1)}'}{t_{R(2)}'} = \frac{V_{g(1)}}{V_{g(2)}} = \frac{K_1}{K_2} \tag{6-40}$$

由式（6-40）可知，r_{12} 值只与固定液性质、组分的性质以及柱温有关，而与固定液的含量以及其他操作条件无关，因此测量比较准确。在相同的色谱条件下，若未知组分与标准样的 r_{12} 值相同，则认为它们属于同一种物质。

4）利用保留指数定性

利用绝对保留值定性受到色谱操作条件的影响较大，且受到标准物的限制，因而重复性差。利用相对保留值定性时，对于多组分的混合物，若只选择一种标准物时，那些保留值离标准物较远的组分，其相对保留值测定误差较大；若选用一个以上的标准物时，其保留值又有所不同，因此该法受标准物的限制比较大。

为了克服以上定性指标的缺点，Kovats 在 1958 年提出保留指数的测定，其测定方法是把某组分的保留行为用两个靠近它的正构烷烃来标定，并均一标度表示。

某组分的保留指数(I_X)能够用式(6-41)进行计算：

$$I_X = 100\left[Z + \frac{\lg t'_{R(X)} - \lg t'_{R(Z)}}{\lg t'_{R(Z+1)} - \lg t'_{R(Z)}}\right] \tag{6-41}$$

式中，$t'_{R(X)}$为某组分的调整保留时间；$t'_{R(Z)}$，$t'_{R(Z+1)}$为具有 Z 和$(Z+1)$个碳原子的正构烷烃的调整保留时间。选定两个正构烷烃，使待测组分的保留值 $t'_{R(X)}$恰在两正构烷烃之间：

$$t'_{R(Z)} \leqslant t'_{R(X)} \leqslant t'_{R(Z+1)} \tag{6-42}$$

规定正构烷烃的保留指数为 100Z，故正戊烷的 I_5=500，正己烷的 I_6=600，正庚烷的 I_7=700 等，这样待测组分的保留指数就在它们之间。在进行定性时，只需使用两个正构烷烃做标准，不必另外使用其他的标准参照物，将被测物的 I_X值直接与文献值对照，即可做出判断。但因 I_X值仍与柱温、固定液有关，测定 I_X值时需与文献值的操作条件一致。

保留指数不受色谱操作条件的影响，它只与柱温和固定相的性质有关，保留指数的重现性和准确度比较好，因而利用保留指数定性结果比较可靠。其局限是，由于作为标准物的正构烷烃是非极性的，对于一些结构复杂的天然产物和一些多官能团的化合物，一般是无法利用保留指数来定性的。

5) 利用双柱定性

在实际操作中有时会出现几种物质的保留值一致的情况，这样就无法定性。此时可采用两根极性相差较大的柱子定性。实验结果表明，同系物(如醇类、酯类)在两种极性不同的固定相上的保留值的对数值成线性关系：

$$\lg a_1 = b\lg a_2 + c \tag{6-43}$$

式中，a_1，a_2分别为在 1，2 号柱子上的保留值；b，c 为常数。

当未知组分和标准样在两根柱子上的保留值均一样时，则可认为前后两者为同一物质。

2. 利用保留值经验规律定性

在实际工作中，当找不到标准物质时，除可采用保留指数定性外，还可以利用保留值变化的有关规律来定性。

1) 沸点规律

实验表明，许多类型的同系物，在各种固定相上的保留值的对数与沸点成线性关系：

$$\lg r_{12} = a_1 + b_1 T \tag{6-44}$$

式中，a，b 为经验常数；T 为沸点。

2) 碳数规律

在同一实验温度下，同系物的调整保留值的对数与分子中的碳原子数成线性关系，一般碳原子数小的先出峰，其表达式为式(6-45)：

$$\lg t_R' = a_2 + b_2 n \tag{6-45}$$

式中，a_2，b_2 为常数；n 为分子中的碳原子数。

这个规律适用于芳烃类、烷烃类、脂肪酸类、酯类、醛类、酮类、醇类、硫醇、硝基化合物、脂肪胺、呋喃以及吡啶等的同系物。在定性分析中，由式(6-45)可知，当知道了同系物中两个或两个以上组分的保留值就可以计算其他碳数组分的保留值；当知道未知同系物的调整保留值或容量因子的对数值，也可以从碳数规律曲线上计算出该组分的碳数。

3. 利用化学反应定性

利用化学反应定性是指将待分析组分在柱前、柱中和柱后进行化学反应处理后分离定性，常用的方法有如下几种：

1) 利用衍生物定性

当实际工作中出现以下几种情况采用衍生物定性：首先，有机化合物中存在某些难挥发、热不稳定性或极性很强的物质，不能或难以直接进入色谱柱的情况下，如酸类、糖类、醇类、胺类等；其次，对于难分离组分；再次，可通过衍生处理除去反应中不能生成衍生物的杂质；最后，通过生成的衍生物来提高选择性检测器的灵敏度。这四种情况下可利用各种衍生反应生成的衍生物后定性，也可以将初步定性的物质，通过将未知物和标准物同时转化成衍生物，如果未知物与标准物的保留值变化相一致，则可认为它们是同一物质。这可克服直接分析的困难，使这些物质的分析变得比较容易。但是制备样品衍生物的时候要仔细，以免出现严重的错误。

2) 利用消除法定性

某些官能团与化学试剂反应后，样品中某种类型的组分消失，因而色谱图中不出峰，分别对未处理的样品和处理后的样品在相同的色谱条件下进行分析，对照处理前后的色谱图，以确定所消失的组分代表何种物质。这种消失法可以在柱上或注射器针筒内进行，也可以在单独的微型反应管中进行，然后将反应物注入色谱仪进行分析。

3) 利用柱后流出物的化学检验定性

收集经过色谱柱分离后的纯组分,通过分析纯组分的结构来定性。例如通过官能团特征反应定性,也可以通过一些有机化合物结构认证方法来定性,如核磁共振法、红外光谱法等。收集的方法可用溶剂共冷凝收集法、溶剂结晶收集法或用螺旋玻璃管冷凝收集法等。

4. 利用选择性检测器定性

在相同的色谱条件下,同一样品在不同的检测器上有不同的响应信号,可利用检测器的这种选择性进行定性。例如火焰光度检测对含 S、P 的物质特别敏感,可检测混合物中是否有 S、P 化合物。

在实际分析中多采用双检测器定性,双检测器可串联,也可并联。当双检测器并联在色谱柱出口时,样品通过色谱柱分离后,同时进入两个检测器中被检测,得到色谱图。含碳氢化合物与卤化物的混合物通过双检测器后,氢火焰离子化检测器对所有化合物均有反应,而碱金属火焰离子化检测器只对卤化物有响应,两者的响应特性有很大的差别,通过对照两者色谱图即可进行定性分析。

5. 与其他仪器联用定性

气相色谱广泛应用,适合于多组分混合物的定量分析,但定性分析常常因物质不纯或几种物质保留值相近而难以准确判断,因此,对复杂组合的混合物,其定性分析难以做出正确的判断。可将气相色谱与质谱、红外光谱、核磁共振谱等分析方法联用,发挥各自的长处。色谱柱分离后的组分直接进入其他仪器定性,以解决组分极其复杂的混合物的定性问题。目前已发展了各种形式的联用仪器,其中以色谱-质谱联用仪最有效,是实际工作中快速将复杂混合物定性分析的手段之一。

6.5.2　定量分析

气相色谱的定量分析首先需要将各组分很好地分离,接着需要准确测量峰面积或峰高,然后确定峰面积或峰高与组分质量的关系,选择合适的定量计算方法,才能获得准确的定量分析结果。

1. 色谱峰面积的测定

对于积分式检测器,流出曲线的台阶高度正比于该组分的含量,定量方式简便。对于微分式检测器,流出曲线的色谱峰上各点仅表示组分在该瞬间的量,色谱峰曲线与基准线间的整个面积才表示该组分的总量。现在的气相色谱工作站都能快速、精确地测定对称峰或不对称峰的面积，也可以近似地测定重叠峰的峰面积及自动校正基线漂移产生的测量误差。

2. 定量校正因子的确定

气相色谱定量分析中，载气携带入检测器中的组分量 Q 与检测器所产生的响应值(色谱峰面积 A 或峰高 h)成正比，即

$$Q = f'A \tag{6-46}$$

式中，比例常数 f' 称为该组分的绝对定量校正因子。

若 Q 的单位(随检测器类型不同)采用质量、物质的量或体积表示，对应的 f' 有质量校正因子、摩尔校正因子和体积校正因子。绝对校正因子只适用于一个检测器，在色谱中的使用很有局限性。现实工作中，相同量的同一物质在不同的检测器上的响应值是不同的，而相同量的不同物质在同一种检测器上的响应值也是不一样的。所以，相同量的物质的峰面积往往不同。为了使检测器的响应值准确反映待测组分的含量，引入了"相对校正因子"来对峰面积进行校正。

为了消除定量校正因子在检测时所受的影响，现在多用组分与规定的基准物(参比物质)的相对校正因子做定量分析，所选用的标准物质的色谱保留值和响应值尽可能地与待测物质相近。热导检测器则多以苯作为基准物，氢火焰离子化检测器多以正庚烷作基准物。

常用的相对校正因子如下：

相对质量校正因子

$$f_m = \frac{f'_{mi}}{f'_{m(\text{st})}} = \frac{m_i / A_i}{m_{\text{st}} / A_{\text{st}}} \tag{6-47}$$

式中，m_i，A_i 为被测物质的质量和峰面积；m_{st}，A_{st} 为基准物质的质量和峰面积。

相对摩尔校正因子

$$f_M = f_m \times \frac{M_{\text{rst}}}{M_{\text{ri}}} \tag{6-48}$$

式中，M_{rst}，M_{ri} 为标准物和被测物的物质的量。

相对体积校正因子

$$f_V = \frac{22.4\left(\dfrac{m_i}{M_{\text{st}}}\right) / A_i}{22.4\left(\dfrac{m_{\text{st}}}{M_{\text{rst}}}\right) / A_{\text{st}}} = f_M \tag{6-49}$$

也可用峰高代替, 分别定义为相对面积校正因子和相对峰高校正因子。

在上述相对校正因子中, 相对质量校正因子使用起来较为方便, 因此, 在 GC 中定量分析中应用较多。而相对摩尔校正因子, 其数值的大小直观地反映了待测组分响应信号的大小, 并与物质的分子量、碳原子数之间成线性关系, 具有理论价值。

3. 确定定量校正因子的实验操作

(1)准确称量一定量已知纯度或准确含量的待测组分和纯度为色谱纯的标准物质, 配制成一系列已知浓度的混合物, 其中配制的混合液的待测组分的浓度应相当于待测样品中待测组分的浓度。

(2)在与定量分析同样的色谱操作条件下, 取一定量体积(准确取样)的混合液注入色谱柱中, 得到两个色谱峰。

(3)准确测量待测组分和标准物质的峰面积, 并依据式(6-47)至式(6-49), 就可以计算出相对质量校正因子、相对摩尔校正因子和相对体积校正因子。

当对定量结果的准确度要求不高或找不到标准物质的纯品时, 可以通过查阅文献的方法获得定量校正因子, 这种方法主要适用于气相色谱的热导检测器和氢火焰离子化检测器。当采用热导检测器并以氢气或氦气作载气时, 其所得校正因子相差小于 3%, 其通用性较好, 采用氮气作载气时, 相差较大, 不具有通用性。

4. 定量计算方法

气相色谱定量计算方法主要有归一化法、内标法、外标法和叠加法, 视不同情况采用。

1)归一化定量法

归一化定量法适用于样品中所有组分都能从色谱柱内流出且能在线性范围内被检测器检出, 同时又能测定或查出各组分的相对校正因子的情况。

$$X_i = \frac{f_i A_i}{\sum f_i A_i} \times 100\% \qquad (6\text{-}50)$$

式中, X_i, A_i, f_i 分别表示组分 i 的质量分数、峰面积和相对校正因子。

归一化定量法的优点是简便、准确, 实验结果与进样准确度无关, 仪器与操作条件稍有变动所致的影响亦不大, 故此法的定量结果比较准确。缺点是不需要定量的组分也要测出校正因子和峰面积, 对于样品中所有的组分不能全部出峰的, 不能采用此法。

2）外标定量法

外标定量法是利用待测组分的纯物质配制一系列不同浓度的标准样，取相同的量，在一定的色谱条件下进行色谱分析，作出峰面积对浓度的工作曲线，然后在相同的色谱条件下，取同样量的试样进行色谱分析，求出峰面积，根据工作曲线查得待测组分的含量。如曲线通过原点，可以使用式（6-51）计算：

$$X_i = \frac{A_i}{A_E} \times E_i \qquad (6\text{-}51)$$

式中，X_i，A_i 分别表示试样中组分 i 的含量和峰面积；E_i，A_E 分别为标准样中组分 i 的含量和峰面积。

外标定量法操作简单、计算方便，当试样中不是所有组分都能出峰的情况下可采用此方法；缺点就是要求进样的重复性和操作条件的稳定性要高，且配制的标准物的纯度要高，才能保证定量结果的准确性。

3）内标定量法

内标定量法是将一定量的纯物质作为内标物 s 加入准确称取的试样中，进行色谱分析后，通过测量内标物 s 和待测组分 i 的峰面积的相对值来进行计算，按式（6-52）计算组分 i 质量分数：

$$X_i = \frac{m_s}{m} \times \frac{f_i A_i}{f_s A_s} \times 100\% \qquad (6\text{-}52)$$

式中，X_i，A_i，f_i 分别为试样中组分 i 的质量分数、峰面积和相对校正因子；m_s，A_s，f_s 别为内标物 s 的质量、峰面积和相对校正因子；m 为试样的质量。

内标定量法的优点是只需待测组分能从色谱柱流出和被检测器检出即可定量，不要求准确的进样量；同时操作条件变化引起的误差将同时反映在内标物和待测组分上而得到抵消，所以内标法定量准确。选作内标定物的物质，要求其能与样品互溶，且能与所有组分完全分离。内标物的浓度宜与被测物的浓度相近，且内标物色谱峰的位置，最好邻近待测组分的色谱峰。当内标法应用于药物分析中微量杂质的含量测定时，只需向待测样品中加入一个与杂质量相当的内标物，并通过加大进样量来增大杂质峰的响应，将杂质与内标物的峰面积相比，即可求出样品中杂质的含量。此法的缺点是操作烦琐，且选择合适的内标物比较困难，尤其对于组成复杂的样品。

4）叠加定量法

叠加定量法可视作内标法的特例，即用待测组分的纯物质作为内标物。先将质量为 m 的试样进行一次色谱分析，得到待测组分 i 的峰面积 A_i。然后取同样量的试样,向其中加入质量为 m_s 的待测组分 i 的纯物质,并相同的色谱条件下同样进样量进行色谱分析,得到加入叠加物后峰面积 A_i',则待测组分的质量计算为

$$m_i = m_s \frac{A_i}{(A_i' - A_i)} \tag{6-53}$$

叠加定量法克服了内标法选用内标物困难及内标物与待测物性质不同引起误差的问题,但是叠加法的准确度受到各种各样因素的影响大。

5) 叠加内标定量法

叠加内标法综合了内标法和叠加法的优点。假设试样中存在待测组分 i、Φ,选取待测物 Φ 的纯组分作为内标物,先将质量为 m 的试样进行一次色谱分析,得到待测组分 i 的峰面积 A_i,以及待测组分 Φ 的峰面积 A_Φ,然后称取样品质量为 m,向其中加入 m_Φ 的 Φ 纯物质,并在与上述相同的色谱条件下进行一次色谱分析,得到加入叠加物后峰面积 A_i' 及 A_Φ',则为了消除进样量误差,引入校正值 f_Φ:

$$f_\Phi = \frac{A_i'}{A_i} \tag{6-54}$$

其中加入的 Φ 纯物质的峰面积为

$$A' = A_\Phi' - f_\Phi A_\Phi \tag{6-55}$$

则组分 i 和组分 Φ 的定量计算方法为

$$X_i = \frac{m_\Phi}{m} \times \frac{A_i' f_i}{A' f_\Phi} \times 100\% \tag{6-56}$$

$$X_\Phi = \frac{m_\Phi}{m} \times \frac{A f_i}{A' f_\Phi} \times 100\% = \frac{m_\Phi}{m} \times \frac{A}{A'} \times 100\% \tag{6-57}$$

以上所有定量是以峰面积为基准进行的,也可以以色谱峰峰高为基准进行计算,用峰高做定量计算时,对处理窄的色谱峰尤其优越,空心柱分析样品时常采用峰高作定量,不仅方便,而且可提高定量的精确度。

定量分析时,还要注意系统误差和随机误差带来的标准偏差,将实验数据的标准偏差控制在一定范围内。

6.6　思　考　题

(1)气相色谱的实验操作条件应该如何选择?

(2)氢火焰离子化检测器的使用时应该注意哪些问题？

(3)本实验用的面积归一化法有哪些优缺点？

(4)进样操作应注意哪些事项？在一定的条件下进样量的大小是否会影响色谱峰的保留时间和半峰宽度？

(5)气相色谱有哪几种定量分析方法？

第7章 高效液相色谱分析

7.1 概　述

高效液相色谱法（high performance liquid chromatography，HPLC）是在 20 世纪 60 年代末，以经典液相色谱法为基础，引入气相色谱法的理论与实验方法而发展起来的，又称高压液相色谱法、高速液相色谱法。

7.2 仪器构成及原理

7.2.1 仪器基本构成

任何一种高效液相色谱仪都有 7 个重要的组成部分，即高压输液泵、梯度洗脱装置、进样装置、色谱柱、检测器、微处理器、记录器或色谱数据处理机。

高效液相色谱仪装置示意图见图 7-1。

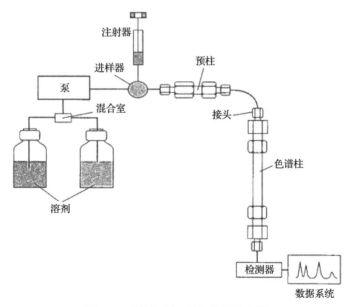

图 7-1　高效液相色谱仪装置示意图

1. 高压输液泵

因为在高效液相色谱法中使用了颗粒直径很小的色谱柱填充剂，要使流动相以一定的流速流过色谱柱，就必须用高压输液泵。

高压输液泵的作用是输送流动相。它以一定的流速使流动相连续地流经色谱柱和检测器。因填充剂颗粒直径小，要求高压输液泵压力恒定，无脉冲；输出的压力高达 15～30 MPa，有的达 50 MPa，输出的流量有一定的可调节范围，便于组成梯度洗脱；耐腐蚀，维修方便。

高压输液泵按其性质可以分为两类，即目前常用的恒流泵和恒压泵。

恒流泵输出的液体流量恒定。恒压泵输出的液体压力恒定，流量是随着外界压力的变化而改变的。往复式柱塞泵属于恒流泵，气动放大泵属于恒压泵。

往复式柱塞泵：泵的液腔体积小，约 1/4～1/3 mL，易清洗和更换流动相，适用于外梯度洗脱。主要的缺点是输出的液体压力随柱塞的往复运动而有明显的压力脉冲，必须外加压力阻尼器来使压力平衡。

气动放大泵：输出的压力恒定无脉冲，结构简单。主要缺点是不便调节输出的流量，不易于梯度洗脱。多用于填装色谱柱。

2. 梯度洗脱装置

梯度洗脱装置就是程序控制器，类似气相色谱仪中的程序升温，使分析工作特别方便。梯度洗脱装置又称为程序洗脱装置。

梯度洗脱是在一个色谱分析周期中，将两种或两种以上的不同极性的流动相（溶剂），随着时间按一定程序不断地改变浓度，即按一定的比例配比进行混合，以达到连续改变流动相的极性的目的，使一个复杂组成的混合物样品总的性质相差比较多的组分彼此分离。

梯度洗脱分为低压梯度洗脱和高压梯度洗脱两类。

低压梯度洗脱又称为外梯度洗脱。是在常压下，将不同极性的流动相（溶剂）通过程序控制器，使它按预先设定的比例在高压泵之前混合，再由高压泵输入色谱柱，只需一台泵。

高压梯度洗脱，又称为内梯度洗脱。是用 2 台或 3 台高压输液泵，分别将 2 种或 3 种不同极性的流动相（溶剂）用泵加压后，再输入混合器，经过充分混合后，再输入色谱柱。

经过梯度洗脱后，流动相的组成不是单一的，而是混合溶剂，不适用于折光检测器。

3. 进样装置

高效液相色谱仪中的进样装置有两种。一种是微量注射进样器；另一种是带定量管的六通阀。其作用是将被分析样品送入色谱柱。

进样体积或浓度不应超过柱的线性容量。线性容量是引起保留体积减小 10% 时每克柱填料的样品量。通常要用不同浓度的样品做实验，以观察峰宽、峰对称性和保留时间是否恒定。一般进样体积为 1～20 μL。

进样器进样的方式有两种。一种是进样器直接进样，进样时不停泵；另一种是停留进样，进样时停泵。

4. 色谱柱

色谱柱是高效液相色谱仪的核心部分，要求其性能稳定、容量大、柱效高、分析快。

色谱柱是直管形，柱长为 10～50 cm，柱内径为 2～4.6 mm，材质为优质的不锈钢管，管内壁应涂覆一层玻璃或聚四氟乙烯。当压力小于 7 MPa 时，可用厚壁玻璃管或石英管。

色谱柱的填装方法，根据固定相颗粒直径的大小不同可分为 3 种：当固定相的颗粒直径大于 20 μm 时，用干法装填；当固定相颗粒直径小于 10 μm 时，用湿法即浆法装填；当固定相颗粒直径在 10～20 μm 时，用半干法装填。

色谱柱的评价方法有柱效、峰对称性、色谱柱的渗透性等。

保护柱的作用是保护样品分离柱不被污染，来达到延长色谱柱的使用寿命的目的。保护柱接在分离柱前，长 5～10 cm，内填装与分离柱类似的粗颗粒表面多孔的填料，用干法填装，定期更换。

5. 检测器

高效液相色谱法中检测器的作用与气相色谱仪相同，是将各组分在流动相中的浓度变化连续地转变成易测量的信号输送给记录器。

截至目前，液相色谱法还没有一种用途广泛、理想的检测器。为了满足不同分析对象的要求，往往需要多种类型的检测器。液相色谱检测器可分为通用型和选择型检测器两大类。

通用型检测器对溶质和流动相的性质都有响应，如示差折光检测器、电导检测器等。这类检测器应用范围广，但因受外界环境，如温度、流速变化影响大，因而灵敏度低，而且不能进行梯度洗脱。

选择型检测器，如紫外分光检测器、荧光检测器等，仅对溶质响应灵敏，而对流动相没有响应。这类检测器对外界环境的波动不敏感，具有很高的灵敏度，但只对某些特定的物质有响应，因而应用范围窄。可通过采用柱前或柱后衍生化反应的方式，扩大它们的应用面。

检测器的主要技术指标：

(1)基线稳定性：噪声的大小影响检测器的最小检测能力，起伏会给小峰辨认和定量带来麻烦，漂移过大则给检测器的长时间操作造成困难。

(2)灵敏度：即检测器的输出信号与待分析样品的量之比。

(3)最小检测能力：指检测器能够检出的物质的最小量或浓度，它与检测器的噪声有关，而且由噪声的大小来确定。

$$最小检测量 = \frac{2 \times 噪声 \times 样品量}{峰高} \tag{7-1}$$

(4)线性范围：指输出信号与样品的量或浓度成正比的范围。一般情况下，线性范围的上限值很容易确定，而下限值由于样品浓度低，重现性差，难以确定，因此常用最小检测量或浓度作为线性范围的下限值。

下面介绍几种常用的液相色谱检测器。

1)紫外光度检测器

紫外检测器的原理是基于比尔定律

$$\lg\left(\frac{I_0}{I}\right) = \varepsilon bc \tag{7-2}$$

$$\lg\left(\frac{I_0}{I}\right) = A \tag{7-3}$$

$$A = \varepsilon bc \tag{7-4}$$

式中，I_0 为入射光强度；I 为光透过介质后的强度；ε 为溶质分子的吸收系数；b 为光在介质中的长度；c 为待测组分的浓度；A 为吸光度。

由式(7-4)可知，吸光度 A 与待测组分的浓度成正比。

紫外光度检测器有固定波长、可变波长以及光电二极管阵列检测器三种，固定波长检测器测定波长固定(一般为 254 nm 或 280 nm)，适用于芳烃化合物的检测。常见的芳香族环链化合物，含有 C=C，C=O，N=O，N=N 官能团的化合物，如生物体的许多重要成分蛋白质、酶、芳香族氨基酸、核酸等以及许多其他有机化合物都在 254 nm 附近有强烈的吸收，因此常用紫外光度检测器作为固定波长 254 nm 的检测器。而可变波长检测器可根据试样性质测定波长，方便灵活，适用面广。

光电二极管阵列检测器由 211 个或更多个二极管组成阵列,每个二极管各检测特定波长,将吸收后透过的紫外光束分光投射到二极管阵列上,用计算机快速处理,可获得更多信息,并能显示吸光度、波长、时间的三维立体谱图。

2) 差示折光检测器

差示折光检测器是一种应用广泛的浓度型检测器。其原理是基于含有被测组分的流动相和纯流动相的溶液折射率之差与被测组分在流动相中的浓度有关,可根据流动相折射率的变化,测定试样组分含量。

3) 荧光检测器

荧光检测器是一种灵敏度很高、选择性较好的检测器。其原理是当入射的紫外光强度、溶液的厚度一定,样品的浓度较低时,溶质受激发而辐射出的荧光强度与被测组分的浓度成正比,即服从比尔定律。凡是经紫外光激发后能辐射出荧光的物质,如许多生物成分、药物、氨基酸、胺类、维生素、芳香族化合物、甾族化合物和酶等都可以用荧光检测器检测。

4) 电导检测器

电导检测器是根据被测组分出现时流动相电导率变化而设计的,适用于水溶性流动相中离子型化合物的检测。由于电导率对温度敏感,所以需配以好的控温系统。

常用检测器性能比较见表 7-1。

表 7-1　常用检测器性能比较

检测器	分析单位	检测器类型	流速的灵敏度	温度的灵敏度	最小测量量 /(g/mL)	池体积 /μL	是否适用于梯度洗脱
紫外光度检测器	吸光度	选择型	不敏感	不敏感	10^{-10}	10	适于
差示折光检测器	折射率	通用型	不敏感	敏感	10^{-7}	2～10	不适于
荧光检测器	荧光	选择型	不敏感	不敏感	10^{-9}	7	适于
电导检测器	电导率	选择型	不敏感	敏感	10^{-9}	0.5～2	不适于

另外,还有库仑检测器、安培检测器以及电导检测器等,这里不做一一介绍。

6. 微处理器

应用微处理器控制流动相的流速、自动进样、柱温和梯度洗脱。

7. 两种高效液相色谱仪器简介

1）日本岛津 LC-10ATVP 高效液相色谱仪

图7-2 日本岛津 LC-10ATVP 高效液相色谱仪外观图

其主要技术指标如表7-2所示。

表7-2 LC-10ATVP 主要技术指标表

输液方式	微体积串联双柱塞
最大输液压力	40 MPa
流量设定范围	0.001～9.999 mL/min
流量精确度	≤0.1%RSD
梯度浓度准确度	±1%（0～100%，水/丙酮水溶液两液梯度）
尺寸	W260 mm×H140 mm×D420 mm
质量	11 kg
使用环境温度范围	4～35℃

所用检测器技术指标如表7-3所示。

表7-3 紫外-可见双波长检测器 SPD-10AVP Plus 技术指标

波长范围	190～600 nm
噪声	±0.35×10^{-5}AU
漂移	±2×10^{-4} AU/h 以下
尺寸	W260 mm×H140 mm×D420 mm
质量	13 kg
使用环境温度范围	4～35℃

2) Agilent 1200 高效液相色谱仪

Agilent 1200 高效液相色谱仪如图 7-3 所示。

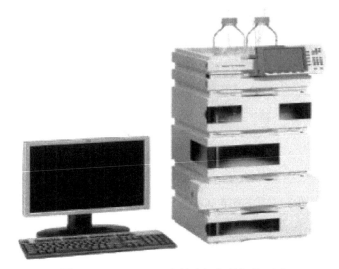

图 7-3　Agilent 1200 高效液相色谱仪外观图

主要技术参数：

A. 微盘自动进样器

样品瓶容量：可达 768 瓶，另加 10 个 2 mL 瓶；进样量：0.1～100 μL；高达 1500 μL 的多次吸液功能；所有自动进样器的精密度一般<0.5 μL(5～100 μL 进样量)。

B. 恒温自动进样器

温度控制范围：4～40℃，可设定 1℃。

C. 柱温箱

温度设定范围：室温下 10～80℃；柱容量：30 cm 三根柱；温度稳定性：±0.15℃。

D. 可变波长检测器

短期噪声：±0.75×10^5AU，254 nm；波长范围：190～600 nm。

E. 泵系统

四元泵：0.001～10 mL/min。

主要特点：

(1)可方便地利用四种溶剂进行等强度或梯度分析，适用于方法快速开发和快速配备流动，以及冲洗高效液相色谱系统；

(2)流量范围宽，最高流速 10 mL/min，延迟体积 800～1100 μL，适用于微径

柱、标准柱和半制备应用;

(3)通过安捷伦化学工作站,可以容易地进行编程和控制;

(4)包含微量真空脱气机,脱气效率高,实现了操作无障碍和最高性能,完全不需要通氦气;

(5)直接从前面板快速更换维护部件;

(6)通过自我诊断、内置日志和预编程的测试方法,可快速判断问题;

(7)早期维护反馈,长期不间断地监测仪器使用和用户预设的限度,一旦超出限度,将提供反馈信息。

7.2.2　工作原理

1. 固定相和流动相

1) 固定相

HPLC 固定相按所承受的高压能力,可分为刚性固体和硬胶两大类。刚性固体以 SiO_2 为基质,可承受较高压力,在其表面可以键合各种官能团,称为化学键合固定相,是目前应用最广泛的固定相。硬胶主要用于离子交换和凝聚色谱法中,它由聚苯乙烯与二乙烯基苯交联而成,可承受的压力较低。

固定相按孔隙深度又分为表面多孔型(薄壳型)和全多孔型。表面多孔型的基体是球形玻璃珠,在玻璃表面包覆一层数微米厚的多孔活性物质如硅胶、氧化铝、聚酰胺、离子交换树脂、分子筛等,直径为 25~70 μm。也可以制成化学键合固定相,这种固定相的多孔层薄、传质速率快、柱效高,适用于快速分离、填充均匀紧密、机械强度高、能承受高压的情况,适合于较简单的样品及常规分析;但由于多孔层薄,进样量受限制。全多孔型固定相由硅胶颗粒凝聚而成,一般制成筛分很窄(1 μm 到几微米)、颗粒很小(5~10 μm)的全多孔微球型或非微球型。全多孔型固定相比表面积大,柱容量大,小颗粒全孔型固定相(直径 10 μm)孔洞浅,传质速率仍很快,柱效高,分离效果好,适合于复杂样品、痕量组分的分离分析,是目前 HPLC 中应用最广泛的固定相。

2) 流动相

液相色谱中的流动相也称溶剂,由洗脱剂和调节剂两部分组成。前者的作用是将样品溶解和分离,后者则用以调节洗脱剂的极性和强度,以改变组分在柱中的移动速度和分离状态。

由于 HPLC 中流动相是液体,它对组分有亲和力,并参与固定相对组分的竞争。因此,正确选择流动相直接影响组分的分离度。对流动相的基本要求如下:

(1)所选用的流动相稳定性好,不与固定相互溶,不发生不可逆作用,不与样品组分发生化学反应,保持柱效或柱子的保留值性质较长时间不变。

(2)选择性好，对待测样品有足够的溶解能力，以提高测定的灵敏度。

(3)与所用检测器相匹配，如应用紫外吸收检测器时，不能用对紫外光有吸收的溶剂。

(4)黏度尽可能小，不干扰样品的回收，以获得较高的柱效。

(5)动相纯度要高。不纯溶剂会引起基线不稳，或产生"伪峰"。溶剂中痕量杂质的存在，长期积累会导致检测器噪声增加，同时也影响收集的馏分纯度。

(6)价格适宜，不污染环境和腐蚀仪器。

色谱分析中，流动相选择时虽然有极性、结构"相似相溶"的规则可循，但多数仍带有一定的经验性。一般情况下，要使样品分离得好，容易洗脱，样品和流动相就应具有化学上的相似性。也就是说，极性大的样品，选用极性大的流动相；极性小的样品，选用极性小的流动相。对于那些在正相色谱法中分离时间较长或难以分离的样品，可改用强极性的流动相和弱极性固定相的反相色谱法进行。有时，为了获得溶剂强度(极性)适当的流动相，往往需要经过反复多次的试验，或采用两种以上的混合溶剂作流动相。

在 HPLC 分离的过程中，为分离复杂的混合物，把两种或两种以上的溶剂，随着时间的改变按一定的比例混合，以连续改变流动相的极性、pH 或离子强度，使之改变被分离组分的相对保留值，以提高分离效果和加快分离速度，这种方法称为梯度洗脱法。其相应的装置就叫梯度洗脱装置。

2. 常用术语和参数

在 HPLC 中，许多术语和参数与 GC 相同，下面为 HPLC 中特有的一些术语和参数。

1) 与体积有关的参数

其表示方法几乎与 GC 完全相同，只有个别地方略有差异。在 HPLC 中没有比保留体积(V_g)和保留指数(I)的概念，而有一些独立的参数：

(1)粒间体积(V_0)：色谱柱填充剂颗粒间隙中流动相所占有的体积。

(2)多孔填充剂的孔体积(V_P)：色谱柱中多孔填充剂的所有孔洞中流动相所占有的体积。

(3)柱外体积(V_{ext})：从进样系统到检测器之间色谱柱以外的液路部分中流动相所占有的体积。

(4)液体总体积(V_{tot})：粒间体积、孔体积和柱外体积之和。

$$V_{tot} = V_0 + V_P + V_{ext} \tag{7-5}$$

(5)淋洗体积(V_e)：从进样开始计算的通过色谱柱的实际淋洗体积。

(6)流体力学体积(V_h)：每摩尔高分子化合物在溶液中运动时所占的体积，与高分子化合物的分子量和特性黏度的乘积成正比。

2) 与柱效有关的参数

大部分的参数表示方法和 GC 相同，如表示柱效率的理论板数(n)、理论板高(H)、有效板数(n_{eff})等，但在 HPLC 中也有一些特有的参数：

(1)折合板高(h_r)：折合成固定相单位粒径的理论板高。

(2)折合流动相速度(v_r)：

$$v_r = \frac{u d_p}{D_m} \tag{7-6}$$

式中，u 为流动相的平均线速率，cm/s；d_p 为填充物颗粒的平均直径，cm；D_m 为被测组分在流动相中的扩散系数。

3. 原理介绍

HPLC 是将经典液相色谱法与气相色谱法的基本原理和实验方法相结合而产生的。GC 的基本概念、保留值与分配系数的关系、塔板理论及速率理论都可应用于 HPLC，所不同的是流动相的性质。因此某些公式的表现形式或参数的含义有些差异。

在 HPLC 中，液体流动相的分子量要比 GC 中的气体流动相的分子量大得多，由于被测组分在流动相中的扩散系数 D_m 与流动相的分子量成反比，因此速率方程(van Deemter 方程)中的分子扩散项 B/u 较小($B=2rD_m$)，可以忽略不计，于是 van Deemter 方程式在 HPLC 中为

$$H=A+Cu \tag{7-7}$$

式(7-7)说明，在 HPLC 中，可以近似地认为流动相的流速与塔板高度成直线关系，A 为截距，C 为斜率。流速增大，塔板高度增加，色谱柱柱效降低。为了兼顾柱效与分析速度，一般都尽可能地采用较低流速，内径 4.6 mm 柱，流速多采用 1 mL/min。

HPLC 与 GC 两者的 H-u 曲线的形状不同，如图 7-4 所示。

谱带扩张是指由柱内外各种因素引起的色谱峰变宽或变形，使柱效降低的现象。在 HPLC 中，主要由以下因素引起：

(1)涡流扩散。涡流扩散是柱中存在曲折的多通道，使流动相流动不均匀所引起的，$A=2\lambda d_p$。为了使 A 减小，提高色谱柱柱效，可从两方面采取措施：①降低粒径(d_p)。采用小粒径固定相，粒径越小，A 越小。以前多用 10 μm 粒径的固定相，目前商品柱多采用 3～5 μm 粒径的固定相。②降低 λ。采用球形、窄粒度

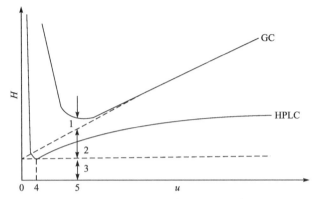

图 7-4　流动相的流速对 GC 与 HPLC 柱效影响对比

1-B/u；2-Cu；3-A；4-HPLC 的 $u_{最佳}$；5-GC 的 $u_{最佳}$

分布(RSD<5%)的固定相及匀浆装柱。球形固定相,除了能降低 λ 外,还能增加柱渗透性,降低柱压。但固定相的粒度越小,越难装均匀,因此需采用高压、匀浆装柱法。3~5 μm 球形固定相,柱效一般为 $(5 \sim 8) \times 10^{4} m^{-1}$,最高可达 $1 \times 10^{5} m^{-1}$。

(2)传质阻力。传质阻力是指在同一流路中各部位的流速不同所造成的分子纵向扩散而引起的谱带扩张。因为当流动相在柱中流过时,靠近颗粒表面的流速比流路中间的流速要慢,甚至不流动。结果在一定的时间里,使靠近颗粒表面的分子所扩散的距离比中间的要短,因而引起了分子在柱内的扩散分布。流动相传质引起的谱带扩张使柱效降低。传质阻力项为 Cu。在 HPLC 中传质阻力系数(C)由三个系数组成:

$$C = C_{m} + C_{sm} + C_{s} \tag{7-8}$$

式中,C_{m} 为组分在流动相中的传质阻力系数;C_{sm} 为组分在静态流动相中的传质阻力系数;C_{s} 为组分在固定相中的传质阻力系数。

在填充气相色谱柱中,固定液的传质阻力起决定作用,因此,$C = C_{s}$。而在 HPLC 中,只有在使用厚涂层并具有深孔的离子交换树脂的离子交换色谱法中,C_{s} 才起作用。由于通常都采用化学键合相,它的固定液是键合在载体表面固定液官能团的单分子层。因此,固定液的传质阻力可以忽略。于是

$$C = C_{m} + C_{sm} \tag{7-9}$$

于是,van Deemter 方程式用于 HPLC 最常见的表现形式为

$$H = A + C_{m}u + C_{sm}u \tag{7-10}$$

式(7-10)说明,HPLC 色谱柱的理论塔板高度主要由涡流扩散项、流动相传质阻力项和静态流动相传质阻力项三项所构成。

根据应用于 HPLC 的 van Deemter 方程，HPLC 分离操作条件主要包括如下几方面：①采用小粒径、窄粒度分布的球形固定相，首选化学键合相，用匀浆法装柱。②采用低黏度流动相，低流速(1 mL/min)。③柱温一般以 25～30℃为宜。柱温太低，则使流动相的黏度增加，柱温太高易产生气泡。用不含有机溶剂的水溶液为流动相的色谱法(如 IEC、IC 等)可按需升温。

7.3　高效液相色谱法的类型

HPLC 的类型按组分在两相间分离机理的不同主要分为液-固吸附色谱法、液-液分配色谱法、化学键合相色谱法、离子交换色谱法和凝胶色谱法等。

7.3.1　液-固吸附色谱法

液-固吸附色谱法(LSC)是以固体吸附剂为固定相，吸附剂表面的活性中心有吸附能力，试样分子被流动相带入柱内时，它将与流动相溶剂分子在吸附剂表面发生竞争性吸附。

目前较常使用的吸附剂有硅胶、氧化铝、分子筛(极性)和活性炭(非极性)等，以硅胶最为常用。

液-固吸附色谱法的流动相可以是各种不同极性的一元或多元溶剂。其分离原理是组分在两相间经过反复多次的吸附与解吸附分配平衡。

液-固吸附色谱法选择流动相的原则是：极性大的试样需用极性强的洗脱剂，极性弱的试样宜用极性较弱的洗脱剂。

液-固吸附色谱法选择性好，最大允许进样量较大，在分离几何异构体、族分离和制备色谱方面具有独特的意义。液-固色谱还可用于分离偶氮染料、维生素、甾族化合物、多核苷芳烃、脂肪、油类、极性较小的植物色素等。

7.3.2　液-液分配色谱法

液-液分配色谱法(LLC)是根据物质在两种互不相溶(或部分互溶)的液体中溶解度的不同而实现分离的方法。通过在担体(载体)上涂渍一薄层固定液制备固定相，与流动相一起构成液-液两相，根据各组分在两相间分配系数的不同，经反复多次分配平衡而实现分离。

根据固定相和流动相之间相对极性的大小，可将分配色谱法分为两类。流动相极性小而固定相极性大的称为正相分配色谱法，常用于分离强极性化合物；流动相极性大而固定相极性小的称为反相分配色谱法，适于分离弱极性的化合物。

分配色谱法的固定相由载体和固定液组成。载体的材料可以是惰性的玻璃微球，也可以是吸附剂。

常用的固定液只有几种极性不同的物质，如 β, β'-氧二丙腈、聚乙二醇、聚酰胺、正十八烷和异三十烷等。

分配色谱法中所用流动相的极性必须与固定相显著不同，以避免固定相溶解于流动相中而流失。一般原则是：若用极性较强的或亲水性物质为固定相，应以极性较弱的或亲脂性溶剂为流动相；若用非极性或亲脂性物质为固定相，则应以极性较大的或亲水性溶剂为流动相。选择流动相一般根据实验来选择，正相色谱法常用低极性溶剂，如烃类，加入适量极性溶剂如氯仿、醇类，以调节洗脱强度。反相色谱法的流动相多以水或无机盐缓冲液为主体，加入甲醇、乙腈等调节极性。梯度洗脱时，正相色谱法通常逐渐增大洗脱剂中极性溶剂的比例，而反相色谱法则与之相反，逐渐增大甲醇和乙腈的配比。正相色谱法与反相色谱法的比较见表 7-4。

表 7-4 正相色谱法与反相色谱法的比较

比较项目	正相色谱法	反相色谱法
固定相	强极性	非极性
流动相	弱至中等极性	中等强极性
出峰顺序	极性弱的组分先出峰	极性强的组分先出峰
保留值与流动相极性的关系	随流动相极性增强保留值变小	随流动相极性增强保留值变大
适于分离的物质	极性物质	弱极性物质

液-液分配色谱法最适合同系物组分的分离。例如，它能分离水解蛋白质所生成的各种氨基酸，分离脂肪酸同系物等。由于涂敷在载体上的固定液易流失，重现性差，并且不适于梯度洗脱和采用高速流动相，所以在此基础上发展了一种新型固定相——化学键合固定相。

7.3.3 化学键合相色谱法

化学键合即用化学反应的方法通过化学键将固定液结合在载体表面。采用化学键合相的液相色谱法称为化学键合相色谱法，简称键合相色谱。键合固定相非常稳定，在使用中不易流失，适于梯度洗脱。由于键合到载体表面的官能团可以是各种极性的，因此它适用于各种样品的分离测定。用来制备键合固定相的载体，几乎都用硅胶。通常反应发生在硅胶表面的硅醇基(Si—OH)上。形成硅氧碳键型(Si—O—C)、硅氧硅碳型(Si—O—Si—C)、硅碳型(Si—C)和硅氮型(Si—N)四种类型。其中以硅烷化键合反应(硅氧硅碳型)最为常用，例如十八烷基键合硅胶柱(简称碳十八柱，ODS 柱)是高效液相色谱法较为理想的固定相。

化学键合相具有以下特点：

(1)固定相不易流失，柱的稳定性好，寿命较长；

(2)能耐受各种溶剂，可用于梯度洗脱；

(3)表面较为均一，没有液坑，传质快，柱效高；

(4)能键合不同基团以改变其选择性，如键合氰基、氨基等极性基团用于正相色谱法，键合离子交换基团用于离子色谱法，键合 C_2、C_4、C_6、C_8、C_{16}、C_{18}、C_{22}烷基和苯基等非极性基团用于反相色谱法等。

7.3.4　离子交换色谱法

离子交换色谱法的固定相是离子交换树脂，流动相是无机酸或无机碱的水溶液，它是利用待测样品中各组分离子与离子交换树脂的亲和力不同而进行分离的。一般可应用于离子化合物、有机酸和有机碱之类的能电离的化合物、能与离子基团相互作用的化合物(如螯合物或配位体)的分离。离子交换树脂的交换机理如下：

阳离子交换

$$R^-Y^+ + X^+ \rightleftharpoons Y^+ + R^-X^+ \tag{7-11}$$

阴离子交换

$$R^+Y^- + X^- \rightleftharpoons Y^- + R^+X^- \tag{7-12}$$

式中，X^+，X^- 为待分离的组分离子；Y^+，Y^- 为流动相离子；R^+，R^- 为离子交换树脂上带电离子部分。

组分离子与流动相离子争夺离子交换树脂上的离子。组分离子对树脂的亲和力越大即交换能力越大，越易交换到树脂上，保留时间就越长；反之，亲和力越小的组分离子，保留时间就越短。

离子交换中所用固定相通常是由苯乙烯和二乙烯基苯共聚而制备的树脂。合成中所使用的二乙烯基苯的量控制了树脂的交联度。

通常可在交联后通过化学反应将离子基团引入树脂，根据官能团的酸度和碱度，可将阳、阴离子交换树脂划分为强和弱的阳、阴离子交换树脂。强阳离子交换树脂常含有磺酸基(—SO_3H)官能团，而弱阳离子交换树脂则含有羧基(—COOH)官能团。强阴离子交换树脂含有烷基胺官能团，而弱阴离子交换树脂常含有弱碱性的—NH_2官能团。

离子交换树脂一般采用水的缓冲液作流动相。水是一种理想的溶剂，以水溶液为流动相时可通过改变流动相的 pH、缓冲液的类型(提供用以平衡的反离子)、离子强度以及加入少量有机溶剂、配位剂等方式来改变交换剂的选择性，使待测样品达到良好的分离。

离子交换色谱法常用于碱金属、碱土金属、稀土金属等金属离子混合物的分离，性质十分相近的镧系和锕系元素的分离，食品中添加剂及污染物的分析，生物大分子的分离，例如氨基酸、蛋白质、糖类、核糖核酸、药物等样品的分离。

7.3.5　凝胶色谱法

凝胶是一种经过交联的、具有立体网状结构和不同孔径的多聚体的通称，如葡萄糖凝胶、琼脂糖等软质凝胶，多孔硅胶、聚苯乙烯凝胶等硬质凝胶，以及具有较好特性的可控孔径玻璃珠等。

凝胶色谱法的固定相为多孔性凝胶类物质，流动相为水溶液或有机溶剂，它是根据不同组分分子体积的大小进行分离的。当试样随流动相进入分离柱时，小体积的分子可以扩散、渗透到孔穴内部，最后从柱中流出；大体积分子则被排阻在孔穴之外，不能扩散到孔的内部，最先从柱中流出；中等体积分子介于两者之间流出。所以这种方法又称为尺寸排阻色谱法、空间排阻色谱法或筛析色谱法。

7.4　实 验 技 术

7.4.1　分离方式的选择

高效液相色谱的分离方式非常多，对于一个待分析样品需要考虑的因素是：样品的水溶性(脂溶性)、样品的极性(非极性)、分子的结构、分子量的大小等。

综合考虑被测样品的物理化学性质、特点之后，可参照图 7-5 进行选择。

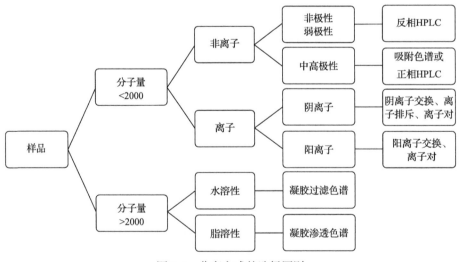

图 7-5　分离方式的选择原则

7.4.2　流动相选择与处理

高效液相色谱流动相的选择取决于分离方式,对于吸附色谱常用的是正己烷、正庚烷等非极性溶剂,分离时需加入少量的极性溶剂,如异丙醇、甲醇等。对于反相色谱,最常用的是乙腈、甲醇、水等,有时需加入某种修饰剂。流动相的选择还必须与选择的检测器相匹配。当选用紫外检测器时,作为流动相的溶剂中不能含有可能被检测波长吸收的杂质(注意每种溶剂的紫外截止波长)。例如常用的乙腈(分析纯)溶剂,常含有少量的丙酮、丙烯腈、丙烯醇和噁唑化合物,会产生较大的背景吸收,用前必须采用活性炭或酸性氧化铝吸附纯化。

不论选用何种溶剂作流动相,首先必须用 0.45 μm 的微孔滤膜过滤,以防不溶物磨损高压泵和堵塞流路、色谱柱等。过滤后应对流动相进行脱气处理,否则溶解在溶剂中的气体形成的气泡进入检测器后会引起尖锐的噪声峰,严重时影响系统的稳定性,不能正常分析。常用的脱气方式有超声波振荡法、He 鼓泡置换法、在线真空脱气法等。

7.4.3　流动相洗脱方式

在高效液相色谱中流动相有两种洗脱方式。一种是等强度洗脱,即流动相组成不随分析时间变化,始终是均一的流动相洗脱,这种方式适合于较简单的样品分析。另一种则是对于复杂的样品需采用的梯度洗脱的方式(类似于气相色谱中程序升温的作用),即在分离过程中按设置的时间程序改变流动相的组成,目的是逐渐增加流动相的洗脱能力,使色谱柱中保留强度大的组分在流动相中的溶解度增加,从而迅速流出色谱柱,缩短分析时间。梯度洗脱的方式可以是线性的或非线性的,可以是二元的或多元的,视待分析的样品而定。

7.4.4　衍生化技术

衍生化就是将用通常检测方法不能直接检测或检测灵敏度低的物质与某种试剂(衍生化试剂)反应,使之生产易于检测的化合物。按衍生化的方式可分柱前衍生和柱后衍生。柱前衍生是将被测物转变成可检测的衍生物后再通过色谱柱分离。这种衍生可以是在线衍生,即将被测物和衍生化试剂分别通过两个输液泵送到混合器里混合并使之立即反应完成,随后进入色谱柱;也可以先将被测物与衍生化试剂反应,再将衍生产物作为样品进样;还可以在流动相中加入衍生化试剂。柱后衍生是先将被测物分离,再将从色谱柱流出的溶液与反应试剂在线混合生成可检测的衍生物,然后导入检测器。衍生化不仅使分析体系复杂化,而且需要消耗时间,因此,只有在找不到方便而灵敏的检测方法或为了提高分离和检测的选择性时才考虑用衍生化法。

可见光衍生化主要应用于过渡金属离子的检测，将过渡金属离子与显色剂反应，生成有色的配合物、螯合物或离子缔合物后用可见光检测。

荧光衍生化是将被测物质与荧光衍生化试剂反应后生成具有荧光的物质进行检测。

电化学衍生化法应用得较少，它是将无电活性的被测物与电活性衍生化试剂(其本身不一定具有电活性)反应，生成可在电极上产生氧化或还原反应的电活性衍生物。

7.4.5　实验结果分析

现代色谱分析法是有效而快速的分离、分析手段，既可用于定性分析，又可用于定量分析。高效液相色谱法与气相色谱法的定性分析和定量分析方法(包括测定方式和计算方法)相同。在定性分析中，有用纯物质对照的色谱鉴定法，还有收集馏分与化学方法或其他仪器分析方法联用的非色谱鉴定法；在定量分析中，可以用峰高或峰面积以内标法、外标法或归一化法定量，可与计算机联用作为现代化的分析工具。

1. 定性分析

色谱分析法定性分析的目的就是确定每个色谱峰代表什么组分，从而确定由这些组分所构成的混合物试样的组成。常用的主要定性方法有色谱鉴定法和非色谱鉴定法两种。

1)色谱鉴定法定性

色谱鉴定法就是用纯物质对照定性，这是气相和高效液相色谱法中最常用及最方便的一种定性方法，可以和定量测定操作同时进行。

A. 利用保留值定性

在色谱条件一定的情况下(包括柱长、柱内径、固定相、柱温、流动相及流速等)，每一种物质都有其一定的保留值(包括保留时间、保留体积、调整保留时间、调整保留体积等)，一般不受其他组分的影响，可以作为定性的根据。此法又称为纯物质对照定性。

在相同的色谱条件下，先测定未知物中每个色谱峰的保留时间或保留距离，再将要测的某纯物质注入色谱仪，对照比较两者的保留值，如果两者的保留值相同，就可判定该未知物与已知纯物质是同一种物质。

B. 利用加入纯物质增加峰高法定性

在稳定的色谱条件下，为了区分两个保留值(保留时间或保留距离)非常接近的组分，可以将某纯物质直接加入到试样中，再注入色谱仪，如果某组分峰的峰高增加了，表明这个色谱峰就是加入的某纯物质。此法又称为纯物质追加法定性。

色谱鉴定法定性需要有纯物质对照，在没有纯物质时，可以用非色谱鉴定法定性。

2) 非色谱鉴定法定性

A. 利用文献查相对保留值定性

任何一个实验室都不可能备有所有物质的纯品，没有纯物质将无法定性，可以利用国内外其他实验室的色谱工作者在《分析化学》或《色谱分析》刊物上发表的具有相对保留值和保留指数(I_x)数据的文献。早期的文献数据已收录在《分析化学手册》或《色谱分析法手册》中。只要在相同的色谱条件下，这些数据能得到重视，就可以用来定性。

某组分 i 的相对保留值 r_{iS} 是组分 i 与另一个标(基)准物质 S 的调整保留值的比值，即

$$r_{iS} = \frac{t'_{Ri}}{t'_{RS}} = \frac{V'_{Ri}}{V'_{RS}} \tag{7-13}$$

式中，t'_{Ri} 和 t'_{RS} 分别为组分 i 和标(基)准物质 S 的调整保留时间；V'_{Ri} 和 V'_{RS} 分别分组分 i 和标(基)准物质 S 的调整保留体积，mL。

当流动相(载气或洗脱剂)的流速固定不变时，调整保留体积就等于调整保留时间，则

$$r_{iS} = \frac{t'_{Ri}}{t'_{RS}} \tag{7-14}$$

组分 i 的相对保留值 r_{iS} 仅与固定液、柱温有关，与其他操作条件无关，可查《分析化学手册》中的液相色谱分析部分或相关文献。

在《分析化学手册》或文献相同操作条件下比较相对保留值，如果被测组分与《分析化学手册》或文献上某组分相对保留值相同，则该组分就是《分析化学手册》或文献上的同一种物质。

B. 利用保留指数定性

利用保留指数定性是 1958 年 Kovats 提出来的，直到现在仍是被国际上公认的使用最广泛的定性参数。规定某物质 X 的保留行为用色谱峰紧邻的两个正构烷烃的标准物质的有关数值来进行计算(用均一标度，不用对数)。即规定：正构烷烃的保留指数 I 等于该正构烷烃分子中所含有碳原子个数 Z 的 100 倍。

保留指数 I 只与固定液的性质有关，与其他操作条件无关。某物质 X 的保留指数 I_x 也可以用调整保留距离、调整保留体积进行计算。

在进行定性分析时，将选好的两个正构烷烃与待测物质混合均匀，按照《分析化学手册》或文献上规定的固定相和柱温进行色谱分析，得到色谱峰后计算待

测物质的保留指数 I_x，与《分析化学手册》或文献上已知物质的保留指数对照比较，如果与某已知物的保留指数相同，就可判定两者是同一种物质。

利用 Kovats 保留指数定性在高效液相色谱法定性分析中也经常使用。

C. 利用化学反应定性

将化学反应与色谱分析法相结合有利于对含有复杂官能团的组分进行定性分析。可与柱前、柱中和柱后与化学处理法结合定性。

a) 利用柱前预化学处理法定性

某些含有特殊官能团的化合物能够与特殊的化学试剂反应，生成相应的衍生物，经柱前化学预处理后，这个化合物的色谱峰或者消失，或者移后，或者提前，通过比较处理前后的色谱图，就能判定该组分属于哪一类化合物。

b) 利用柱中化学处理法定性

将化学试剂涂渍到担体上填装在一根较短的色谱柱中，并且串联在分析色谱柱前，同样可以起到柱前预化学处理定性的作用。

c) 利用柱后化学处理法定性

先经色谱分离，将流出色谱柱的组分直接通入化学试剂中，观察其颜色的变化或沉淀又或气体产生等进行定性。

d) 与其他仪器结合定性

收集柱后流出的组分(馏分)与质谱仪、红外吸收光谱仪等联用定性。质谱仪能准确测出未知物质的分子量，灵敏度高。而红外光谱仪能对纯物质有精细结构的特征性很高的红外吸收光谱图。这种结合有利于对复杂物质定性。但红外光谱仪的灵敏度不高，需要 1 mg 左右的样品组分。

在利用化学反应和红外光谱法定性方面，高效液相色谱法有一定的优势。因为高效液相色谱法比气相色谱法的进样量多，收集柱后流出的样品中纯组分比气相色谱法要容易很多。在有足够大的分离度的情况下，当待测定的组分出峰时，用试管盛接从检测器的样品池流出的组分溶液，一直接到色谱峰的基部时，移开试管。如此这样反复接收该峰的流出溶液，将流动相溶剂除去以后，即可以得到该组分的纯品。如果得到 1 mg 以上，就可以利用红外吸收光谱仪进行定性分析。

在与质谱仪联用定性方面，高效液相色谱法不如气相色谱法应用得普及和成熟。

色谱分析法还可以与荧光光谱法、极谱法、核磁共振波谱法等联用进行定性分析。

e) 利用经验规律定性

在找不到待测组分的纯物质，而且也没有文献资料数据的情况下，可以利用某些组分的一些经验规律定性。例如，在一定温度下，有机同系物的保留值的对数与其分子中所含有的碳原子个数 n 呈直线关系，即碳数规律。再如，在一定温度下，同族碳链异构体保留值的对数与其沸点呈直线关系，即沸点规律，同族碳链异构体中，低沸点的组分先出峰。这些规律都有一定的局限性，不再详述。

2. 定量分析

色谱法定量分析的根据是组分 i 通过检测器时产生的信号大小，即组分 i 的峰面积 A_i（或组分 i 的峰高 h_i）与进入检测器的组分 i 的质量 m_i 成正比。即 $A_i \propto m_i$ 或 $h_i \propto m_i$。

1）色谱峰峰面积的测量

A. 峰高乘半峰宽法

当色谱峰形为对称峰时，可用此法测量峰面积。$A = hW_{1/2}$，这样测得的峰面积是实际峰面积的 94%，所以色谱峰的实际峰面积为

$$A = 1.064 hW_{1/2} \tag{7-15}$$

B. 峰高乘平均峰宽法

当色谱峰形为不对称峰时，可用此法测量峰面积。在峰高的 0.15 处和 0.85 处分别测量峰宽，然后取平均峰宽值，再乘以峰高。

$$A = h \cdot \frac{W_{0.15} + W_{0.85}}{2} \tag{7-16}$$

C. 峰高乘保留距离法

当色谱峰形为狭窄峰时，可用此法测量峰面积。半峰宽与保留距离（t_R 保留时间以距离表示）成正比，$W_{1/2} = b \times t_R$，在相对计算中比例常数 b 可约掉。$A = h \times b \times W_{1/2}$ 可写为

$$A = hW_{1/2} \tag{7-17}$$

D. 峰高代替峰面积

对于长条峰，可用峰高代表峰面积。

E. 剪纸称量质量法

对于色谱峰形不规则的色谱峰或分离不好的峰，可用此法测量峰面积。即将色谱峰剪下来，称其质量，代表峰面积。

F. 三角形测量法

当色谱峰形为比较宽而对称时，可用此法测量峰面积。即将色谱峰当成一个等腰三角形，峰高乘峰底宽度的一半为其面积，$A = hW/2$，但实际峰面积是这个等腰三角形面积的 1.032 倍。

$$A = 1.032 \cdot \frac{hW}{2} \tag{7-18}$$

G. 打印峰面积

自动积分仪或色谱数据处理机可准确打印出峰面积。

2) 定量校正因子的测定

A. 绝对响应值和相对响应值

a) 绝对响应值 S_i

$$S_i = A_i / m_i \tag{7-19}$$

$$S_{i(h)} = h_i / m_i \tag{7-20}$$

因为组分 i 进入检测器的量 m_i 的绝对值不容易准确测量，所以常用相对响应值 S_i'。

b) 相对响应值 S_i'

组分 i 的相对响应值 S_i' 就是组分 i 的绝对响应值 S_i 与标准物质 S 的绝对响应值 S_s 的比值。

$$S_i' = S_i / S_s = (A_i / A_s) \times (m_s / m_i) \tag{7-21}$$

$$S_{i(h)}' = S_{i(h)} / S_{s(h)} = h_i / h_s \times m_s / m_i \tag{7-22}$$

B. 绝对校正因子和相对校正因子

a) 绝对校正因子 f_i

$$f_i = m_i / A_i \tag{7-23}$$

$$f_{i(h)} = m_i / h_i \tag{7-24}$$

因为在实际测量中组分 i 进入检测器的量 m_i 和峰高 h_i、峰面积 A_i 以及操作条件等都不容易准确，所以通常都不用绝对校正因子，而常用相对校正因子 f_i'。

在单位相同时，绝对校正因子与绝对响应值之间互为倒数关系：

$$f_i = 1 / S_i \tag{7-25}$$

b) 相对校正因子 f_i'

组分 i 的相对校正因子 f_i' 就是组分 i 的绝对校正因子 f_i 与标准物质 S 的绝对校正因子 f_s 的比值。

$$f_i' = f_i / f_s = (A_s / A_i) \times (m_i / m_s) \tag{7-26}$$

$$f'_{i(h)} = f_{i(h)} / f_{s(h)} = (h_s / h_i) \times (m_i / m_s) \qquad (7\text{-}27)$$

在单位相同时，相对校正因子 f'_i 与相对响应值 S'_i 互为倒数关系：

$$f'_i = 1 / S'_i \qquad (7\text{-}28)$$

相对响应值 S'_i 和相对校正因子 f'_i 只与待测组分、标准物质、检测器种类、流动相性质有关系，而与其他色谱条件无关，可在有关文献资料上查到。在引用时，应尽量使测定条件与文献上测定这些数值的条件相同。最好是用标准物质自行测定各组分的相对响应值 S'_i 和相对校正因子 f'_i 值。在热导池检测器上常用的标准物质是苯，在氢火焰离子化检测器上常用的标准物质是正庚烷。

高效液相色谱法缺少定量校正因子数值。

3）定量分析方法

A. 归一化法定量

归一化法定量是色谱分析法中常用而且简单准确的方法。应用此法的条件是被分析的所有组分都能被分离流出色谱柱，并且都能得到色谱峰。如果某物质不能被分离，不能出色谱峰时，必须知其质量分数。归一化法定量就是试样中所有组分的质量分数之和等于 100%。

设样品是由 n 个组分组成的混合物，每个组分的质量分别为 $m_1, m_2, \cdots, m_i, \cdots, m_n$，样品进样质量为 m，所有质量都以 g 为单位，在一定的色谱条件下，各组分都被分离，都出色谱峰，各组分的峰面积分别为 $A_1, A_2, \cdots, A_i, \cdots, A_n$，则组分 i 的质量分数 $w_i(\%)$ 可按式（7-29）计算。

$$w_i(\%) = \frac{m_i}{m} \times 100\% = \frac{m_i}{m_1 + m_2 + \cdots + m_i + \cdots + m_n} \times 100\%$$

$$w_i(\%) = \frac{A_i / S'_i}{A_1 / S'_1 + A_2 / S'_2 + \cdots + A_i / S'_i + \cdots + A_n / S'_n} \times 100\%$$

$$= \frac{A_i / S'_i}{\sum_1^n A_i / S'_i} \times 100\% \qquad (7\text{-}29)$$

式中，S'_i 为组分 i 的相对质量响应值。

如果色谱峰形对称、狭窄，操作条件稳定，能使各组分色谱峰的半峰宽固定不变，可以用峰高代替峰面积计算。

如果是同系物或同分异构体，样品中各组分的相对响应值或相对校正因子的数值相近、相同时，例如沸点接近的各组分，可以将相对响应值或相对校正因子约掉，则简化为峰面积归一化法定量或峰高归一化法定量。

B. 内标法定量

内标法是色谱分析法中常用而且准确的定量方法。进样量的准确性和操作条件的波动对测定结果的影响较小。此法不要求出全峰，但待测的组分必须出色谱峰。应用内标法定量必须向样品中加入一定量的内标物质 S 的纯品，此内标物质应该是样品中不存在的，且与待测组分性质相近的纯物质，加入的内标物质量应与待测物质的质量分数相近，内标物的色谱峰应位于待测组分峰的附近，或位于几个待测组分峰的中间，并与待测组分峰完全分离。

内标法定量的不足之处是每次分析都要用感量为 0.0001 g 的分析天平准确称取内标物的质量和样品质量，费时且麻烦。

具体方法是：准确称取一定质量的内标物质，加入到准确称取的一定质量的样品中去，混合均匀，在一定的色谱操作条件下，将混合物注入色谱仪，分离出峰后，分别测量组分 i 和内标物 S 的峰面积或峰高，按式(7-30)计算组分 i 的质量分数 $w_i(\%)$。

$$m_i = f_i'A_i, \quad m_s = f_s'A_s$$

两式相除得

$$\frac{m_i}{m_s} = \frac{f_i'A_i}{f_s'A_s}, \quad m_i = \frac{f_i'A_i m_s}{f_s'A_s}$$

$$w_i(\%) = \frac{m_i}{m} \times 100\%$$

$$w_i(\%) = \frac{f_i'A_i m_s}{f_s'A_s m} \times 100\% \tag{7-30}$$

式中，m_s 为加入样品中的内标物 S 的质量，g；m 为试样的质量，g；A_i 为组分 i 的峰面积，mm^2；A_s 为内标物 S 的峰面积，mm^2；f_i' 为组分 i 的峰面积相对质量校正因子；f_s' 为内标物 S 的峰面积相对质量校正因子。

C. 外标法定量

外标法定量就是用标准样品校正定量，分为定量进样标准曲线法和已知标样单点校正法两种方法。外标法定量操作方便、计算简单，不需要测定校正因子，但要求进样量准确、操作条件稳定。

a)标准曲线法定量

将待测组分的已知浓度的纯物质配制成为一系列含有不同待测组分浓度的标准样品，在一定的色谱条件下，分别取一定量各浓度的标准样品注入色谱仪，得到色谱峰后，分别测量色谱峰的峰面积或峰高。以峰面积或峰高为纵坐标，以相应各标准样品的浓度为横坐标绘制标准曲线。

在与绘制标准曲线同样的色谱条件下，将与标准样同样量的待测组分样品注入色谱仪，得到色谱峰后，测量峰面积或峰高。然后，由峰面积或峰高查标准曲线得到待测组分的浓度。如图 7-6 所示。

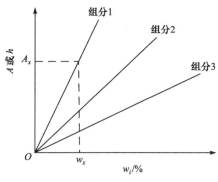

图 7-6 标准曲线法定量

b) 单点校正法定量

单点校正法又称为单点比较法或单点系数 K 法。当试样中各待测组分的浓度变化范围不大时，可以不绘制标准曲线，而是用单点系数 K 法定量。

用待测组分的纯品配制一个和待测组分浓度很接近的标准样品，在一定的色谱条件下，取一定量标准样品注入色谱仪，出峰后，测量标样的峰面积或峰高，求出 K 值。

高效液相色谱法因为缺少定量校正因子，所以在定量分析中多用外标法。

7.5 实 验 步 骤

7.5.1 样品制备

(1) 流动相制备：用色谱级试剂配制流动相，流动相的 pH 值应用精密 pH 计调节，配好的流动相应用 0.45 μm 滤膜滤过。

(2) 供试品配制：按照规定配制供试品溶液，必要时样品应提取净化，或用适宜的滤膜滤过，以免阻塞色谱管路。

7.5.2 测试操作

1. 开机

(1) 打开计算机，进入 Windows 2000 (或 Windows XP) 界面。

(2)打开 1200LC 各模块电源。

(3)待各模块自检完成后，双击"Instrument 1 Online"图标，化学工作站自动与 1200LC 通信，进入的工作站画面如下所示。

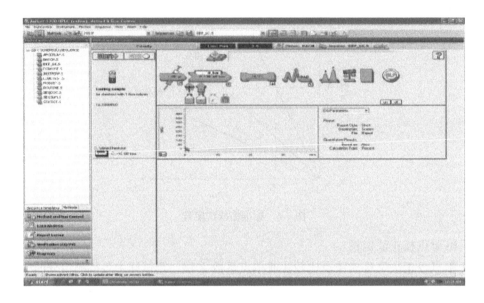

(4)从"View"菜单中选择"Method and Run control"，点击"View"菜单中的"Show Top Toolbar"，"Show status Toolbar"，"System diagram"，"Sampling diagram"，使其命令前有"√"标志，来调用所需的界面。

(5)把流动相放入溶剂瓶中。

(6)打开"Purge"阀。

(7)点击"Pump"图标，点击"Setup pump"选项，进入泵编辑画面。

(8)设 Flow：3～5 mL/min。

(9)点击"Pump"图标，点击"Pump control"选项，选中"On"，点击"OK"，则系统开始 Purge，直到管线内(由溶剂瓶到泵入口)无气泡为止，切换通道继续 Purge，直到所有要用的通道无气泡为止。

(10)点击"Pump"图标，点击"Pump control"选项，选中"Off"，点击"OK"关泵，关闭 Purge 阀。

(11)点击"Pump"图标，点击"Setup pump"选项，设流速 1.5 mL/min。

(12)点击泵下面的瓶图标，如下图所示，输入溶剂的实际体积和瓶体积。也可以输入停泵的体积。点击"OK"。

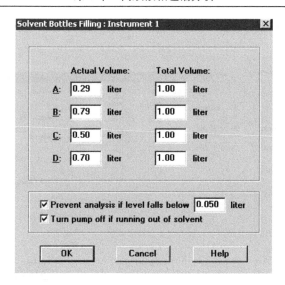

2. 数据采集方法编辑

(1)开始编辑完整方法。

从"Method"菜单中选择"Edit entire method"项,如下图所示,选中除"Data analysis"外的三项。

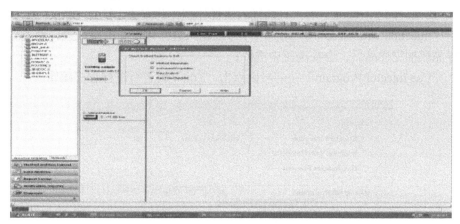

点击"OK",进入下一画面。

(2)方法信息。

在"Method Comments"中写入方法的信息(如:This is for test!)。

点击"OK"进入下一画面。

(3)泵参数的设置(四元泵)。

在"Flow"处输入流量,设 Flow:1 mL/min。

设置各流动相比例:甲醇 40%、水 55%、乙酸 5%。

在"Pressure Limits Max"处输入柱子的最大耐高压(一般可设 400 MPa)，以保护柱子。

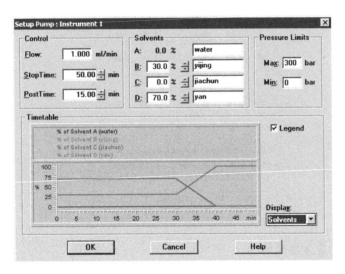

点击"OK"进入下一画面。

(4) 自动进样器参数设置。

如下图所示，设置进样体积为：20 µL，设置洗瓶位置，选择合适的进样方式。

"Standard Injection"——只能输入进样体积，此方式无洗针功能；

"Injection with Needle Wash"——可以输入进样体积和洗瓶位置，此方式针从样品瓶抽完样品后，会在洗瓶中洗针；

"Use Injector Program"——可以点击"Edit"键进行进样程序编辑。

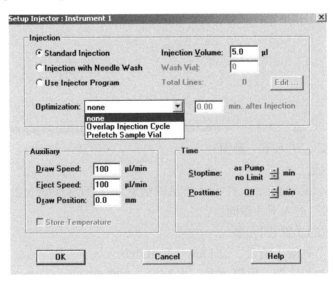

点击"OK"进入下一画面。

(5)柱温箱参数的设置。

在"Temperature"下面的空白方框内输入所需温度，并选中它，如图所示，选中"Same as left"，使柱温箱的温度左右一致。

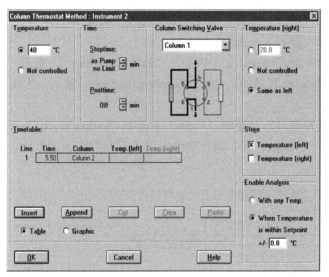

点击"OK"进入下一画面。

(6)DAD 检测器参数设置。

设置检测波长为 254 nm。

在"Spectrum"选项框中，"None"表示不存储光谱，"All"表示采集全光谱。

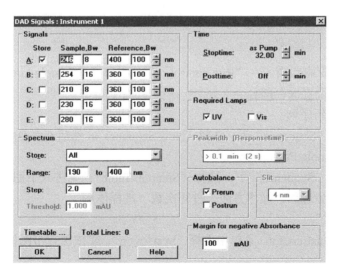

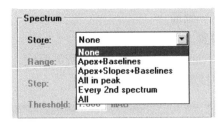

点击"OK"进入下一画面。

(7)在"Run time checklist"中选中"Data acquisition",点击"OK"。

(8)点击"Method"菜单,选中"Save method as",输入一方法名,如"test",点击"OK"。

(9)选择监控信号,从菜单"View"中选中"Online signal",选中"Windows 1",然后点击"Change"钮,将所要绘图的信号移到右边的框中,如图所示,点击"OK"。

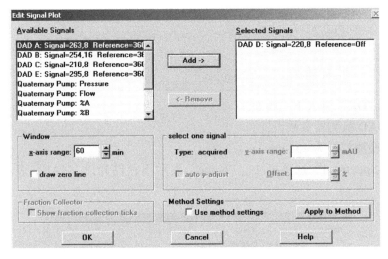

(10)数据保存设置,在"Run control"菜单中选择"Sample info"选项,输入操作者名称,设置保存路径。

(11)编辑新序列。

在命令栏"Sequence"下,选择"New Sequence";然后在命令栏"Sequence"下,选择"Sample Parameters"。

在命令栏"Sequence"下,选择"Sample Table",则进入下图,分别输入进样瓶位置、样品名称、操作方法、进样次数、进样体积。

点击"OK"。

(12)从"Instrument"菜单中选择"System on",或依次点击图标开启各模块,仪器开始运行。

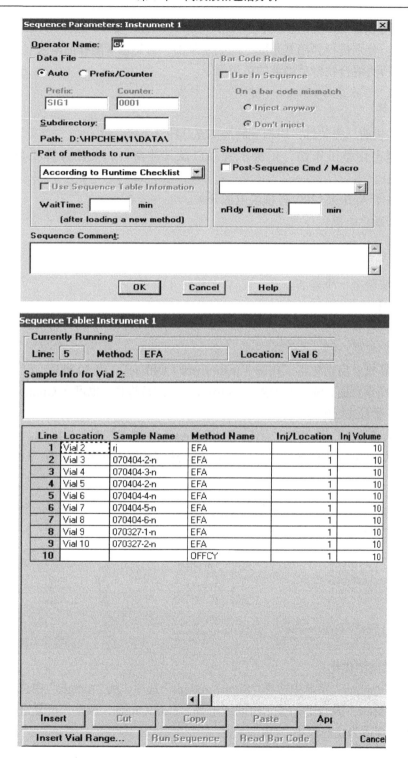

(13)等仪器 Ready，基线平稳，从"Run control"菜单中选择"Run method"，开始进样。分别进行邻硝基苯酚、间硝基苯酚、对硝基苯酚样品溶液、混合物标准溶液及待测混合物样品溶液的色谱测定。

3. 关机

(1)关机前，先关灯，用相应的溶剂充分冲洗系统。

(2)退出化学工作站，依提示关泵以及其他窗口，关闭计算机(用"shut down"关)。

(3)关闭 Agilent 1200 各模块电源开关。

(4)切断总电源。

4. 清理试验台

保持实验室干净整洁。

5. 实验数据处理及谱图解析

1)谱图处理

在计算机上启动化学工作站"Instrument 1 Offline"，约 30 秒后，计算机进入工作站的操作页面，按以下步骤在"Offline"上进行操作。也可在 Online 的"Data analysis"页面进行操作。

(1)从"View"菜单中，点击"Data analysis"进入数据分析画面。

(2)从"File"菜单选择"Load Signal"，选中数据文件名，点击"OK"，则数据被调出。

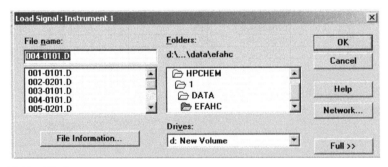

(3)做谱图优化。

从"Graphics"菜单中选择"Signal options"选项，从"Ranges"中选择"Full"或"Auto scale"及合适的显示时间或选择"Use Ranges"调整。反复进行，直到图的比例合适为止。点击"OK"。

(4)积分。

从"Integration"菜单中选择"Integration Events"选项。选择合适的"Slope sensitivity"、"Peak width"、"Area reject"和"Height reject"。积分参数表如下图所示。

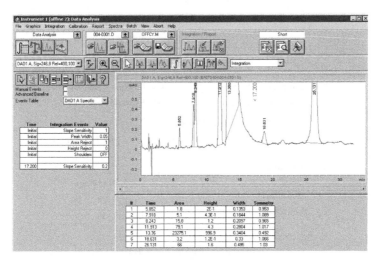

从"Integration"菜单中选择"Integrate"选项，则数据被积分。如积分结果不理想，则修改相应的积分参数，直到满意为止。

点击左边"√"图标，将积分参数存入方法。

(5)打印报告。

从"Report"菜单中选择"Specify Report"选项，进入下图所示界面。

点击"Quantitative Results"框中"Calculate"右侧的黑三角，选中"Percent"（面积百分比），其他选项不变，点击"OK"。

从"Report"菜单中选择"Print report"，则报告结果将打印到屏幕上，如想输出到打印机上，则点击"Report"底部的"Print"钮。

2)数据分析

A. 标准品保留时间对照法定性

将测定的各个纯化合物样品色谱图中的保留时间与混合物样品中各色谱峰保留时间对照，推断混合物色谱图中不同时间的色谱峰属于何种组分。

B. 待测混合物样品中各组分浓度的定量分析(外标两点法)

a)建立标准曲线

用两种不同浓度的混合物标准溶液的色谱结果建立标准曲线。

b)待测样品浓度计算及结果打印

在建立标准曲线后，用外标法进行待测样品溶液中各组分浓度的计算，用峰面积进行定量。

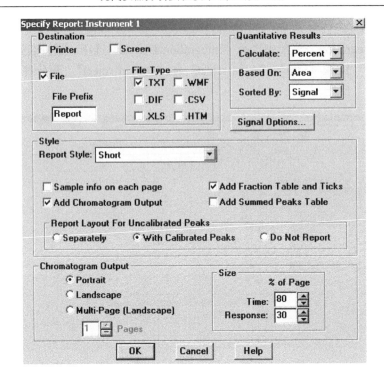

7.5.3 仪器操作注意事项及维护

(1)实验中，需使用 HPLC 级的溶剂与试剂，溶剂和水必须进行过滤。

(2)流动相均需色谱纯度，必须对含有缓冲液的流动相进行过滤(0.45 μm 滤膜)；流动相使用前必须脱气，脱气后的流动相要小心振动，尽量不引起气泡；不要使用陈旧的流动相，定期清洗流动相储液瓶，所有过柱子的液体均需严格的过滤。

(3)压力不能太大，最好不要超过 30 MPa，防止过高压力冲击色谱柱。

(4)实验结束后，用甲醇/水(体积比为 60∶40)为流动相冲色谱柱约 30 min。

7.6　应　　用

高效液相色谱法经过 30 年的发展，在色谱理论研究、仪器研制水平、分析实践应用等方面，已取得长足的进步。

高效液相色谱法适于分析沸点高、分子量大、热稳定性差的物质和生物活性物质，它们约占全部有机化合物的 80%。现在高效液相色谱法已在生物化学和生物工程研究、制药工业研究和生产、食品工业分析、环境监测、石油化工产品分析中获得广泛的应用。

7.6.1　生物化学和生物工程分析

当前，随着生命科学和生物工程技术的迅速发展，人们对氨基酸、多肽、蛋白质及核碱、核苷、核苷酸、核酸(核糖核酸 RNA、脱氧核糖核酸 DNA)等生物分子的研究兴趣日益增加。这些生物活性分子是人类生命延续过程必须摄取的成分，也是生物化学、生化制药、生物工程中进行蛋白质纯化、DNA 重组与修复、RNA 转录等技术中的重要研究对象，因此涉及它们的分离、分析问题也日益重要。

高效液相色谱法中的反相色谱法、凝胶色谱法和离子色谱法等都可用于上述多种生物分子的分离和分析。

7.6.2　医药研究

高效液相色谱法由于具有高选择性、高灵敏度等特点，已成为医药研究的有力工具。

人工合成药物的纯化及成分的定性、定量测定，中草药有效成分的分离、制备及纯度测定，临床医药研究中人体血液和体液中药物浓度、药物代谢物的测定，新型高效手性药物中手性对映体含量的测定等，所有这一切都需用高效液相色谱的不同测定方法予以解决。

7.6.3　食品分析

食品是人类生活中不可缺少的必需品，是人类生命活动能源的来源。食品种类繁多，各种食品具有不同的特性和营养成分，它所包含的糖、有机酸、维生素、蛋白质、氨基酸、脂肪等直接关系人体的健康。在食品生产过程中，往往需添加防腐剂、抗氧化剂、人工合成色素、甜味剂、保鲜剂等化学物质，它们的含量过高就会危害人体健康。此外由于环境污染，也会使食品沾污有害的微量元素、农药残留、黄曲霉素等。因此食品分析日益受到人们的关注。

近年来高效液相色谱分析法在食品分析中的应用日益增多，它比化学分析法操作简便、快速，并能提供更多的有用信息。

7.6.4　环境污染分析

高效液相色谱方法适用于对环境中存在的高沸点有机污染物的分析，如大气、水、土壤和食品中存在的多环芳烃、多氯联苯、有机氯农药、有机磷农药、氨基甲酸酯农药、含氮除草剂、苯氧基酸除草剂、酚类、胺类、黄曲霉素、亚硝胺等。

7.6.5　精细化工分析

在精细化工生产中使用的具有较高分子量和较高沸点的有机化合物，如高碳数脂肪族或芳香族的醇、醛和酮、醚、酸、酯等化工原料，以及各种表面活性剂、药物、农药、染料、炸药等工业产品，都可使用高效液相色谱法进行分析。

7.7　思　考　题

(1)与气相色谱法相比，高效液相色谱法有哪些优点和不足？

(2)在高效液相色谱法中，可以利用哪些途径提高柱效？

(3)什么是梯度洗脱？与程序升温有什么不同？

(4)在高效液相色谱法中，对流动相有何要求？如何选择各种色谱类型流动相？

(5)在高效液相色谱法中，提高分离度的方法有哪些？

第8章　离子色谱分析

8.1　概　　述

离子色谱（ion chromatography，IC）是分析阴离子和阳离子的一种液相色谱方法，属于高效液相色谱（HPLC）的范畴。

早在 20 世纪 40 年代，研究者已经能够使用离子交换树脂对离子性物质做一些简单的分离。由于当时填充在玻璃柱中的离子交换树脂颗粒较大且不太均匀，因此流动相只能靠重力自然流下，不能连续地检测柱流出物，耗时长且分离效果差。

20 世纪 60 年代末，通过改进离子交换树脂性能，采用高压输液泵输送流动，加快了离子交换树脂柱中流出物的流出速度，大大提高了离子交换柱的分离效果和检测速度。然而，由于只有极少数离子性物质在紫外或者可见光区会产生吸收，在高效液相中最常用的检测器——紫外可见光吸收检测器在离子检测过程中几乎不可用，还有进行离子交换常用的流动相都是具有高背景电导的强电解质溶液，使洗脱下来的被测离子的电导变化较小，导致电导检测器无法区分流动相中的淋洗离子和待测离子。

1975 年，Small 等采用较低交换容量的阴、阳离子交换柱，用能分离无机离子的强电解质作为流动相，再在这种离子交换树脂柱后面添加一根抑制柱，抑制柱的离子交换树脂填料与低容量离子交换柱相比带有相反的电荷。通过抑制柱的使用可以除去流动相中被测离子的反离子，降低了流动相的背景电导，提高了电导检测器的检测灵敏度，从而解决了无法用电导检测器连续检测出柱流出物中离子的难题。从此，离子色谱法才成为一门真正意义上的能够分离检测阴、阳离子的色谱分离技术，并逐渐从液相色谱法中独立出来。

1979 年，Gjerde 等不使用抑制柱而是采用弱电解质作为流动相，降低了背景电导的干扰，从而可以直接使用电导检测器检测出待测离子。为了区分，人们把使用抑制柱的离子色谱法称作双柱离子色谱法或抑制型离子色谱法，把不使用抑制柱的离子色谱法称作单柱离子色谱法或非抑制型离子色谱法。

离子色谱法较早发展起来的是阴离子分析，而且自从离子色谱出现以来，分析阴离子的首选方法就是离子色谱。在较早期的一次性进样，8min 内可连续检测出浓度低至每升几微克至每升数百毫克数量级的 F^-、Cl^-、Br^-、NO_2^-、NO_3^-、HPO_4^{2-} 和 SO_4^{2-} 等多种阴离子。由于当时已经广泛使用的原子吸收法具有灵敏、快捷、选择性优越等突出优点，因此使用离子色谱法分析无机阳离子的方法发展较为迟滞。然而近几年，使用离子色谱法测定无机阳离子已经在分析化学中得到广泛应用。

8.2　仪器构成及原理

8.2.1　仪器基本构成

图 8-1 为配备 RFIC-EG 的双 Dionex ICS-6000 系统。

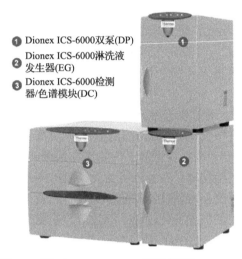

❶ Dionex ICS-6000双泵(DP)
❷ Dionex ICS-6000淋洗液发生器(EG)
❸ Dionex ICS-6000检测器/色谱模块(DC)

图 8-1　双 Dionex ICS-6000 系统(配备 RFIC-EG)

和一般的 HPLC 仪器一样，现在的离子色谱仪一般也是先做成一个个单元组，然后根据分析要求将各个所需的单元组件组合起来。最基本的组件是高压输送系统、进样器、色谱柱、检测器和数据系统(记录仪、积分仪或化学工作站)。此外，还可根据需要配置流动相在线脱气装置、梯度洗脱装置、自动进样系统、流动相抑制系统、柱后反应系统和全自动控制系统等。

1. 流动相输送系统

流动相输送系统包括储存流动相的容器、动力装置(输液泵)、在线脱气装置和梯度洗脱装置等几个主要构件。为了防止有机溶剂的干扰和酸碱的腐蚀，流动相输送系统经常使用不锈钢、玻璃或聚四氟乙烯等材料。色谱柱中的填料是在高压下填充的均匀细小颗粒物质，流动相输送到这里时会产生很大的阻力，因此仪器系统在设计时为了提供流动相一定的流速还必须使柱进口压力至少达到几兆帕。通常情况下，大多数色谱柱在刚开始使用时仅需要维持数兆帕的压力就可以了，但随着使用时间的延长，柱子的压力会越来越大。因此流动相输送系统在设计时对仪器的耐压上限会提出更高要求。

单泵(SP)有三种类型：等浓度微流量泵，等浓度分析泵，四元梯度分析泵；双泵(DP)可以将以上三种泵的任意两种进行组合，以满足不同用户的多种需要。其中等浓度泵只能输送一种淋洗液，四元梯度泵支持线性/非线性混合。

淋洗液储罐有 K_2CO_3、KOH、MSA 等几种，单通道淋洗液发生器(EG)的淋洗液储罐放在 EG 的左侧。脱气盒的作用在于消除淋洗液储罐中产生的气体，避免进入色谱柱。连续再生捕获柱(CR-TC)的作用在于去除水中可能存在的离子污染，减少梯度淋洗时的基线漂移。如果制备 $K_2CO_3/KHCO_3$ 淋洗液，还需使用 EPM 和 EGC-CO3 混合器，其中 EPM 要占用 EG 的第二个 EGC 电源接口。[注意：使用 EGC II K_2CO_3 时不能使用连续再生阴离子捕获柱(CR-ATC)。]

2. 进样器

进样器是能够准确地将样品送入色谱系统的装置，依据进样方式不同分为手动进样和自动进样两种。进样器在进样时要求尽量对色谱系统不产生流量的波动及额外的压力，因此要有良好的密封性，要求死体积小和数据重现性好。现在离子色谱仪和 HPLC 色谱仪的手动进样器大都使用具有操作方便、重复性好和耐高压的阀进样器。最常用的是六通阀进样器，使用定量管准确定量进样体积。常规离子法中经常使用的是 10 μL、20 μL 和 50 μL 体积的定量管。

自动进样器(AS)支持以下几种工作方式：

浓缩进样——必须使用超低压浓缩柱；

同步进样——同时向两个进样阀输送同一个样品；

顺序进样——在不同时间向两个进样阀输送不同的样品；

顺序浓缩进样——在不同时间向两个安装超低压浓缩柱的进样阀输送不同的样品。

3. 色谱柱

色谱柱是将样品离子进行分离的重要构件，也是离子色谱仪的核心部件，要求具有性能稳定、柱容量大和柱效高的特点。柱子的结构、柱填料的特性和填充质量以及使用条件等都会影响色谱柱的性能。

分析型离子色谱柱的内径通常在 4～8 mm 范围内。国产柱内径多为 5 mm，国外柱最典型的柱内径是 4.6 mm，另外还有 4 mm 和 8 mm 内径柱。柱长通常在 50～100 mm，比普通液相色谱柱要短。柱管内部填充 5～10 μm 粒径的球形颗粒填料。内径为 1～2 mm 的色谱柱通常称为半微柱。内径在 1 mm 以下的色谱柱通常称为微型柱。在微量离子色谱中也用到内径为数十纳米的毛细管柱(包括填充型和内壁修饰型)。

色谱柱中的填料不同决定了分离机理的差异。在普通 HPLC 中,通常使用的是硅胶基质的柱填料,而在离子色谱中,虽然硅胶基质离子交换剂使用得越来越多,但使用最多的还是以有机聚合物为基质的离子交换树脂。离子交换树脂在广泛的 pH 范围内具有良好的稳定性,即使在碱性区域也很稳定,而硅胶基质的HPLC柱填料只适宜在 pH 2~8 范围内使用,在离子色谱中,占主导地位的是使用离子交换剂作固定相的离子交换色谱和阴离子排斥色谱。近年来,硅胶基质离子交换剂有很快的发展,因为它比有机聚合物基质离子交换树脂的色谱分离性能要好。附聚型离子交换剂、无机离子交换剂和一些特殊的离子交换剂也有很多应用。

组成色谱固定相的填料由基质和功能基团两部分构成。基质又常称作载体或担体,通常制备成数微米至数十微米粒径的球形颗粒,它具有一定的刚性,能承受一定的压力,对分离不起明显的作用,只是作为功能基团的载体。功能基团与流动接触,产生离解,在固定相的表面形成带电荷的离子交换层,分离就是在固定相表面的离子交换层中实现的。能离解出阳离子(如 H^+)的功能基,可以与样品中阳离子进行交换,这样的填料称阳离子交换剂;能离解出阴离子(如 Cl^-)的功能基,可以与样品中阴离子进行交换,这样的填料称阴离子交换剂。功能基团与基质之间的结合有共价键结合(如键合硅胶离子交换剂)、离子结合(如表面附聚型离子交换剂)、吸附和氢键等弱相互作用(如包覆型离子交换剂)。

作为填料基质的主要是有机聚合物和硅胶。阳离子交换剂的功能基团主要是能离解出 H^+ 的磺酸基、羧酸基和磷酸基;阴离子交换剂的功能基团主要是季氨基。根据功能基离解能力的大小可以将离子交换剂按酸碱性强弱分类,如磺酸基的离解能力很强,具有磺酸功能基的阳离子交换剂就称作强酸性阳离子交换剂。

从物理结构来看,离子色谱固定相可以分为微孔型(或凝胶型)、大孔型(全多孔亚)、薄壳型和表面多孔型四种类型。

4. 柱温箱

普通的液相色谱仪通常是可以不配置柱恒温箱的,而离子色谱仪通常需要配柱恒温箱,将离子色谱柱、电导池和抑制器置于恒温箱中。这是因为离子交换柱和抑制器中所进行的离子交换反应、电导池中柱流出物中的离子迁移率都对温度很感,有时温度对分离也会产生很大的影响。通常柱恒温箱可在 20~60℃ 范围内恒温,在无特别需要时,一般将柱温箱设定略高于室温,如 30~40℃。

5. 抑制器

对于抑制型离子色谱系统,抑制系统是极其重要的一个部分,也是离子色谱有别于 HPLC 的最重要特点。抑制型电导检测离子色谱使用的是强电解质流动相，如分析阴离子用 Na_2CO_3、NaOH，分析阳离子用稀 HNO_3、稀 H_2SO_4 等。这类强电解质流动相产生的背景电导较高，还有待测离子在溶液中以盐的形式存在，这都会导致检测灵敏降低。为了提高检测灵敏度，必须将待测离子转变成更高电导率的形式，同时还要将流动相的背景电导降低。抑制器连接在分离柱和检测器之间，柱流出物从一端流入抑制器，再生液从相反的另一端流入抑制器。抑制器的接入起到以下三种作用：使流动相的背景电导降低；可以改善信噪比，提高待测离子的电导值；可以消除反离子峰对弱保留离子的影响。

6. 检测器

离子色谱最常用的检测方法是光学法和电化学法。光学法最常用的检测器是荧光检测器和紫外-可见光吸收检测器，电化学法最常用的检测器是电导检测器和安培检测器。

离子色谱检测器的选择，主要依据的是被测定离子的性质、淋洗液的种类等因素。离子色谱中常用检测器的应用范围见表 8-1。

表 8-1　离子色谱中常用检测器及其应用范围

检测器	检测原理	应用范围
电导检测器	电导	pK_a 或 $pK_b<7$ 的阴、阳离子和有机酸
安培检测器	在 Ag/Pt/Au 和 GC 电极上发生氧化/还原反应	CN^-、S^{2-}、I^-、SO_3^{2-}、氨基酸、醇、醛、单糖、寡糖、酚、有机胺、硫醇
紫外-可见光吸收检测器（有或无柱后衍生）	紫外-可见光吸收	在紫外或可见区域有吸收的阴、阳离子和在柱前和柱后衍生反应后具有紫外或可见光吸收的离子或化合物，如过渡金属、镧系元素、二氧化硅等
荧光检测器（结合柱后衍生）	激发和发射	铵、氨基酸

1）电导检测器

将电解质置于施加了电场的电极时，溶液将导电，此时溶液中的阴离子移向阳极，阳离子移向阴极，并遵循以下关系：

$$G = \frac{1}{100} \times \frac{A}{L} \sum C_i \lambda_i$$

式中，G 为电导，是电阻的倒数（$G=1/R$）；A 为电极截面积，cm^2；L 为两极间的距离，cm；C_i 为离子浓度，mol/L；λ_i 为离子的极限摩尔电导，$cm^2/(\Omega \cdot mol)$。上式称为 Kohlrausch 定律。

在稀溶液中，待测离子的检测符合 Kohlraush 定律，离子的电导与浓度呈正比关系。在一个足够稀的溶液中，离子的摩尔电导达到最大值，此最大值称为离子的极限摩尔电导(λ_i)。当溶液浓度增加后，电导与浓度之间直接的正比关系便不存在了。在离子色谱法中，当被测组分浓度低于 1 mmol/L 时，仍符合 Kohlraush 定律。

使用抑制器后，一般可以使强酸、强碱的信噪比提高一个数量级以上。由于电导检测是在抑制后的中性 pH 条件下进行，某些弱酸、弱碱的灵敏度不如强电解质高，但与非抑制的电导检测相比，信噪比的改善还是很明显的。化学抑制型电导检测器是一种对在溶液中以离子形态存在的组分具有较高灵敏度的通用型检测器。溶液中离子的概念包括有机和无机两部分。因此，离子色谱也可用于有机离子的测定。不论待测组分是有机物还是无机物，只要其进入检测池时以离子状态存在，首选的检测器应考虑电导检测器。

2) 安培检测器

安培检测器可以检测到在工作电极表面电活性分子发生氧化还原反应时所产生的电流变化，它的主要构件是三种电极和恒电位器。检测机理是被测电活性物质在外加电压(E_{pa})的作用下，在电极表面发生氧化还原反应产生电流变化，导致检测池内同时产生电解反应。当被测电活性物质发生氧化反应时，电子将向安培池的工作电极方向移动；当被测电活性物质发生还原反应时，相反的电子将会从工作电极方向转移到被测物质方向。

安培检测器的检测池中有参比电极、工作电极和对电极三种电极。电化学反应一般在工作电极上发生，但反应的前提条件是必须在参比电极和工作电极之间提供一个适当的外加电压，也称为施加电压。另外一种电极是 Ag/AgCl 参比电极，是因为 Ag/AgCl 的电极电位在电流中具有良好的恒定性。对电极的作用是防止大电流损坏参比电极并且可以维持电位的稳定性，对电极的材料有钛和不锈钢两种。

安培检测器常用来检测分析电导检测器难以检测甚至根本无法检测的离解度较低且 $pK_a > 7$ 的离子，具有灵敏度高、选择性好、响应范围宽(10^5)等优点。

3) 光学检测器

由于选择性好、应用性广、灵敏度高等优点，紫外-可见光吸收检测器在离子色谱中的应用越来越广泛。该检测方法在离子色谱中最重要的应用是通过柱后衍生技术测量过渡金属和镧系金属。

许多无机阴离子在紫外区域无吸收，即便是个别阴离子有吸收，也多在 220 nm 以下。因此，与 HPLC 法相比，紫外检测在离子色谱的检测方法中并不占据重要的地位，但对电导检测器来说却是一个非常重要的补充。由于 Cl 在紫外区域无吸收，因此紫外检测器能够在高浓度 Cl 存在下更灵敏准确地测定分析出样品中微量的 Br^-、I^-、NO_2^- 和 NO_3^-。类似的样品如体液、海水、肉制品、生活污水等都可以用此法测定。

另外，在离子色谱中，荧光检测器的使用频率与电导检测器、安培检测器以及紫外-可见光吸收检测器相比要少得多。除了双氧铀根阳离子（UO_2^{2+}）外，其他无机阴离子和阳离子均不能发射荧光。荧光检测器在离子色谱中的主要应用是结合柱后衍生技术测定 α-氨基酸。

4）多种检测器联用

通常情况下，可以利用离子色谱灵敏度高、选择性好的优点与元素选择性检测器进行联用，对某些元素进行形态分析。例如，为了检测分析亚硒酸/硒酸、亚砷酸/砷酸等，可与原子吸收法联用；检测分析 Cr^{3+}/Cr^{6+} 和砷/硒等，可与等离子体发射光谱联用。

7. 数据处理系统与自动控制单元

目前一些配置了积分仪或记录仪的老型号离子色谱仪在很多实验室还在使用，但近几年新的离子色谱仪器都带有化学工作站，或者称作数据处理系统。可以通过化学工作站预先设置好分析条件和有关参数，自动采集数据并进行处理和储存，可在线显示分析过程并且最终还能自动给出分析结果。

自动控制单元将各部件与计算机连接起来，在计算机上通过色谱软件将指令传给控制单元，对整个分析实现自动控制，从而使整个分析过程全自动化。也有的色谱仪没有设计专门的控制单元，而是将每个单元分别通过控制部件与计算机相连，通过计算机分别控制仪器的各部分。

8.2.2　工作原理

离子色谱仪的工作过程是：流动相（淋洗液）被输液泵以一定的流速（或压力）输送入分析系统，样品首先经过进样器进样，被流动相带入色谱柱中进行分离，然后已经分离的各组分随流动相依次进入检测器进行检测分析，最后通过工作站进行处理，得到结果。抑制型离子色谱仪则在电导检测器和色谱柱之间增加一个抑制系统，即将再生液用另一个高压输液泵输送至抑制器，再生液在这里降低了流动相的背景电导，然后再进入电导检测器对流出液进行检测，电导检测器再将检测信号送至数据系统进行记录、分析或保存得到结果。非抑制型离子色谱仪的结构相对简单，少了再生液容器及输送再生液的高压泵和抑制器。

在操作过程中，首先使用标准溶液对离子色谱仪进行校正，再与样品的数据进行比较，从而完成对样品离子的定性/定量分析，色谱工作站可以自动计算样品的谱峰浓度并打印报告(图 8-2)。

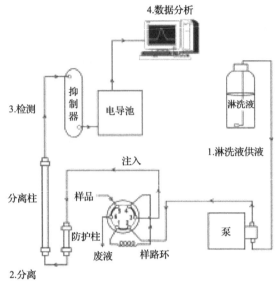

图 8-2　原理示意图

　　离子色谱法基本常用术语的定义与 HPLC 是相同的，仍然用柱色谱理论的形式形象地描述色谱峰的迁移和扩展。离子色谱依据分离方式的不同主要分为高效离子交换色谱(HPIC)、离子排斥色谱(HPIEC)和离子对色谱(MPIC)三种，这三种的分离机理主要都是离子交换。这三种离子色谱分离柱的柱填料的交换树脂骨架都是采用苯乙烯-二乙烯基苯的共聚物，但每种方式中交换树脂的离子交换容量和功能各不相同。HPIC 使用低容量的离子交换树脂，基于离子交换的分离机理；HPIEC 使用高容量的离子交换树脂，基于离子排斥的分离机理；MPIC 使用不含离子交换基团的多孔树脂，其交换机理主要是离子之间的吸附和离子对的形成。

1. 离子交换色谱

1)分离机理

　　HPIC 的分离机理主要是离子交换,是基于离子交树脂上可离解的离子与流动相中具有相同电荷的溶质离子之间进行的可逆交换，依据这些离子对交换剂有不同的亲和力而被分离。它是离子色谱的主要分离方式，用于亲水性阴、阳离子的分离。

　　典型的离子交换模式是样品溶液中的离子与分析柱的离子交换位置之间直接的离子交换。例如用 NaOH 作淋洗液分析水中的 F^-、Cl^- 和 SO_4^{2-}，首先用淋洗液平衡阴离子交换分离柱，再将进样阀切换到进样位置，高压泵输送淋洗液，将样品带入分离柱，待测离子从阴离子交换树脂上置换 OH⁻，并暂时而选择地保留在固定相上。同时，保留的阴离子又被淋洗液中的 OH⁻ 置换并从柱上被洗脱。对树脂亲和力较 OH⁻ 弱的阴离子较对阴离子交换位置亲和力强的阴离子(SO_4^{2-})通过柱子快，这个过程决定了样品中阴离子之间的分离。经过分离柱之后，洗脱液先后通过抑制器和电导池，电导检测。非抑制型离子色谱中，淋洗液直接进入电导池。

离子交换色谱的固定相具有固定电荷的功能基。阴离子交换色谱中，其固定相的功能基一般是季氨基；阳离子交换色谱的固定相一般为磺酸基。在离子交换进行的过程中，流动相连续提供与固定相离子交换位置的平衡离子相同电荷的离子，这种平衡离子(淋洗液淋洗离子)与固定相离子交换位置的相反电荷以库仑力结合，并保持电荷平衡。进样之后，样品离子与淋洗离子竞争固定相上的电荷位置。当固定相上的离子交换位置被样品离子置换时，由于样品离子与固定相电荷之间的库仑力，样品离子将暂时被固定相保留。样品中不同离子与固定相电荷之间的库仑力不同，即亲和力不同，因此被固定相保留的程度不同。

分配系数 K_D 表示溶质在固定相和流动相中的浓度比，即 $K_D = C_s/C_m$，C_s 和 C_m 分别表示溶质在固定相和流动相中的浓度。IC 中用分配系数 K_D 来描述离子色谱的保留行为。不同离子分配系数的差异是色谱分离的基础。影响溶质在两相间分配的主要因素包活：离子交换反应的选择性系数，离子交换剂的容量，流动相中电解质的浓度，淋洗离子和溶质离子的电荷，流动相的 pH，流动相中的络合反应。

2)影响保留的因素

A. 淋洗液流速和分离柱长度

与 HPLC 相似，van Deemter 曲线表明，理论塔板高度仅在非常低的流速时才会有影响。因此，可由增加流速来改变保留时间而并不明显地降低分离效率，流速和保留时间之间存在一种反比的关系，但是流速的增加受分离柱最大操作压力的限制。另外，用降低流速来改善分离效率的办法在有限范围内是可能的，因为淋洗液的 pH、离子强度不受流速改变的影响，待测离子的洗脱顺序也不受流速的影响。

分离柱的长度影响理论塔板数(即柱效)。若两只分离柱串联，分离效率将会增加，这样可以使具有相似保留特性的离子之间得到较好的分离，同时保留时间也增加。分离柱的长度也影响柱子的交换容量，当样品中被测离子的浓度远小于其他离子的浓度时，可用长分离柱来增加柱容量。

B. 与固定相有关的因素

抑制型离子色谱中，固定相的改变决定着离子的选择性。主要包含两个方面的原因：第一，在离子色谱中主要是由离子交换树脂与带电荷的溶质离子之间的相互作用来决定待测离子的洗脱顺序；第二，必须选择适当的抑制型电导检测器与洗脱液相匹配。抑制型离子色谱中固定相的选择性主要由三个因素决定：树脂的组成、离子交换位置的类型和离子交换位置的结构。

C. 与流动相有关的因素

抑制型离子色谱在固定相确定之后，为了更好地控制和提高离子交换的选择性，流动相的选择也是非常重要的。淋洗液的选择与所用的检测器有关，直接电导检测和抑制型电导检测所用的淋洗液不仅在浓度和 pH 上不同，而且在类型上也存在着很大的差异。选择流动相主要考虑的因素有淋洗液的离子组成、离子浓度和pH、非离子型淋洗液温度及其改进剂。

D. 温度

HPLC 中，保留时间是随温度的增加而减小，保留时间改变的范围仅为 10%～15%。离子色谱中，温度对保留时间的影响较 HPLC 中明显，因为温度对电解质的影响大于对非电解质的影响。离子色谱中离子的保留分为吸热和放热两种过程。离子交换过程为放热时，保留时间随温度的增加而减小；离子交换过程为吸热时，保留时间随温度的增加而增加。即随温度的增加，某些离子的保留时间可能增加，而另一些离子的保留时间可能会减小。因此，可由改变柱温来改变选择性。

2. 离子排斥色谱

离子排斥色谱(HPIEC)主要用于无机弱酸和有机酸的分离，也可用于醇类、醛类、氨基酸和糖类的分离。由于 Donnan 排斥，完全离解的酸不被固定相保留，在死体积处被洗脱。而未离解的化合物不受 Donnan 排斥，能进入树脂的内微孔，分离是基于溶质和固定相之间的非离子性相互作用。离子排斥与离子交换色谱结合(HPIEC-HPIC)，一次进样可将大量的无机阴离子和有机阴离子分开。主要的检测方式是电导。对短碳链有机酸的分析，电导与抑制器结合，在选择性和灵敏度等方面明显优于其他的检测方法，如紫外和折光指数等。

HPIEC 分离柱较大(9 mm×250 mm)，柱中填充粒度均匀的总体磺化的高容量阳离子交换树脂，分离机理基于 Donnan 排斥、空间排阻和吸附三种。图 8-3 表示在 HPIEC 柱上发生的分离过程简图，表明了树脂表面以及键合在上面的磺酸基。若纯水通过分离柱，会围绕磺酸基形成一水合壳层。与流动相中的水分子相比，水合壳层的水分子排列在较好的有序状态。在这种保留方式中，类似 Donnan 膜的负电荷层表征了水合壳和流动相之间界面的特性，这个壳层只允许未解离的化合物通过；完全离解的盐酸淋洗液不能透过这个壳层，因为 Cl^- 的负电荷而被排斥，不能接近或进入固定相。它们的保留体积叫做排斥体积 V_e。另一方面，中性的水分子可进入树脂的孔穴并回到流动相，相应于水分子保留时间的体积叫做总的渗透体积 V_p。有机弱酸(如乙酸)被注入柱子之后，根据淋洗液的 pH，它可处于部分未离解的形式，因而不受 Donnan 排斥。虽然乙酸和水可与固定相作用，但乙酸的保留体积大于 V_p。这种现象只能解释为乙酸在固定相表面发生了吸附。因此这种一元脂族羧酸的分离机理包括 Donnan 排斥和吸附两种。保留时间随酸的烷基键长的增加而增加。加入有机溶剂乙腈或丙醇到淋洗液中，脂族一元羧酸的保留时间缩短，这说明有机溶剂分子阻塞了固定相的吸附位置，同时增加了有机酸在流动相中的溶解度。二元或三元酸，如草酸和柠檬酸，在排斥和总的渗透体积之间洗脱。除 Donnan 排斥之外，起主要作用的分离机理还包括空间排阻，保留与样品分子的大小有关。因为树脂的微孔体积是由树脂的交联度决定的，所以改分离度的一种方法是改变固定相的交联度。

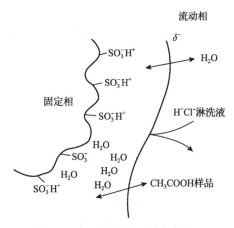

图 8-3 离子排斥柱上的分离过程

3. 离子对色谱

离于对色谱(也称流动相离子色谱，MPIC)将反相离子对色谱(RPIPC)的基本原理和抑制型电导检测结合起来，用高交联度、高比表面积的中性无离子交换功能基的聚苯乙烯大孔树脂为柱填料，可用于分离多种分子量大的阴阳离子，特别是带局部电荷的大分子(如表面活性剂)以及疏水性的阴阳离子，主要包括大分子量的脂肪羧酸、阴离子和阳离子表面活性剂、烷基磺酸盐、芳香磺酸盐和芳香硫酸盐、季铵化合物、水可溶性的维生素、硫的各种含氧化合物、金属氧化物络合物、酚类和烷醇胺等。用于离子对色谱的检测器包括电导和紫外分光。化学抑制型电导检测主要用于脂肪羧酸、磺酸盐和季铵离子的检测。

典型分离柱的填料是交联度为 55%二乙烯基苯的乙基乙烯基苯(DVB-EVB)聚合物，无离子交换功能基，在 pH 0~14 稳定，允许流动相中含有酸碱和有机溶剂。选择适当的离子对试剂，中性的 DVB-EVB 固定相可用于阴离子和阳离子的分离。

离子交换的选择性受流动相和固定相两种因素的影响，主要的影响因素是固定相，而离子对分离的选择性主要由流动相决定。流动相水溶液包含两个主要成分，离子对试剂和有机溶剂。改变离子对试剂离子交换的选择性受流动相和固定相两种因素的影响，主要的影响因素是固定相，而离子对分离的选择性主要由流动相决定。流动相水溶液包含两个主要成分，离子对试剂和有机溶剂。改变离子对试剂和有机溶剂的类型及浓度可达到不同的分离要求。

离子对试剂是一种较大的离子型分子，所带的电荷与被测离子相反。它通常有两个区，一个是与固定相作用的疏水区，另一个是与被分析离子作用的亲水性电荷区。固定相是中性疏水的苯乙烯/二乙烯基苯树脂或键合的硅胶。这种固定相既可用于阴离子，也可用于阳离子的分析。

虽然离子对色谱的保留机理还未完全弄清楚,目前提出的三种主要的理论是：离子对形成；动态离子交换；离子相互作用。在第一种模式中，被分析离子与离子对试剂形成中性"离子对"分布在流动相和固定相之间，与经典反相色谱相似，可由改变流动相中有机溶剂的浓度来控制保留。动态离子交换模式认为离子对试剂的疏水性部分吸附到固定相并形成动态的离子交换表面，被分离的离子像经典的离子交换那样被保留在这个动态的离子交换表面上。用这种模式，流动相的有机试剂被用于阻止离子对试剂与固定相的相互作用，因而改变了柱子的"容量"。第三种模式中，被分离离子的保留取决于几种因素，其中包括前两种模式。这种模式认为，非极性固定相与极性流动相之间的表面张力很高，因此固定相对流动相中能减少这种表面张力的分子如极性有机溶剂，表面活性剂和季铵碱等有较高的亲和力。

4. 其他分离方式的离子色谱

离子色谱除以上三种主要类型外，还有其他不同分离方式的离子色谱。近几年来普遍采用反相液相色谱(RPLC)来分离极性和离子型化合物，还采用在化学键合的十八烷基固定相上用离子抑制方式对长链脂肪酸进行分离；以化学键合的氨丙基作为固定相，用磷酸缓冲溶液作为洗脱液对食品样品中的 NO_3^- 和 Br^- 进行分离。

8.2.3　离子色谱的特点

1. 方便快捷

使用离子色谱对 6 种常见阳离子(Li^+、Na^+、K^+、Mg^{2+}、Ca^{2+}、NH_4^+)和 7 种常见阴离子(F^-、Cl^-、Br^-、NO_2^-、NO_3^-、PO_4^{3-}、SO_4^{2-})的平均分析时间已经可以短至 8 min 以内。而且采用高效快速分离柱只需要 3 min 就可以使上述 7 种最常见阴离子达到基线分离的要求。

快速便捷的分析方法是完成现代分析任务的必要前提，也是当代离子色谱发展的重要标志。

2. 灵敏度高

离子色谱分析的浓度范围从每升数微克到每升数百毫克。对于常见的阴离子直接进样（25 μL），使用电导检测器可以达到低于 10 μg/L 的检出限。通过采用微孔柱（2 mm 直径）、增加进样量或在线浓缩等方法，可以使电厂、核电厂以及半导体工业所使用的高纯水的检出限达到 pg/L 级甚至更低。使用脉冲安培检测器检测电化学中活泼性金属化合物的检出限甚至可以达到 fmol/L 的级别。

3. 高选择性

离子色谱分析中可以通过选择不同的分离方式、离子交换树脂分离柱和检测方法等来分析不同的无机和有机阴、阳离子。

4. 可同时分析多种离子型化合物

离子色谱与光度法和原子吸收法相比，只需很短的时间就可以检测出样品中的多种阴、阳离子及样品成分的全部信息。例如用 KOH 作为淋洗液进行梯度淋洗，15 min 内就可以快速检测到包括无机常见阴离子、有机酸和卤氧化物等在内的 30 多种阴离子。

5. 离子色谱分离柱的容量高且稳定性好

与 HPLC 中色谱分离柱所用的硅胶填料不同，离子色谱分离柱所用的高交联度树脂填料在高 pH 下相当稳定，允许使用强酸或强碱作为淋洗液，有利于离子色谱应用范围的扩大。由于有机溶剂的加入对高交联度树脂没有任何影响，因此可以通过将有机溶剂加入到淋洗液中来缩短分析时间、改善谱图的峰形以及提高分离的选择性。柱容量的提高以及有机溶剂在高 pH 下的稳定性匹配，使样品的前处理手续得到大大地简化。

目前离子色谱作为一种分析工具，在环境领域的应用越来越广泛，已经成为环境分析中必不可少的标准分析技术之一。离子色谱法目前不仅可以进行样品常量分析和微量分析，甚至还可以与富集技术相结合进行痕量分析和超痕量分析。可以分析的环境样品包括水、土壤、植物等；在农业领域常常使用离子色谱法测定植物和土壤萃取物中的重金属、常见无机阴离子和有机化合物等；在生物领域方面，离子色谱在有机酸分析、药物成分分析、糖的分析、形态分析、无机阳离子分析、无机阴离子分析等方面都有所应用；在食品工业领域，由于以前研究食品样品的预处理方法较少，再加上不太了解营养学和卫生学中的氨基酸、有机酸和无机阴阳离子等各种离子型化合物在食物中存在的重要性，以致在环境、农药和生物医药等领域的广泛应用相比，离子色谱在食品分析中的应用较少。但随着近几年国家对食品行业的不断重视，这种状况正在快速改变。离子色谱已被应用于核工业、冶金工业、电解工业、半导体工业和石油化工领域等。

8.3　实　验　步　骤

8.3.1　样品制备

随着离子色谱应用日益广泛，许多样品已经无法用传统的方法进行分析，无法直接采用采样、稀释、过滤后直接进样的模式进行离子色谱的分析。而对于大量复杂基体的样品，需要采用合适的方法，先预处理后再用离子色法进行分析。预处理一方面可以解决样品复杂基体对离子色谱柱的玷污，另一方面也可以去掉复杂基体样品中的杂质对测定结果的干扰，大大提高分析方法的灵敏度、准确性和选择性。

1. 样品的收集和保存

样品收集在用去离子水清洗的高密度聚乙烯瓶中。不要用强酸或洗涤剂清洗该容器，这样做会使许多离子遗留在瓶壁上，对分析带来干扰。如果样品不能在采集当天分析，应立即用 0.45 μm 的过滤膜过滤，否则其中的细菌可能使样品浓度随时间而改变。即使将样品储存在 4℃的环境中，也只能抑制而不能消除细菌的生长。

尽快分析 NO_2^- 和 SO_3^{2-}，它们会分别氧化成 NO_3^- 和 SO_4^{2-}。不含有 NO_2^- 和 SO_3^{2-} 的样品可以储存在冰箱中，一星期内阴离子的浓度不会有明显的变化。

2. 样品预处理

1) 膜处理法

A. 滤膜或砂芯处理法

滤膜过滤样品是离子色谱分析最通用的水溶液样品前处理方法。一般情况下，如果样品中含有颗粒态的物质时，可以通过 0.45 μm 或 0.22 μm 微孔滤膜过滤后直接进样。由于普通的滤膜一般不耐高压，因此使用滤膜对样品进行过滤只能离线进行处理。在线过滤处理样品必须采用砂芯滤片并放置于仪器管路中才能进行。使用滤膜过滤样品的方法只能去除不溶性的大颗粒状物质，却不能去除极小颗粒物、金属水溶性离子和一些可溶性的有机大分子化合物，这些物质一旦进入离子色谱仪的分离检测系统就会对色谱柱造成污染，进而干扰样品的测定。

B. 电渗析处理法

电渗析处理法与滤膜处理法相比，不仅可以有效去除颗粒物杂质，并且还会对有机污染物和重金属离子型污染物具有一定的选择性。因此电渗析处理法是有效处理复杂基体样品的方法之一。

C. 电解中和法

电解中和法采用外加水电解产生的氢离子和氢氧根离子在电化学电解中和器中能够与高浓度的碱和酸发生中和的原理对样品进行预处理。使用电化学再生制器装置，通过电解抑制外加水的离子色谱电导池的馏分作为外加水电解的再生液，就可以对高浓度碱样品中的痕量阴离子进行分析，同样的方法也可以实现对高浓度酸样品中的痕量阳离子的分析。

D. 超滤膜与纳滤膜

超滤膜是我国应用最为广泛和使用频率最高的膜品种和膜技术之一。为了防止样品之间的交叉污染，通常会对含有大分子的生化样品进行一次性滤过处理。纳滤膜具有纳米级微孔结构的分离层表面，滤过作用介于反渗透膜和超滤膜之间，一般可以截留住分子量在 $10^2\sim2\times10^3$ 之间，直径在 1 nm 左右的杂质粒子。

2) 化学反应基体消除法

化学反应基体消除法是利用样品中待测组分和干扰基体之间化学性质的不同，当它们与相同的化学试剂进行反应时具有不同的化学计量关系和化学反应性能，由此可以将它们分离开。主要用到的化学反应类型包括氧化还原反应、离子交换反应、沉淀反应和配合反应等。采用这种方法注意必须事先弄清楚待测组分和干扰基体的基本化学状态及其存在形式，才能选用适当的化学反应进行分离，并且尽量避免在反应过程中产生新的干扰组分。

化学反应基体消除法具有仪器设备简便易得和操作简单灵活的优点，适用于分离待测组分和干扰基体化学组成较明确、具有相对固定的化学计量关系的样品。缺点是在反应过程中容易引入其他干扰杂质，有时操作起来耗时较长，可以解决的问题具有一定局限性。

3) 固相萃取法

固相萃取法是针对溶液中不同的污染物采用反相萃取、离子交换萃取和螯合树脂萃取等多种方式进行分离提纯的方法，也是目前国内应用最广泛的一种离子色谱样品前处理的方法。固相萃取法根据萃取手段不同分为常规的固相萃取法和固相微萃取法两种，其中固相微萃取法是先将样品在液相色谱上进行浓缩，然后再去除干扰基体的方法。由于固相微萃取法中的固相微萃取柱可以多次重复使用，因此这种分离方法在离子色谱中使用更加便捷。

4) 分解处理法

膜处理法和固相萃取法只能处理样品溶液，对于固体样品也必须先将其转化为溶液才能进行分析处理，因此具有局限性。分解处理法一般情况下是用来测定固体样品中的非金属元素的方法，具体做法是首先将固体样品进行分解(还有极个别的样品必须先进行浸出处理后才能使用这种方法)，然后将样品中的非金属元素转化为相应的酸，最后用离子色谱的方法测定相应的酸根的含量。这时测定得到的酸根的含量，实际上对应着该固体化合物所对应的元素中所有形态的含量总和。因此如何将样品分解，对应元素的酸如何吸收，是离子色谱处理固体样品的关键。

3. 样品稀释

不同样品中离子浓度的变化会很大，因此无法确定一个稀释系数。很多情况下，低浓度的样品不需要进行稀释。$NaHCO_3/Na_2CO_3$ 作为淋洗液时，用其稀释样品，可以有效地减小水负峰对 F^- 和 Cl^- 的影响(当 F^- 的浓度小于 50 ppb 时尤为有效)，但同时要用淋洗液配制空白和标准溶液。稀释方法通常是在 100 mL 样品中加入 1 mL 浓 100 倍的淋洗液。

8.3.2　测试操作

1. 开机

(1) 打开氮气总阀，将分压调至 0.2 MPa，再调节离子色谱仪上的减压表指针为 5 psi 左右(如未配置氮气分压装置，请忽略此步骤)。

(2) 如采用外加水模式，ERS 抑制器调至 12~20 psi；SRS 抑制器调至 5~10 psi。

(3) 打开 ICS6000 电源。

(4) 打开 AS-AP 电源(如未配置 AS-AP，请忽略此步骤)。

(5) 开启计算机，启动仪器控制器。

(6) 点击桌面上的 Chromeleon 7 图标进入软件。

(7) 确认仪器联机状态是否正常。

(8) 排除泵内气泡。

(9) 开泵，设置流速。

(10) 开启 EGC 浓度。

(11) 开启 CR-TC。

(12) 开启抑制器电流。

(13) 设置柱温箱温度，打开柱温加热模式。

(14) 如使用 CD 检测器，设置电导检测池温度，打开加热模式。

（15）如使用 ED 检测器，设置检测模式，选择参比电极，打开电化学电压，选择波形。

2. DP/SP 的启动

在淋洗液管路的顶端安装过滤头（P/N 045987），注意不能暴露在液位之上。DIONEX 公司出厂时将密封清洗系统安装在 DP 的"pump 1"上，如果需要同时清洗"pump 2"，可以使用 External Seal Wash Kit（P/N 065318）。

清洗瓶中装入去离子水（注意液位，不要太满！），拧紧瓶盖，放在支架上，检查输液软管是否夹在转子和压杆之间。在 Chromeleon 中依次点击 Command，Control，选择泵的名称，寻找 RearSealWashSystem 中 Interval 的命令，按 Execute 键执行。

打开 DP/SP 的电源开关，进入 ICS6000 的控制面板，再点击 pump 的命令条，进入泵的控制面板，输入流速，选择淋洗液通道，设置高低压界限（使用 EG 时，自动设为 200～3000 psi）。

3. 淋洗液的浓度

淋洗液的浓度与流速、抑制器类型、淋洗液储罐的种类有关，设置时请参考表 8-2。

表 8-2　淋洗液浓度影响因素

淋洗液储罐	流速范围/(mL/min)	浓度范围/(mmol/L)
Na_2CO_3	0.1～1.0 1.0～2.0	0.1～15 0.1～15/流速
KOH	0.1～1.0 1.0～3.0	0.1～100 0.1～100/流速
MSA	0.1～1.0 1.0～3.0	0.1～100 0.1～100/流速

4. 进样

选择手动进样或者自动进样。

样品可以由注射器或自动进样器注入进样阀的定量环。手动进样时既可以用注射器吸取样品后注入进样阀；也可以截短进样阀特定孔的管线后插入样品瓶中，从进样口用空注射器将样品抽入定量环。

5. 关机

（1）关闭池温、电化学检测器的电压。

(2)关闭温控箱温度。

(3)关闭抑制器电流。

(4)关闭 CR-TC。

(5)关闭 EGC。

(6)关闭泵。

(7)退出 Chromeleon 7。

(8)关闭仪器电源。

(9)关闭计算机电源。

(10)关闭氮气总阀。

8.3.3 数据处理

建立标准曲线；

打印标准曲线；

打印待测样品报告。

8.3.4 仪器操作注意事项及维护

1. 操作注意事项

1)开机注意事项

确认淋洗液储量是否满足需要，即测完样后剩余量≥200 mL。如果淋洗液为超纯水，建议每天新制，以防止长菌。如果淋洗液是碳酸盐、KOH、MSA 等酸碱类，惰性气体保护下，可以放置 1 个月时间。超纯水必须经过 0.45 μm 以下的水系滤膜过滤(购买进口纯水机的，出口有装 0.22 μm 在线过滤膜，不需要另行过滤)。如果没有使用惰性保护气(氮气、氩气等)，新制淋洗液使用之前需要抽真空脱气 2 分钟以上。每种色谱柱的淋洗液的浓度各不相同，请参考所使用色谱柱的说明书，另外，淋洗液建议先配高浓度的储备液，然后用储备液稀释。拉开 SP 泵或 DP 泵的前门，更换蠕动泵清洗瓶中的超纯水，每次使用前更换。

若仪器有超过一周以上未用，需要拆下抑制器进行活化，并将抑制器上的四接口短接，即将淋洗液入口(ELUENT IN)与淋洗液出口(ELUENT OUT)用黑色直通接头短接，再生液入口(REGEN IN)与再生液出口(REGEN OUT)用灰色直通接头短接。然后活化抑制器，即从抑制器的淋洗液出口(ELUENT OUT)和再生液入口(REGEN IN)分别接上专用的活化接头，用注射器分别注入 5 mL 以上的超纯水。注意，大孔(REGEN IN)使用 10 mL 的注射器，小孔(ELUENT OUT)使用 1 mL 的注射器。

开机前请先开惰性保护气，钢瓶分压表不要调得过高，以防损坏淋洗液分压表，建议调至 0.2～0.25 MPa，淋洗液压力表的压力建议调至 5～10 psi，AS-AP 洗针瓶的压力调至 5～10 psi(建议和淋洗液共用压力表)，再生液外加水压力表：ERS 抑制器调至 12～20 psi；SRS 抑制器调至 5～10 psi。

开机后或者更换淋洗液后泵需要彻底排气泡，每个需要使用的通道建议以 3 mL/min 的速度排 4 分钟以上，排气泡时请不要使用比例多通道同时排气泡，避免损坏比例阀。

切忌长时间用纯水冲色谱柱或者用纯水保存色谱柱(淋洗液发生器忘开浓度了相当于用纯水在冲柱子)。

开泵后等待压力升至 800 psi 以上，方可打开淋洗液发生器 EGC 的浓度；开泵后等待压力升至 800 psi 以上且再生液已经有液体流动(外加水模式需开再生液压力表)后，方可开抑制器 ERS 或 SRS 电流或捕获柱 CR-TC 电流。开泵后等待压力升至 800 psi 以上方可打开紫外检测器或 DAD 检测器的氙灯或钨灯。开泵后等待压力升至 800 psi 以上方可打开电化学检测器的电压和波形。

AS-AP 进样器开机后需要排注射器气泡和缓冲环气泡，并观察注射器是否进气泡，如果有气泡，则会影响进样的重复性。AS-AP 进样器，请使用较薄的样品瓶垫，其他非 DIONEX 公司的较厚的液相样品瓶垫可能影响 PEEK 进样针的扎入。AS-AP 进样器放置样品瓶时，请勿用手快速转动转盘，以防止皮带与齿轮错位，建议使用软件中进样器控制界面的按键转动转盘。AS-AP 进样器放置样品盘时，请确认样品盘是否放到位，以防止损坏进样针。AS-AP 进样器当进样器在进行洗针、进样等动作时，切勿转动转盘。

未开泵的情况下，请勿长时间开柱温、上温控箱温度、电导池温度。

倒空废液桶中废液，防止其溢出，尽量不要将废液管伸入液相的下方。

2) 关机注意事项

请使用和开机相反的顺序关机：关泵之前请按顺序先关闭紫外检测器或 DAD 检测器的氙灯或钨灯、池温、电化学检测器的电压、上温控箱温度，下温控箱温度、抑制器电流、发生器浓度、捕获柱 CR-TC 的开关，然后才关泵，最后关气。请勿先关泵而其他各参数不关闭。

关闭抑制器电流后，请勿长时间继续开泵，以免引起抑制器半透膜的钝化或堵塞。

关闭淋洗液发生器浓度后，请勿长时间继续开泵，以免降低色谱柱的活性。

如果紫外检测器或 DAD 检测器使用的是不锈钢流通池，关机后用注射器往流通池注入 5 mL 以上的超纯水将流通池中冲干净以避免腐蚀或结晶。

如果电化学检测器长时间不用(一周以上)，建议关机后将参比电极取出并将电极浸泡在饱和的 KCl 溶液中(瓶底建议放一小块海绵以保护电极)。

关泵后请勿再开上温控箱、下温控箱或池温等几个温度控制单元。

关机后，建议将保护柱和分析柱从仪器拆下来，将两端用死堵头密封保存。

关机后，请从抑制器的淋洗液入口(ELUENT IN)接上专用的活化接头，用 1 mL 注射器注入 5 mL 以上的超纯水，清洗抑制器和电导池。

倒空废液桶中废液，防止其溢出，尽量不要将废液管伸入液相的下方。

仪器停机后，做好相关的实验使用记录(如压力、总电导率、噪声等)并备份和打印重要数据。

如果长时间不再使用仪器，建议将保护柱和分析柱从仪器拆下来，将两端用死堵头密封保存。如果长时间不再使用仪器，建议泵头后密封圈清洗系统的黄色橡胶管从蠕动泵上拆下来，防止老化。如果长时间不再使用仪器，建议将淋洗液、再生液瓶中的液体倒空，以防止其长菌。

如果使用高浓度盐溶液作为淋洗液(如 100 mmol/L 以上氢氧化钠溶液、醋酸钠溶液等)，且一周内不再使用，建议关机前将淋洗液倒空，并用水冲洗各个管路，防止停机后盐的析出。

3) 安培池使用的注意事项

样品必须过滤；使用高纯去离子水；没有溶液流经安培池时不要施加电位；避免使用错误的淋洗液造成安培池污染；短时间停用安培池时应密封进出口；保持池体表面的清洁和干燥；非抛弃型电极长时间使用后会出现凹陷，应使用抛光粉抛光。经常查看 pH 读数以便监控参比电极的状态。

4) 安全操作注意事项

该仪器必须有专人保管、专人使用，应有使用记录(包括样品类型、总电导率、系统压力、抑制器的反压、有无漏液等异常现象等的记录)。

注意仪器间的洁净，保持无尘，不能和其他发热和产生气体的仪器同放一实验室。

使用环境：室温需控制在 10~25℃之间，仪器不能直对着空调，实验应无腐蚀性气体；使用试剂：使用的化学试剂必须为优级纯，建议购买品牌产品(如 Fisher 等)，配好的淋洗液最好用带 0.45 μm 水系滤膜抽滤装置过滤后，再抽真空脱气 2 分钟；实验用水：超纯水，电导率必须<1.0 μS，建议购买超纯水机(出口有 0.22 μm 过滤装置)，并按要求定期更换交换树脂。

严格遵守操作规程，出现故障时应做好记录，同时立即向保管人员及科室主任报告。

普通的样品，如饮用水、地表水、降水等，进样前需用 0.45 μm 以下孔径的微孔水系滤膜过滤(一次性，不可重复使用)，而离子浓度过高或含有机物、过渡金属或重金属浓度较高的样品，如江水、海水、污水或电子五金行业的样品等，进样前需经过其他特殊的前处理(离心、超滤、RP 预处理柱、Na 预处理柱、Ag 预处理柱等)后方可进样,具体情况可咨询赛默飞世尔科技的应用工程师。

离子色谱所有管路和接头均为耐酸碱的 PEEK 材料,安装或更换时仅需用手拧紧即可,切忌用扳手拧得过紧,导致管路变形或堵塞。

离子色谱所用的样品瓶、容量瓶等容器的清洗,切勿使用自来水、强酸、洗涤剂或高锰酸钾等清洗,只需灌满超纯水超声 20 分钟并浸泡 24 h 以上再洗净晾干即可。

为尽量减少污染,建议使用 PP 材料的容量瓶和量具,实验过程中使用一次性无尘尼龙手套。

样品瓶上样品垫安装时有硅胶的一面朝下,以避免重复使用时粉末堵塞针头。

如果紫外检测器或 DAD 检测器与电导检测器或电化学检测器联用的话,需要将紫外检测器装在前面,电导或电化学检测器装在后面。

2. 仪器日常维护

1)每日维护

检查以下部件有无泄漏:比例阀、真空腔、淋洗液瓶,发现泄漏应及时排除并擦干,特别是泄漏传感器;补充淋洗液;倒空废液;检查清洗液瓶的液位是否符合要求;用去离子水冲洗淋洗液瓶。每周维护:更换或清洗淋洗液过滤头;检查管路有无堵塞;更换清洗液。定期维护:更换柱塞密封圈(6~12 个月);更换定量环(6 个月)。

2)日常维护

仪器平时必须保证电源的良好接地。

色谱柱长时间不用,应用淋洗液冲洗约 20 分钟后,从仪器上拆开来并用堵头堵死密封保存,以免其中的液体挥发导致损坏,切忌用超纯水长时间冲洗色谱柱或保存。

抑制器短期不用(一周以上),应定期用注射器分别从淋洗液出口和再生液入口注入 5 mL 以上的去离子水,然后用堵头堵死密封存放。抑制器再次使用前也应按此方法活化。

定期分别从抑制器的 Eluent out 和 Regen in 接口处注入 5 mL 以上超纯水,以防止抑制器干裂或有沉淀析出。

仪器建议定期使用,若不分析样品,可定期(每周)开机运行 20 分钟后再关机,然后清洗抑制器。

当仪器出现异常(漏液、基线噪声大、系统压力高等),应立即咨询厂家的工程师。

定期(每月或每季度)备份软件中的数据,并拷贝到其他计算机或光盘中保存,防止计算机故障导致数据丢失。

8.4 应 用

8.4.1 结果分析理论基础

离子色谱分离法是在离子交换树脂柱中利用固定相(填料树脂)对样品中的不同离子具有不同的吸附选择性而逐渐被分离的方法。离子色谱仪的工作过程是淋洗液被高压输液泵输入分析系统中,携载着样品溶液进入色谱柱中进行样品离子分离,然后进入检测器进行检测,接着检测器将检测信号输送至数据处理系统进行记录、分析或保存,最终得到分析结果。在操作时首先使用标准溶液校正离子色谱仪,然后才能与样品的数据进行比较得出定性和定量的准确结果。

设备将电导池的测量信号输送到运行色谱软件的计算机中,进行样品和标准的谱图对照比较。根据保留时间定性;峰高/峰面积定量,自动计算分析结果。

同其他 HPLC 方法一样,在离子色谱中可以利用保留时间、紫外和可见光谱图或与其他分析方法(如质谱法、红外光谱法、核磁共振法等)串联定性,也可以将分离的、没有被离子色谱检测器破坏的各个组分收集起来,再用其他方法定性。现代化的电子积分仪或计算机,通过归一化法、内标法、外标法以及标准加入法等都可以对待测组分进行定量分析。具体定性、定量分析参照高效液相色谱的定性,定量分析。

8.4.2 分析实例

(1) IonPac CS15 柱的功能基包括羧基、膦酸基和冠醚(图 8-4)。这些大环配合基具有亲水的内孔穴和疏水的外表面。金属离子在内孔与其配位键合形成稳定络合物,这种环形聚醚对阳离子的选择性取决于冠醚与被测离子半径之间的关系,K^+ 的离子半径与 18-冠-6 相同,因而在具有 18-冠-6 功能基的 CS15 柱上保留很强,在 Mg^{2+} 和 Ca^{2+} 之后洗脱。

流速:1.2 mL/min;淋洗液:5 mmol/L H_2SO_4+9%乙腈;进样体积:25 μL;检测器:抑制型电导;溶质浓度(mg/L):1-Li^+(1.0);2-Na^+(4.0);3-NH_4^+(10.0);4-Mg^{2+}(5.0);5-Ca^{2+}(10.0);6-K^+(10.0)。

(2) 钠和铵之间的分离度在 IonPac CS15 柱上增大,该柱的主要优点是对高钠低铵(Na^+ 与 NH_4^+ 浓度之比=4000∶1)样品,用硫酸作等浓度淋洗,可直接进样分析(图 8-5)。

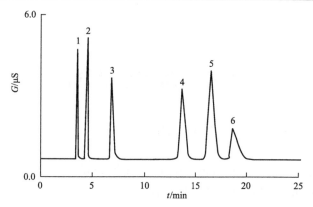

图 8-4 IonPac CS15 柱上碱金属与碱土金属的分离

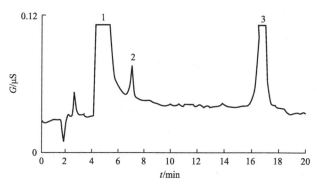

图 8-5 高钠低铵样品的分析

分离柱：IonPac CS15；

温度：40℃；

流速：1.2 mL/min；

淋洗液：5 mmoL/L H_2SO_4+9%乙腈；

进样体积：25 μL；

检测器：抑制型电导；

溶质浓度(mg/L)：1-Na^+(100)；2-NH_4^+(0.025)；3-Ca^{2+}。

8.5 思 考 题

(1)简述 IC 法的分析原理。

(2)说出 IC 仪由哪几部分组成以及各部分功能。

(3)简述 IC 法和 HPLC 的异同点。

(4)测定阴离子的方法有哪些？试比较它们各自的特点。

(5)简述抑制器的作用。

第9章 凝胶色谱分析

9.1 概　述

凝胶渗透色谱(gel permeation chromatography，GPC)，又称尺寸排阻色谱(size exclusion chromatography，SEC)，其以有机溶剂为流动相，流经分离介质多孔填料(如多孔硅胶或多孔树脂)而实现物质的分离。GPC可用于小分子物质和化学性质相同而分子体积不同的高分子同系物等的分离和鉴定。凝胶渗透色谱是测定高分子材料分子量及其分布的最常用、快速和有效的方法。

1953年Wheaton和Bauman用多孔离子交换树脂按分子量大小分离了苷、多元醇和其他非离子物质，观察到分子尺寸排除现象；1959年Porath和Flodin用葡聚糖交联制成凝胶来分离水溶液中不同分子量的样品；1964年J. C. Moore将高交联度聚苯乙烯-二乙烯基苯树脂用作柱填料，以连续式高灵敏度的示差折光仪，并以体积计量方式作图，制成了快速且自动化的高聚物分子量及分子量分布的测定仪，从而创立了液相色谱中的凝胶渗透色谱。

近年来，光散射(light scattering)技术广泛应用于高分子特征分析领域。将光散射技术和凝胶渗透色谱(GPC)分离技术相结合，可以测定大分子分子量、分子旋转半径、第二位力系数，也可测定分子量分布、分子形状、分枝率和聚集态等。目前，该技术已成为一种非常有效的工具，在美国、日本及欧洲广为使用，国内近年来亦引进了此项技术。

从19世纪初开始，人们就着手对光散射原理进行研究。20世纪60年代激光被发明后，光散射的原理与技术得以迅速发展，至今已成为检测微小粒子形状、粒径大小、分子量、界面电位及粒子间效应的重要工具。随着计算机技术的日新月异，许多过去需花费数小时甚至数日才能完成的实验，如今只需数分钟即可完成，而其准确性及重现性也大幅度提高了。

光散射现象如图9-1所示，当一束光通过一间充满烟雾的房间就会产生散射。利用在不同角度、不同时间所测得的光散射强度，再借助各种光学理论及软件、硬件设备，就可以测得微粒的许多特性。

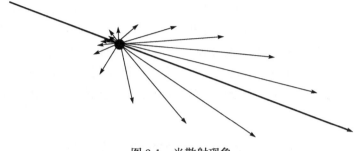

图 9-1　光散射现象

在光散射发展的历程中，出现了一批具有代表性的人物：James Clerk Maxwell 解释了光是一种电磁波，正确地计算出光的速度；Lord Rayleigh 对远小于波长的微粒散射现象进行了研究，发现散射强度与波长的四次方成反比，对蓝天被太阳光穿透大气层所产生的散射现象进行了解释；Albert Einstein 对液体的光散射现象进行了研究；Chandrasekhara V. Raman 为印度物理大师，Raman 效应的提出者，其著作多次发表于印度文期刊，直至第二次世界大战结束后才逐渐被人所知；Peter Debye 延续了 Einstein 的理论，描述了分子溶解于溶剂中所产生的光散射现象，提出用 Debye plot 来求得重均分子量 M_w。

9.2　仪器构成及原理

9.2.1　仪器基本构成

GPC 仪的组成：泵系统、（自动）进样系统、凝胶色谱柱、检测系统和数据采集与处理系统。

1. 泵系统

泵系统包括一个溶剂储存器、一套脱气装置和一个高压泵。它的工作是使流动相（溶剂）以恒定的流速流入色谱柱。泵的工作状况好坏直接影响着最终数据的准确性。越是精密的仪器，要求泵的工作状态越稳定。要求流量的误差应该低于 0.01 mL/min。

2. 色谱柱

色谱柱是 GPC 仪分离的核心部件，在一根不锈钢空心细管中加入孔径不同的微粒作为填料。每根色谱柱都存在一定的分子量分离范围和渗透极限，因此色谱柱存在使用上限和下限。色谱柱的使用上限是当聚合物最小的分子的尺寸比色谱柱中最大的凝胶的尺寸还大，这时高聚物无法进入凝胶颗粒孔径，全部从凝胶颗粒外部流过，达不到分离不同相对分子质量的高聚物的目的，并且还会有堵塞凝胶孔的可能，影响色谱柱的分离效果，会降低其使用寿命。色谱柱的使用下限是聚合物中最大尺寸的分子链比凝胶孔的最小孔径还要小，这时也达不到分离不同相对分子质量的目的。因此，在使用凝胶色谱仪测定相对分子质量时，必须首先选择一条与聚合物相对分子质量范围相配好的色谱柱。常用色谱柱如表 9-1 所示。

表 9-1　国内外常用凝胶渗透色谱柱及其型号

生产厂家	凝胶类别	柱子尺寸(内径×长度)	分子量分离范围(聚苯乙烯)	渗透极限(分子量或尺寸)
中国，北海仪器厂，SN-01 型	多孔硅凝胶	8mm×120cm		4 万，10 万，40 万，100 万
美国，Waters、ASS Inc.，ALC/GPC200 系列	交联聚苯乙烯凝胶键合硅凝胶	7.8mm×30cm 3.9mm×300mm	$0\sim700$，$500\sim10^4$ $10^3\sim2\times10^4$，$10^5\sim$ 2×10^6，$0.2\sim5\times10^4$	$700,10000,2\times10^4$，2×10^5，$2\times10^6,5\times10^4,5\times10^5,10000$
英国，Applied Res. Lab. LTD950 型	交联聚苯乙烯凝胶	8mm×500mm 8mm×600mm 8mm×900mm 8mm×1000mm 8mm×1200mm		10^5，3×10^4，10^8，30nm
德国，Knsuer 公司，Knsuer LC/GPC 型	甲基丙烯酸酯类交联凝胶	7.6mm×600mm 24mm×600mm		4 万，10 万，30 万，100 万
日本，东洋曹达公司，G1000H-G7000H GM1×H	交联聚苯乙烯凝胶	8mm×600mm 8mm×1200mm	$10^3\sim4\times10^8$	$10^3,10^4,6\times10^4,4\times10^5$，$4\times10^6$，$4\times10^7,4\times10^8$

3. 填料

根据所使用的溶剂选择填料，对填料最基本的要求是填料不能被溶剂溶解。主要有有机凝胶和无机凝胶。有机凝胶主要有：交联聚乙酸乙烯酯凝胶(最高100℃，适用于乙醇、丙酮一类极性溶剂)和交联聚苯乙烯凝胶(适用于有机溶剂，可耐高温)。其中交联聚苯乙烯凝胶的特点是孔径分布宽，分离范围大，适用于非极性有机溶剂。三个系列柱的凝胶颗粒分别为 5 μm、10 μm 和 20 μm，分别用于测定低、中和超高分子量的高分子。无机凝胶主要有多孔玻璃、多孔氧化铝和改性多孔硅胶。其中改性多孔硅胶较常用，其特点是适用范围广(包括极性和非极性溶剂)、尺寸稳定性好、耐压、易更换溶剂、流动阻力小，缺点是吸附现象比聚苯乙烯凝胶严重。

4. 检测系统

检测器装在凝胶渗透色谱柱的出口,样品在色谱柱中分离以后,随流动相连续地流经检测器,根据流动相中的样品浓度及样品性质可以输出一个可供观测的信号,来定量地表示被测组分含量的变化,最终得到样品组分分离的色谱图和各组分含量的信息。通用型检测器适用于所有高聚物和有机化合物的检测。主要有示差折光仪检测器、紫外吸收检测器、黏度检测器。

1) 示差折光仪检测器

溶剂的折光指数与被测样品的折光指数有尽可能大的区别。

2) 紫外吸收检测器

在溶质的特征吸波长附近溶剂没有强烈的吸收。

3) 选择型检测器

适用于对该检测器有特殊响应的高聚物和有机化合物,有紫外、红外、荧光、电导检测器等。

表 9-2　常用 GPC 及其配置方法

配置方法	分子量	支化	回转半径
传统 GPC	相对于标样的色谱柱校正,得到分子量	不能	不能
使用普适校正的传统 GPC	需从文献上得到准确的 K/a 值,对相对分子量进行的色谱柱普适校正得到绝对分子量	不能	不能
配了黏度检测器的 GPC	测出特性黏度,得到 K/a 值的普适校正	能,直接从特性黏数测出	能,但是间接得到
配了多角激光检测器的 GPC	绝对测出,无须色谱柱校正	能,但要符合一些假设	能,当有两个测量角以上
三检测器联用的 GPC	准确结果	能	能

9.2.2　工作原理

1. 凝胶渗透色谱分离原理

让被测量的高聚物溶液通过一根内装不同孔径的色谱柱,柱中可供分子通行的路径包括粒子间的间隙(较大)和粒子内的通孔(较小)。如图 9-2 和图 9-3 所示,当待测聚合物溶液流经色谱柱时,较大的分子只能从粒子的间隙通过,被排除在粒子的小孔之外,速率较快;较小的分子能够进入粒子中的小孔,通过的速率慢得多。这样经过一定长度的色谱柱分离后,分子根据分子量就被区分开来了,分子量大的在前面流出(其淋洗时间短),分子量小的在后面流出(淋洗时间长)。从试样进柱到被淋洗出来,所接受到的淋出液总体积称为该试样的淋出体积。当仪器和实验条件确定后,溶质的淋出体积与其分子量有关,分子量愈大,其淋出体积愈小。

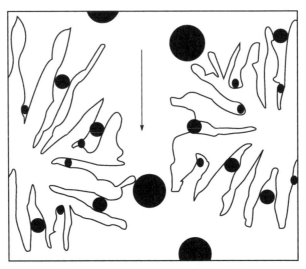

图 9-2　不同尺寸分子通过凝胶原理图

显然,凝胶色谱法的分离完全是严格地建立在分子尺寸大小的基础上的,通常不应该在固定相上发生对试样的吸着和吸附。同时,也不应该在固定相和试样之间发生化学反应(当然,也有一些凝胶色谱填料,例如表面磺化交联聚苯乙烯颗粒,主要是基于分子尺寸大小而进行分离的。但其表面磺化层又与被测离子之间有轻微的离子交换作用)。

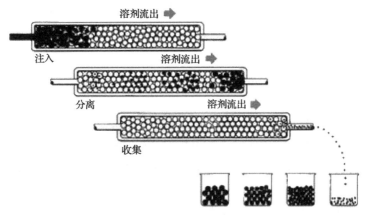

图 9-3　凝胶渗透色谱分离不同分子尺寸试样示意图

凝胶渗透色谱法的特点是样品的保留体积不会超过色谱柱中溶剂的总量，因而保留值的范围是可以推测的，这样可以每隔一定时间连续进样而不会造成色谱峰的重叠，提高了仪器的使用率。其缺点则是柱容量较小。

通常洗脱剂分子是非常小的，它们的谱峰一般是在色谱图中最后出现（此时为 t_0）。显然，各被测物质均在 t_0 之前被洗脱，即它们的 t_R 均小于 t_0，这与液-液、液-固和离子交换色谱的情况正好相反。

2. 色谱柱参数及其测定方法

（1）柱参数。将凝胶色谱柱填充剂的凝胶颗粒用洗脱剂溶胀，然后与洗脱剂一起填入柱中，此时，凝胶床层的总体积为 V_t：

$$V_t = V_0 + V_i + V_g \tag{9-1}$$

式中，V_0 为柱中凝胶颗粒外部的溶剂的体积；V_i 为柱中凝胶颗粒内部吸入的溶剂的体积；V_g 为凝胶颗粒骨架的体积。V_t、V_0、V_i 和 V_g 均称柱参数。在实际工作中，可以通过测定得到其数值。

被测物质的洗脱体积：

$$V_e = V_0 + K V_i \tag{9-2}$$

式中，K 为固定相和流动相之间的被测溶质的分配系数：

$$K = \frac{V_p}{V_i} = \frac{V_e - V_0}{V_i} \tag{9-3}$$

式中，V_p 为凝胶颗粒内部溶质能进入部分的体积。

由上可见，可以将凝胶色谱当作分配色谱的一种特殊形式。即在被测溶质分子的尺寸越大，分配系数越小时，洗脱将越容易进行。分离的过程没有任何其他吸附现象或化学反应的影响，其是在完全基于分子筛效应的情况下进行的。

若 $K=0$，待测分子完全不能进入凝胶颗粒内部；

若 $0<K<1$，待测分子可以部分地进入凝胶颗粒内部；

若 $K=1$，待测分子完全浸透进入凝胶颗粒的内部；

若 $K>1$，表面存在吸附作用等其他影响存在。

若将 V_i 用凝胶相的总体积 V_x 代替，且

$$V_x = V_i + V_g \tag{9-4}$$

则有

$$V_e = V_0 + K_a V_x = V_0 + K_a (V_t - V_0) \tag{9-5}$$

$$K_a = \frac{V_e - V_0}{V_t - V_0} \tag{9-6}$$

式中，K_a、V_0 和 V_e 都容易测定，所以在实际工作中，一般用 K_a。K_a 与 K 之间的关系为

$$K_a = K \cdot \frac{V_i}{V_i + V_g} \tag{9-7}$$

(2)柱参数的测定方法。V_t 为色谱柱的内体积，容易计算得出。V_a 等于完全不能浸入凝胶颗粒内部的溶质分子的洗脱体积。

因此，可以通过聚苯乙烯等高分子化合物来测定 V_0。通过测定能全部浸渗进入凝胶内部的小溶质分子的洗脱体积 V_e。例如，测定用氚标记丙酮和己烷的 V_e，由公式

$$V_e = V_0 + K V_i \tag{9-8}$$

此时，$K=1$，所以

$$V_i = V_e - V_0 \tag{9-9}$$

即可求得 V_i。

此外

$$V_i = W_g \cdot S_r \tag{9-10}$$

式中，W_g 为干燥凝胶的质量，g；S_r 为凝胶内部单位质量保留溶剂的体积，mL/g。

所以，也可以采取先用已知量的过量溶剂，将干燥凝胶溶胀，之后用离心机离心除去吸入凝胶颗粒内部的过量溶剂的方法，二者之差便为凝胶颗粒内部保留的该溶剂的量，从而求得 S_r，然后据此计算出 V_i。

3. 凝胶渗透色谱法校正原理

用分子量已知的单分散标准聚合物预先做一条淋洗体积(或淋洗时间)与分子量对应关系的曲线，该线称为"校正曲线"。然而聚合物中几乎找不到单分散的标准样，所以使用窄分布的试样代替。在相同的测试条件下，做一系列的 GPC 标准谱图，分别对应不同分子量样品的保留时间，以 $\lg M$ 对 t 作图，所得曲线即为"校正曲线"。通过校正曲线，就可以从 GPC 谱图上计算出各种所需分子量与分子量分布的信息。聚合物中能够制得标准样的聚合物种类并不多，没有标准样的聚合

物就得不到校正曲线，单独使用 GPC 方法也得不到聚合物的分子量和分子量分布信息。对于这种情况可以使用普适校正原理。

4. 普适校正原理

由于 GPC 对聚合物的分离是基于分子流体力学体积而实现的，即对于具有相同分子流体力学体积的聚合物，能在同一个保留时间流出，即它们的流体力学体积相同。

依照聚合物链的等效流体力学球模型，Einstein 的黏度关系式为

$$[\eta] = 2.5NV / M \tag{9-11}$$

式中，$[\eta]$ 为特性黏数；M 为分子量；V 为聚合物链等效球的流体力学体积；N 为阿伏伽德罗常数。可以用 $[\eta]M$ 来表征聚合物的流体力学体积。

两种柔性链的流体力学体积相同：

$$[\eta]_1 M_1 = [\eta]_2 M_2 \tag{9-12}$$

式中，下脚标 1 和 2 分别代表两种聚合物，把 Mark-Houwink 方程

$$[\eta] = KM \tag{9-13}$$

$$k_1 M_1^{1+\alpha_1} = k_2 M_2^{1+\alpha_2} \tag{9-14}$$

两边取对数：

$$\lg k_1 + (\alpha_1 + 1)\lg M_1 = \lg k_2 + (\alpha_2 + 1)\lg M_2 \tag{9-15}$$

即如果已知标准样和被测高聚物的 k、α 值，就可以由已知分子量的标准样品 M_1 标定待测样品的分子量 M_2。

实验证明，该法对线性和无规则团形状的高分子的普适性较好，而对长支链的高分子或棒状刚性高分子的普适性还有待研究。

5. 光散射理论

激光照射到样品时，会在各个方向产生散射光，于是可以在一个角度或多个角度收集散射光的强度。

1) 光散射所透露的信息

任何方向的光散射强度与分子量和溶液的浓度是成正比的；散射光角度的变化与分子的尺寸大小是相关的。

当分子小于 10 nm 时，各个角度的散射强度都相同；

当分子在 10～30 nm 时，散射强度由低角度向高角度呈直线下降的趋势；当分子大于 30 nm 时，散射强度随角度增大呈曲线下降的趋势。

2) 基本理论

由 Maxwell，Einstein，Debye 及 Zimm 等人陆续发展起来，有关溶剂中分子的光散射现象可由下列公式表达：

$$\frac{K^*c}{R_\theta} = \frac{1}{M_w P(\theta)} + 2A_2c \tag{9-16}$$

式中，K^* 为常数：

$$K^* = \frac{4\pi^2 n_0^2 (\mathrm{d}n/\mathrm{d}c)^2}{\lambda_0^4 N_A} \tag{9-17}$$

式中，n_0 为溶剂的折光指数；c 为溶液浓度；N_A 为阿伏伽德罗常数；λ_0 为入射光的波长；$\mathrm{d}n/\mathrm{d}c$ 是溶液折射率与浓度变化的比值，它说明了随溶质浓度变化的溶液折光指数变化，即聚合物在溶液中的比折光指数增量；R_θ 为超瑞利系数（θ 为散射角），单个角度的散射光除以入射光强度所得的分数，即不同角度光散射强度；M_w 为重均分子量；A_2 为第二位力系数，是溶质与溶剂相互作用的量度；$P(\theta)$ 为光散射强度的函数。

$$\frac{1}{P(\theta)} = 1 + \frac{16\pi^2 \langle r_g^2 \rangle}{3\lambda_0^2} \sin^2 \left\langle \frac{\theta}{2} \right\rangle + \cdots \tag{9-18}$$

将 P 代入式(9-16)展开得：

$$\frac{K^*c}{R_\theta} = \frac{1}{M_w}\left[1 + \frac{16\pi^2}{3\lambda^2}\langle r_g^2 \rangle \sin^2 \left\langle \frac{\theta}{2} \right\rangle + \cdots \right] + 2A_2c \tag{9-19}$$

式中，R_θ 为测得值；K^*c，λ_0，θ 为输入值，均为已知值；而 M_w，A_2，r_g 为未知值。

3) Zimm 曲线

将 K^*c/R_θ 对 $\sin^2(\theta/2)+kc$ 作图，可得到著名的 Zimm 曲线，如图 9-4 所示，其中 k 为调整横坐标的设定值。

当 $\theta \to 0$，$c \to 0$，简化为

$$\frac{K^*c}{R_\theta} = \frac{1}{M_w} \tag{9-20}$$

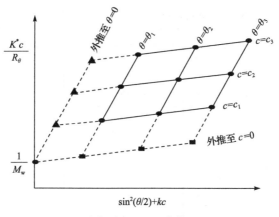

图 9-4　Zimm 曲线

在纵坐标上交点的倒数即为 M_{w}。实验的方法为配制一组不同浓度的溶液，依次在不同的角度测量其散射光强度，通过计算机程序依照上列的公式绘出 Zimm 曲线，据此求得 M_{w}，$\langle r_{\mathrm{g}}^2 \rangle$ 及 A_2 值，这是极少数能直接测得绝对分子量的方法之一。但由于结果仅为单一平均值，因此较适用于成分单一、分布较窄的分子，对于分布较宽或有不同族群分布的样品，则较难看出全貌。

9.3　实　验　技　术

9.3.1　溶剂的选择

1. GPC 所适宜的溶剂

在 GPC 中，常用溶剂及其主要物理性质列于表 9-3 中。由表 9-3 可见，经常用于 GPC 的溶剂有 20 多种可供选择。但有机凝胶体系，真正适用的溶剂只有 10 多种。选择对试样有良好的溶解能力的溶剂，才能使试样充分溶解，变成具有一定浓度的真溶液，这种均匀透明的分散体系，才有可能实现 GPC 柱的良好分离。特别是对高聚物，由于溶解过程比小分子物质要缓慢，一般需要十几小时、几天甚至几周。

溶解，是指溶质分子通过分子扩散与溶剂分子均匀混合成为分子分散的均相体系的物理过程。高分子与溶剂分子的尺寸相差悬殊，两者的分子运动速度存在着数量级的差别，因此，溶剂分子能很快渗透进入高聚物，而高分子向溶剂扩散却很慢。因此，高聚物的溶解过程经历两个阶段：首先是溶剂分子渗入高聚物内部，使高聚物体积膨胀，这个过程称为溶胀；然后是高分子均匀分散在溶剂中，达到完全溶解。

表 9-3　凝胶渗透色谱常用溶剂的物理性质

溶剂	密度/(g/mL)	沸点/℃	运动黏度(20℃)/(mm²/s)	折光指数 n_D^{20}	无紫外吸收下限/nm
四氢呋喃	0.8892	66	0.51(25℃)	1.4070	220
1,2,4-三氯苯	1.4634	213	1.89(25℃)	1.5717	—
邻二氯苯	1.306	180.5	1.26	1.5516	—
苯	0.879	80.1	0.652	1.5005	280
甲苯	0.866	110.6	0.59	1.4969	285
N,N-二甲基甲酰胺	0.9445	153	0.90	1.4280	295
环己烷	0.779	80.7	0.98	1.4262	220
三氯乙烷	—	73.9	1.2	1.4797	225
二氧六环	1.036	101.3	1.438	1.4221	220
二氯乙烷	1.257	84	0.84	1.4443	225
间二甲苯	0.8676	139.1	0.86	1.4972	290
氯仿	1.489	61.7	0.58	1.4476	245
间甲酚	1.034	202.8	20.8	1.544	—
二甲基亚砜	—	189	—	1.4770	—
甲醇	0.7868	64.5	0.5506	1.3286	—
水	1.0000	100	1.00	1.3333	—
过氯乙烯	1.623	121	0.90	1.505	—
四氯化碳	1.595	76.8	0.969	1.4607	265
邻氯代苯酚	1.265	175.6	4.11	1.5473(40℃)	—
三氟乙醇	1.3823	73.6	1.20(38℃)	1.291	—
二氯甲烷	1.335	40.0	0.440	1.4237	220
己烷	0.6594	68.7	0.326	1.3749	210
对二氯苯	1.306	180	1.26	1.5515	—
甲基吡咯烷	0.819	202	1.65	1.47	—
对甲苯酚	—	202.8	20.80	1.544	—
1-甲基萘	—	235.0	—	1.618	—
三氯乙烯	1.460	87.19	0.566	1.476	—

2. 溶剂的选择规律

高聚物结构十分复杂，具体表现在：

(1)分子量大并多有分散性；

(2)形状有线型的、支化的和交联的；

(3)聚集态有非晶态和晶态结构。

因此，高聚物的溶解现象比起小分子物质的溶解要复杂得多。非晶态高聚物分子的堆砌比较松散，分子间的相互作用较弱，溶剂分子比较容易渗入高聚物内部溶胀和溶解。对于晶态高聚物，由于分子排列规整，堆砌紧密，分子间相互作用力很强，溶剂分子渗入高聚物内部非常困难。因此，晶态高聚物的溶解比非晶态高聚物困难。非极性的晶态高聚物，在室温时很难溶解，需要升高温度，甚至升到它的熔点附近，待晶态转变为非晶态后，小分子溶剂才能渗入到高聚物内部而逐渐溶解。例如，高密度聚乙烯的熔点是135℃，它在十氢萘中要在135℃才能很好溶解；全同立构聚丙烯在四氢萘中，也要 135℃才能很好溶解。极性晶态高聚物，一般在室温就能溶解在极性溶剂中。例如聚酰胺可溶于甲苯酚、40%硫酸、苯酚-冰醋酸的混合溶剂中；聚对苯二甲酸乙二酯可溶于邻氯苯酚和质量比为 1∶1的苯酚-四氯乙烷的混合溶剂中；聚乙烯醇可溶于水、乙醇等。

鉴于上述原因，在选择对高聚物溶解的良溶剂时，应遵循以下几个原则进行：

1)极性相近原则

极性相近原则是人们长期研究小分子物质溶解时总结出来的，即：溶质和溶剂的极性越相近，二者越易互溶。这种"极性相近"的溶解规律，在一定程度上也适用于高聚物-溶剂体系。例如未硫化的天然橡胶是非极性的，可很好地溶解于汽油、苯、甲苯等非极性溶剂中；聚苯乙烯可溶于非极性的苯或乙苯中，也可溶于弱极性的丁酮等溶剂；聚丙烯腈是极性的，可溶于二甲基甲酰胺、四氢呋喃、卤代烷等极性溶剂中。

2)内聚能密度或溶度参数相近原则

由聚合物溶解过程的热力学分析知道，只有当高聚物与溶剂的内聚能密度或溶度参数(δ)接近或相等时，溶解过程才能进行。一般说来，当$|\delta_1 - \delta_2| > 1.7 \sim 2.0$时，高聚物就不溶。因此，从溶剂和高聚物的内聚能密度或密度参数，可以判定溶剂的溶解能力。

高聚物的溶度参数，除了用实验方法直接测定外，也可从高聚物的结构式利用下式作近似估算：

$$\delta_2 = \rho \sum E / M_0 \tag{9-21}$$

式中，E 为高聚物分子的结构单元中不同基团或原子的摩尔(mol)吸引常数；ρ 为高聚物的密度；M_0 为结构单元的分子量。

3) 高分子-溶剂相互作用参数 χ_1 小于 1/2 的原则

从高分子溶液热力学理论的推导可知，高分子-溶剂相互作用参数 χ_1 的数值可作为溶剂良劣的一个半定量的判据。如果 χ_1 小于 1/2，则说明高聚物能溶解在所给定的溶剂中，数值越小，则溶剂的溶解能力越好；如果 χ_1 大于 1/2，则高聚物一般不能溶解。因此，χ_1 值偏差 1/2 的大小可作为判定溶剂溶解能力的依据。

总而言之，高聚物溶剂的选择，目前还没有一个统一的规律可循，所以在实际工作中碰到这类问题时，要具体分析高聚物是结晶的还是非结晶的；是极性的还是非极性的；分子量大还是小等，然后试用上述几个经验规律来选择适宜的溶剂。

3. 溶剂的选择

GPC 所使用的溶剂要求对试样溶解性能好，并能溶解多种高聚物，低黏度，高沸点，无毒性，且能很好地润湿凝胶但又不溶解色谱柱中的凝胶，与凝胶不起化学反应，经济易得等。

此外，GPC 要求溶剂的纯度较高，溶剂纯度还与检测器的灵敏度有关，检测器越灵敏，则要求溶剂纯度越高。下面就 GPC 对所需溶剂选择的详细内容和要求加以讨论。

1) GPC 溶剂选择的标准

GPC 法与其他色谱方法不同之处是，不是用改变流动相溶剂组成的方法来控制分离度。因此，GPC 溶剂的选择比其他液相色谱方法较为简单，又因为大多数凝胶均没有表面活性所具有的吸附作用，所以流动相溶剂的吸附作用可不予考虑。GPC 常用的某些溶剂的性质及其对某些高聚物的溶解性能列于表 9-4。从表 9-4 可以看出四氢呋喃能溶解的高聚物很多，并且它的折光指数很小，黏度也小，波长在 220 nm 以上紫外吸收不很显著，故可同时适用于示差折光检测器与紫外吸收检测器。

流动相溶剂的选择除了考虑对试样有良好的溶解性外，还应考虑到对色谱仪材料有无腐蚀性和对凝胶填料有无损害的问题。在凝胶渗透色谱仪中凡接触溶剂的零部件均是用不锈钢制成的。因此，能腐蚀不锈钢的溶剂均不能使用，溶剂中不能含游离的氯离子，在溶剂储存过程中也不允许逐渐分解出氯离子。水相 GPC 控制 pH 用的卤素盐类化合物也会腐蚀不锈钢部件，应尽可能地采用硫酸盐和磷酸盐缓冲液来代替卤素盐。但是，应注意当溶剂成分或电解质的浓度发生改变时，作为电解质的盐的某些分子大小也会发生变化。此外，改变电解质的强度也能改变软性凝胶的孔径大小。

表 9-4 GPC 常用溶剂的某些性质及其对高聚物的溶解性能

溶剂	沸点 /℃	折光指数 n_D^{25}	操作温度 /℃	能溶解的高聚物
四氢呋喃	66	1.4040	25～50	聚 1-丁烯, 丁基橡胶, 醋酸纤维素, 顺式聚丁二烯, 聚二甲基硅氧烷, 未固化环氧树脂, 聚丙烯酸乙酯, 异腈酸酯, 三聚氰胺塑料, 甲基丙烯酸甲酯-苯乙烯共聚物, 苯酚甲醛树脂, 聚丁二烯, 聚碳酸酯, 聚电解质, 聚酯(非线型和不饱和), 多核芳香烃, 聚苯乙烯, 聚砜, 聚醋酸, 乙酯, 聚醋酸乙烯酯共聚物, 聚乙烯醇缩丁醛, 聚氯乙烯, 聚乙烯基甲基醚, 丁腈橡胶, 丁苯橡胶, 硅橡胶, 苯乙烯-异戊二烯共聚物, 聚乙二醇, 聚溴乙烯, 聚异戊二烯, 天然橡胶, 聚甲基丙烯酸甲酯, 苯乙烯-丙烯腈共聚物, 聚氨酯预聚体
苯	80.1	1.5011 (n_D^{20})		聚 1-丁烯, 丁基橡胶, 顺式聚丁二烯, 聚二甲基硅氧烷, 未固化环氧树脂, 聚丙烯酸乙酯, 甲基丙烯酸甲酯-苯乙烯共聚物, 聚丁二烯, 聚醚, 聚异丁烯, 聚异丁烯共聚物, 聚异戊二烯, 多核芳香烃, 聚苯乙烯, 丙烯-1-丁烯共聚物, 丁基橡胶, 丁腈橡胶, 天然橡胶, 丁苯橡胶, 硅橡胶, 氯丁橡胶, 聚乙烯醇缩甲醛
甲苯	110	1.4941	80	聚 1-丁烯, 丁基橡胶, 顺式聚丁二烯, 聚二甲基硅氧烷, 未固化环氧树脂, 聚丙烯酸乙酯, 甲基丙烯酸甲酯-苯乙烯共聚物, 聚丁二烯, 聚醚, 聚异丁烯, 聚异丁烯共聚物, 聚异戊二烯, 多核芳香烃, 聚苯乙烯, 丙烯-1-丁烯共聚物, 丁基橡胶, 丁腈橡胶, 天然橡胶, 丁苯橡胶, 硅橡胶, 氯丁橡胶, 聚乙烯醇缩甲醛
二甲基甲酰胺	153	1.4269	60～80	醋酸纤维素, 硝酸纤维素, 异氰酸酯, 聚醚, 聚氧乙烯, 多核芳香烃, 聚苯乙烯, 聚氨酯, 聚醋酸乙烯酯, 聚乙烯醇缩丁醛, 聚氟乙烯, 聚碳酸酯, 聚乙烯基甲基醚, 苯乙烯-丙烯腈共聚物, 聚氨酯预聚体, 氯乙烯-醋酸乙烯酯共聚物
邻二氯苯	180	1.5515 (n_D^{20})		聚 1-丁烯, 丁基橡胶, 顺式聚丁二烯, 聚二甲基硅氧烷, 聚丙烯酸乙酯, 聚乙烯-醋酸乙烯酯共聚物, 乙烯-丙烯共聚物, 三聚氰胺塑料, 甲基丙烯酸甲酯-苯乙烯共聚物, 聚丁二烯, 聚碳酸酯, 多核芳香烃, 聚苯乙烯, 聚醋酸乙烯酯, 聚醋酸乙烯酯共聚物, 丙烯-1-丁烯共聚物, 丁基橡胶, 丁腈橡胶, 天然橡胶, 丁苯橡胶, 硅橡胶, 聚乙烯, 聚丙烯
二氯甲烷	40	1.4443 (n_D^{20})		主要适用于聚碳酸酯及聚二甲基硅氧烷, 多核芳香烃, 聚苯乙烯, 聚氨酯
三氯甲烷	61.7	1.446 (n_D^{20})		主要适用于氯丁橡胶及硅橡胶
1,2,4-三氯苯	213	1.517	135	聚 1-丁烯, 丁基橡胶, 顺式聚丁二烯, 聚二甲基硅氧烷, 聚丙烯酸乙酯, 聚乙烯-醋酸乙烯酯共聚物, 三聚氰胺塑料, 聚丁二烯, 聚碳酸酯, 不饱和聚酯, 聚乙烯(支化), 聚乙烯, 多核芳香烃, 聚苯醚, 聚丙烯, 聚苯乙烯, 聚醋酸乙烯, 酯共聚物, 聚氯乙烯, 丙烯-1-丁烯共聚物, 丁基橡胶, 丁腈橡胶, 天然橡胶, 丁苯橡胶, 硅橡胶
间甲苯酚	202	1.544 (n_D^{20})	130	尼龙(4,6,66 等)及其他聚酰胺类, 苯酚甲醛树脂, 聚对苯二甲酸-乙二醇酯, 聚苯乙烯, 聚醋酸乙烯酯, 明胶
水	100	333 (n_D^{20})		葡萄糖, 聚电解质, 聚乙烯醇
四氢萘			135	聚烯烃

　　溶剂与检测器的匹配也是十分重要的问题,使用示差折光检测器进行检测时,所选溶剂的折光指数应与被测试样的折光指数有尽可能大的差别,这样可以给出较大的检测信号,则可在较低的灵敏度挡下,得到基线平稳的响应值;反之,若所选溶剂的折光指数接近被测试样的折光指数时,则需要提高检测器灵敏度才能得到较大的检测响应值。而提高检测器灵敏度的结果往往导致噪声增加,基线不稳,给实验测定结果带来大的偏差。表 9-5 给出了一些常见聚合物的折光指数,由于一般高聚物的折光指数多在 1.4～1.6 之间,所以最经常用的溶剂应该具有较小折光指数,其中四氢呋喃由于满足上述要求,是 GPC 有机凝胶体系应用最为广泛的溶剂之一。

表 9-5　常见高聚物的折光指数

高聚物	折光指数	高聚物	折光指数
聚四氟乙烯	1.35	丙烯酸酯	1.49
聚三氟氯乙烯	1.42	聚乙烯(中密度)	1.52
丙酸纤维素	1.46～1.49	尼龙	1.52
醋酸纤维素	1.46～1.49	聚氯乙烯	1.52～1.55
聚乙烯(低密度)	1.51	尼龙 66	1.53
聚丙烯	1.49	硝化纤维素	1.49～1.51
聚异丁烯	1.45～1.46	聚砜	1.633
乙丙共聚物	1.481～1.483	聚碳酸酯	1.586
聚甲基戊烯	1.465	聚乙烯(高密度)	1.54
乙基纤维素	1.47	脲醛树脂	1.54～1.56
缩醛均聚物	1.48	丁苯热塑弹性体	1.52～1.55

　　如果用紫外分光光度计作检测器,所选择的溶剂应在测定波长上没有吸收或吸收极少,即在所选波长是“透明”的。同时要求溶剂在储存时也不能分解出具有紫外吸收的化合物。表 9-6 列举了部分常用溶剂的紫外吸收特征波长。由表 9-6 可见,对于在紫外区有强烈吸收的苯系芳香烃溶剂,应考虑用通用检测器检测的可能性。

　　在 GPC 实验中,配样所用的溶剂应与流动相溶剂尽可能地保持一致。也就是说,用于溶解试样的溶剂应取自 GPC 仪的流动相溶剂,否则谱图可能会因杂质的折光指数比溶剂的折光指数大或小而出现正负杂质峰,造成检测或定量测定方面的困难。

表 9-6 各种常用溶剂的紫外吸收特征波长

溶剂	紫外吸收特征波长/nm	溶剂	紫外吸收特征波长/nm	溶剂	紫外吸收特征波长/nm
正戊烷	210	二硫化碳	380	甲醇	210
石油醚	210	二氯甲烷	230	氯代甲烷	244
间二甲苯	290	甲基乙基酮	330	异辛烷	210
环己烷	210	二甲基甲酰胺	220	乙基乙醚	220
四氯化碳	265	邻二氯苯	280	正丙醇	210
乙酸乙酯	260	氯仿	243	丙腈	210
四氢呋喃	220	丙酮	330	二噁烷	220
苯	280	氯化乙烯	230	乙二醇	210
甲苯	285	吡啶	315	正十二烷	210
二氯乙烷	230	乙醇	210	对二氯苯	280

实验所选用溶剂的黏度应尽可能地低，因为黏度的高低直接影响和限制扩散作用，在一定线速度下，色谱柱的压降正比于溶剂的黏度。当溶剂的黏度增加两倍时，分离所需要的时间也相应增加两倍。同时高黏度溶剂需要较高的色谱传质能力，造成柱压相应增高，试样的传质扩散速度小，不利于传质平衡，将会降低色谱的分离度。如果被测试样只能在一些高黏度的溶剂中溶解，可以适当提高测试温度，以达到降低溶剂黏度的目的。但是溶剂的黏度也不宜过低，过低黏度的溶剂往往沸点较低，易造成色谱系统接口的泄漏，有时甚至在色谱柱或泵中产生气泡，干扰实验结果。

溶剂的选择还需要考虑到对实验结果处理时的方便，以及它的毒性、燃烧性和爆炸性等方面的问题。

2) GPC 更换溶剂须知

在凝胶渗透色谱实验中，由于工作需要和试样的特殊性能要求，或者是色谱柱的原因，经常要由一种溶剂换为另一种溶剂，工作一段时间后重新再换回来。为了避免更换不同批号和性质的溶剂而引起的示差折光检测器的基线漂移，一般都采用大容量的溶剂贮瓶，这样有利于溶剂的均一性。此外为了整个色谱系统能被所换溶剂置换填充完全，需要一定量的溶剂冲洗色谱系统及柱子，冲洗时应采用较大流量为宜，例如对参比池可先用 5 mL/min 流速冲洗 5~8 min 后，再以 2 mL/min 的流速冲洗 10 min 即可。色谱柱的冲洗平衡费时较长，一般若以 2 mL/min 或 1 mL/min 的流量冲洗，达平衡尚需 2~3 h 的时间。

更换不同溶剂有可能引起标定曲线的变化，是个值得注意的问题，对于填装刚性凝胶的柱子影响不大，但对半刚性凝胶柱就有所不同。因此色谱柱的溶剂一且被更换后应该重新用标定标样或其他校正方法来标定色谱柱，并用新的标定曲线来计算聚合物的分子量分布。

3) 常用溶剂的毒性及与凝胶填料的适应性

GPC 常用的溶剂大都具有一定的毒性，并且都是易燃易爆的有机化合物。长期接触这些溶剂会对人体各器官的健康带来危害，特别是苯、四氢呋喃、氯苯等有机溶剂，对人的皮肤、肝、肺及视觉器官均产生有害的影响。这就要求从事 GPC 工作的人员应特别注意，加强安全防护措施。表 9-7 汇总了常用的 GPC 溶剂的性质，具体使用时应十分谨慎小心，以防不安全事故的发生。

表 9-7　常用溶剂的毒性

溶剂种类	引火点 /℃	发火点 /℃	爆炸极限/% (下限～上限)	允许浓度 /ppm	注意事项
四氢呋喃	-14.4	321	2～11.8	200	在空气中可生成爆炸性过氧化物，蒸馏前应以氧化亚铁还原，注意引火性、爆炸性
1,2,4-三氯苯	110	—	—	75	不可接触皮肤
邻二氯苯	66	—	—	50	注意火及皮肤
甲苯	4.4	536	1.4～6.7	100	注意引火性及爆炸性
二甲基甲酰胺	57.8	445	2.2	10	注意引火性及爆炸性
氯仿	—	—	—	50	防止吸入蒸气
间甲酚	94	559	1.1	5	防止碰到皮肤及眼睛而引起烧伤
甲醇	11.1	464	7.3～36	200	注意火种及引火性及爆炸性

9.3.2　激光光散射与凝胶色谱仪联用

传统的光散射法只能确定平均分子量、旋转半径及第二位力系数，而 GPC 又受泵流速的限制，再加上寻找与待测物结构相似的标准品不易，对低浓度高分子量的部分，如 microgel，trimer，dimer 等信号不敏感，导致误差增大，色谱柱容易老化。而多角度激光光散射仪(MALLS)与 GPC 结合，通过相互补充，不仅能直接测得分子量，而且还可以对样品的组成，从低浓度高分子量到高浓度低分子量，都能解析得很清楚，更可以得到许多有用的信息，如分子量分布曲线和整个试样的各种平均分子量、分子的形状、支化状况、聚集态及动力学参数、反应速率等，其功能与应用普及性与日俱增。

多角度激光光散射仪(MALLS)与凝胶色谱(GPC)联用系统如图 9-5 所示。型号规格：18 角度激光光散射仪 DAWN HELEO，由美国 Wyatt 公司和美国 Waters

公司生产。主要性能参数：OPTILAB rEX 示差检测器(dn/dc 仪)和 Waters 515 单元泵各一套，分子量范围 103～107(与 GPC 联机实验)，均方根旋转半径 10～500 nm (典型范围)，可测量分子量和分子量分布、均方根旋转半径分布、构象及支化等。主要技术特点：无须标样和做校正曲线，直接获得重均分子量及其分布、构象和支化等数据，操作简便，信息量大，是对高分子表征的最先进方法和手段之一。

图 9-5　18 角度激光光散射仪 DAWN HELEO

9.4　实　验　步　骤

9.4.1　样品的制备和处理

称取适量样品，溶解在合适的溶剂中，以容量瓶定容，配成一定浓度的稀溶液，高速离心后取上清液，经 0.2～0.45 μm 的尼龙微孔膜过滤，备用。

9.4.2　色谱分析条件

18 角度激光光散射仪 DAWN HELEO，OPTILAB rEX 示差检测器(dn/dc 仪)，凝胶柱 Shodex804，光源气体氦气和氖气。

选定合适的流动相(如四氢呋喃，色谱纯)，流速(如 1 mL/min)，色谱柱温(如 30℃)，定量环(如 50～200 μL)，试样溶液浓度(如 20～60 mg/mL)，选定合适的波长。

9.4.3　测试操作

(1)根据所做实验认真配制样品。

(2)开机后，不论单机还是联机测试，都要对仪器进行充分清洗平衡，打开泵的电源，自检通过后，以 0.1 mL/min 的起始流速，每 1～2 min 提高 0.1 mL 的速度，将流速调整至实验流速。

(3)打开 DAWN HELEO 的电源，3～4 min 后通过自检，自动进入实验界面，用泵或注射器将溶剂注入仪器，基线冲洗成一条直线(噪声在最佳状态下一般小于十万分之 5 V)，即可开始实验。

(4)示差检测器 OPTILAB rEX，在清洗平衡过程中，要打开 PURGE(冲洗阀)，充分清洗参比电极和样品池；清洗过程中不时打开、关上 PURGE，赶出气泡，然后关上 PURGE，回零(ZERO)即可开始实验。

(5)如做 GPC 联机实验，在软件设置好前，将进样阀扳至"LOAD"状态。

(6)在软件中选择正确的实验模版，设置参数，点击"RUN"，开始实验。

(7)采集、处理数据。

(8)充分清洗仪器。

(9)将流速以 0.1 mL/1～2 min 的速率下调至 0。

(10)关机。

9.4.4　仪器操作注意事项及维护

(1)样品应充分溶解并过滤膜，样品瓶应使用超纯水进行浸泡清洗以去除瓶壁上存在的灰尘。

(2)色谱柱应使用超声过滤后的淋洗液充分冲洗平衡，之后方可进行进样操作。

(3)实验过程中仔细观察实验现象及谱图变化，出现异常情况或遇到故障应及时排除，无法排除时报告指导教师。

(4)自觉保持操作环境的卫生。①对于样品处理、溶解要严格按照要求完成。②样品和溶剂都要严格过滤。激光光散射实验中必须对样品严格除尘，溶液中的灰尘会产生强烈的光散射，严重干扰聚合物溶液光散射的测量。溶液除尘是光散射成败的关键。首先是溶剂除尘，配置测试样品的溶剂应进行精馏，并经过 0.2～0.45 μm 超滤膜过滤后方可使用。配好的溶液也要用 0.2～0.45 μm 的超滤膜过滤。另外，测试中所用的器械，如注射器等，使用前要用洗液浸泡，清水强力冲洗。③示差结构特殊，不要忘记打开 PURGE 冲洗。④替换溶剂要注意溶剂之间的互溶性。⑤泵流速升降一定要慢，否则会造成柱子的损坏。柱子为耗材，不在保修范围之内。⑥做单机实验最好选择进口滤头，国产滤头易破，会造成管路堵塞。

9.5　应　　用

9.5.1　高分子聚合物特性

利用多角度激光光散射系统(multi-angle laser light scattering，MALLS)结合

GPC，可以不用依赖泵的流速、校正曲线及其他任何假设，即可直接求得重均分子量及分子量分布等数据。

MALLS 通过利用色谱柱分离出的样品在各个角度的光散射量（图 9-6），由示差折光检测器（RI）检测器得到洗脱液浓度及 dn/dc 值，通过计算即可得出各个切片的分子量。

图 9-7 和图 9-8 显示高分子混合物经分离后 MALLS 及 RI 的洗脱体积对照图。由此图看出 RI 对大分子量浓度低的物质较不敏感，而对低分子量高浓度者较敏感。

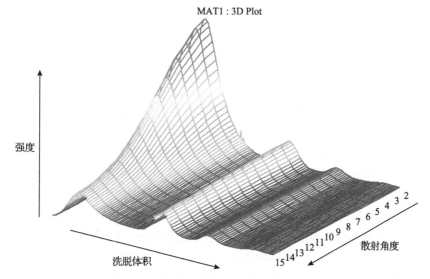

图 9-6　光散射强度、洗脱体积与角度作图

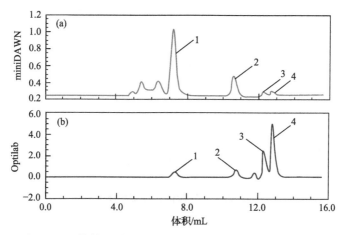

图 9-7　由 ASTRA 软件得到的 miniDAWN（a）和 Optilab 示差检测器（b）信号

1. BSA：67000，64300±700，1%；2. 溶解酵素：14300，14600±300，1%；3. 缓激肽：1060，1090±10，2%；4. 亮氨酸脑啡肽：556，592±6，3%

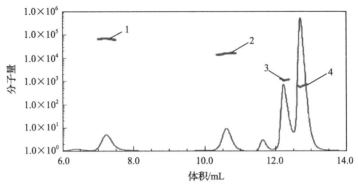

图 9-8　分子量对洗脱体积图

9.5.2　蛋白质及其聚合体

在各种工业应用中，测定蛋白质的绝对特性不仅严格而且必要，例如在生化工程应用上，以蛋白质为基质的产品必须很纯而且无任何聚集存在。而测定蛋白质的分子量和是否有聚集态存在，光散射法是最理想的工具之一。

以往，在水相中用低角度光散射测量法(LALLS)受到溶剂中不纯的物质干扰相当大。而 MALLS 的多角度测量大大降低了背景噪声的干扰，并能提供完整的信息和良好的重现性结果。图 9-9 显示蛋白质混合物的 MALLS 和 RI 的信号。样品在 0.1 mol/L NaCl-0.05 mol/L 磷酸盐缓冲液中进行实验，RI 为 Wyatt Optilab 903，流速为 0.1 mL/min，色谱柱为 Shodex KW-803 和 KW-804。虽然此样品为标准样品，但 MALLS 仍很清楚地检测到聚集现象，此现象在 RI 几乎无法辨认。

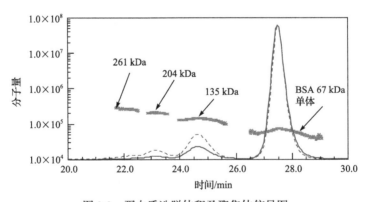

图 9-9　蛋白质洗脱体积及聚集体信号图

9.5.3　分支

高分子聚合物的分支程度和分布是影响其物理和化学性质的一个重要因素。采用多角度激光光散射系统(MALLS)与 GPC 系统联用是唯一确定分支系数 g_M 的方法。虽然也有一些其他确定分支的方法，但是都不够直接且需要众多假设及"虚拟因子"。

由传统的 RI 或 Viscometer(黏度检测器)测定的高支化分子的分子量与绝对值有很大的差别，若欲做有效的色谱柱校正，则需以一系列与待测物成分相同的标准品作校正。若标准样品与待测物的成分或组分不同，则会产生很大的误差。例如分子量相同的球形高分子的洗脱时间比无规则线团状分子要长。

因为 MALLS 所求得分子量和大小为绝对值，因此计算分支系数 g_M 不需要任何假设。由 MALLS 直接所求得的分子大小会对分支率有直接影响。对长链状分子而言，当分子量相同时，其 g_M 值越小，则分支程度越大。分支比的定义为分支分子的旋转半径与长链分子的旋转半径之比，即 $g_M = \langle r^2 \rangle_b / \langle r^2 \rangle_l$，由 MALLS 测得。

图 9-10 为由 MALLS 测得的分支状和长链形的高分子(PS)的旋转半径和分子量对照图。可看出，虽然其分子量相同，但分布明显不同。图 9-11 为 r_g 对 M_w 作图，可以看出样品(海藻酸钠)在辐射后分子构型的变化。

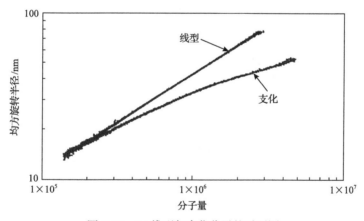

图 9-10　PS 线型与支化分子的对照图

9.5.4　动力学/反应速率

MALLS 还可以用于研究如抗原、抗体等反应迅速的溶液系统、粒子和蛋白质聚集现象的检测。使用 MALLS 可研究抗原-抗体反应，反应发生时就可决定聚集粒子的大小。当改变温度、浓度或催化剂时，MALLS 可记录下反应发生时分子的特殊变化。

使用 DAWN 检测器研究浓度对分子量为 75 000 单分子蛋白质聚集作用的影响。图 9-12 描述了这种特殊蛋白质从 30 μg/mL 到 1 mg/mL 范围内的浓度相关性。

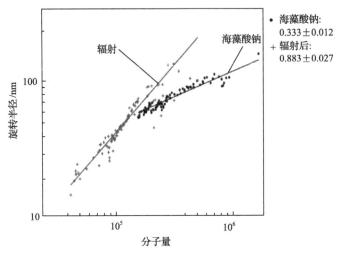

图 9-11　旋转半径对分子量图(分子构型图)

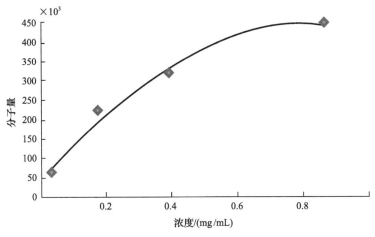

图 9-12　浓度变化对蛋白聚集的影响

如图所示,该蛋白质在低浓度作为单一分子而在浓度大于 700 μg/mL 时聚集为六聚体。该结果与由戊二醛高度交联技术所得结果完全相符。

9.5.5　低分子量的测定

　　DAWN HELEO 或 mini DAWN TREOS 的固定光电二极管检测器可以捕捉到很微弱的光散射信号,使得分子量的测定成为可能。使用 DAWN 系列标准配制的任何一款激光器,都可以轻易地测量分子量低于 2000 的聚合物,并具有相当的准确性。

　　由于 DAWN HELEO 或 mini DAWN TREOS 具有三个以上的多角度同时捕捉

散射信号的能力，即使极微弱的信号，如只比背景值略高的低分子量样品所散射出的信号也可以从不同的角度去捕捉，累计在一起就可以计算出相当准确的结果。这是单角度或者两角度检测器所无法做到的。

图 9-13 为分子量分别为 580、1400 及 2000 的聚苯乙烯样品分子量对洗脱体积的对应图。样品量浓度分别为 7.1 mg/mL，2.9 mg/mL 及 2.2 mg/mL。经 ASTRA GPC 软件分析得出如表 9-8 的平均分子量。图 9-14 为分子量分布图。

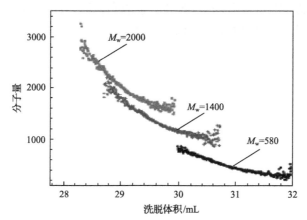

图 9-13　低分子量样品与洗脱体积图

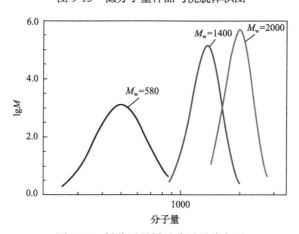

图 9-14　低分子量样品分子量分布图

表 9-8　样品平均分子量

样品	样品 M_w	低散射 M_w
A	580	512±17
B	1400	1371±29
C	2000	2012±40

一般传统光散射仪给人们的印象是不易测得分子量较低的样品,甚至低于 10000 就比较困难。而采用最新的多角度激光光散射仪可轻易且准确地测量分子量几百的样品。

9.6 思 考 题

(1)样品溶液的折光指数增量(dn/dc)与进样体积、样品溶液浓度有何关系?

(2)实验温度与流速选择的原则是什么?

第10章 有机质谱分析

10.1 概　述

　　质谱分析是先将物质离子化，变为气态离子混合物，并按离子的质荷比分离，然后测量各种离子谱峰的强度而实现分析目的的一种分析方法。以检测器检测到的离子信号强度为纵坐标，离子质荷比为横坐标所作的条状图就是我们常见的质谱图。质谱仪是实现上述分离分析技术，从而测定物质的质量与含量及其结构的仪器。质谱分析法是一种快速、有效的分析方法，利用质谱仪可进行同位素分析，化合物分析，气体成分分析以及金属和非金属固体样品的超纯痕量分析。质量是物质的固有特征之一，不同的物质有不同的质量谱(质谱)，利用这一性质，可以进行定性分析；谱峰强度也与它代表的化合物含量有关，利用这一点，可以进行定量分析。在有机混合物的分析研究中已经证明了质谱分析法比化学分析法和光学分析法具有更加卓越的优越性，其中有机化合物质谱分析在质谱学中占最大的比重，全世界几乎有 3/4 仪器从事有机分析，现在的有机质谱法，不仅可以进行小分子的分析，而且可以直接分析糖、核酸、蛋白质等生物大分子，在生物化学和生物医学上的研究成为当前的热点。

　　目前的有机质谱和生物质谱仪，除了 GC-MS 的电轰击电离(EI)和化学电离(CI)，离子化方式还有大气压电离(API)(包括大气压电喷雾电离 ESI、大气压化学电离 APCI)与基质辅助激光解吸电离。前者常采用四极杆或离子阱质量分析器，统称 API-MS，后者常用飞行时间作为质量分析器，所构成的仪器称为基质辅助激光解吸电离飞行时间质谱(MALDI-TOF-MS)。API-MS 的特点是可以和液相色谱、毛细管电泳等分离手段联用，扩展了包括药物代谢、临床和法医学、环境分析、食品检验、组合化学和有机化学等的应用范围；MALDI-TOF-MS 的特点是对盐和添加物的耐受能力高，且测样速度快，操作简单。

10.2　仪器构成及原理

　　质谱仪包括进样系统、离子源、质量分析器、离子检测器及记录器几大部分，其基本结构如图 10-1 所示。

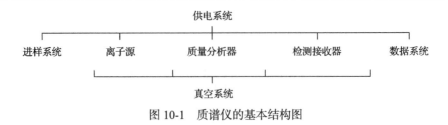

图 10-1　质谱仪的基本结构图

10.2.1　进样系统

质谱仪只能分析、检测气相中的离子，不同性质的样品往往要求不同的电离技术和相应的进样方式。商品仪器一般配备以下进样系统，供测定不同样品时选用。

1. 储罐进样

这个系统主要包括储气室、加热器、真空连接系统及一个通过分子漏孔将样品导入离子源的接口。气体和液体样品在不需要进一步分离时可以通过这种方式进样，足够的样品量可以在较长时间内(>30 min)给离子源提供较稳定的样品源。

2. 探头进样

质谱实验室经常要为合成工作者送来的"纯"固体或高沸点液体提供质谱数据。这些样品通常蒸气压低或热稳定性差，只能通过探头引入离子源。

采用直接插入探头进样的样品需要满足以下三个条件。①样品在离子源中电离之前必须气化；②在气化过程中样品不发生或少发生热分解；③样品能在离子源中维持一定的蒸气压。

3. 色谱进样

复杂化合物的直接质谱数据是没有意义的。借助色谱的有效分离，质谱可以在一定程度上鉴定出混合物的成分。毛细管柱气相色谱由于载气流量很小，与质谱的联用很简单，把色谱柱的出口直接插入质谱仪的离子源中即可。液相色谱与质谱的联用经历了相当艰难的摸索，现在已有十分理想的接口。目前商品化质谱仪普遍采用的主要有大气压化学电离和电喷雾电离两种方式。

10.2.2　电离方式和离子源

在离子源中样品被电离成离子。不同性质的样品可能需要不同的电离方式。近些年来，生物大分子的分析对质谱的电离方式提出了更高的要求，新的离子源不断出现。本节我们介绍几种最主要的电离方式及相应的离子源结构。

1. 电子轰击电离

电子轰击(electron impact，EI)电离使用具有一定能量的电子直接作用于样品分子，使其电离。图 10-2 是典型 EI 离子源的结构示意图。用钨或铼制成的灯丝在高真空中被电流炽热，发射出电子。在电离盒与灯丝之间加一电压(正端在电离盒上)，这个电压被称为电离电压。电子在电离电压的加速下经过入口狭缝进入电离区。样品气化后在电离区与电子作用一些分子获得足够能量后丢失一个电子形成正离子。在永久磁铁的磁场作用下，电子束在电离区做螺旋运动，增大与中性分子的碰撞概率，从而使电离效率提高。

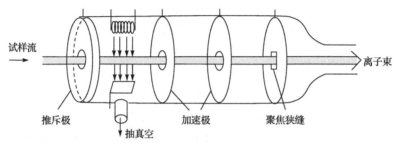

试样流 → 离子束

推斥极   抽真空   加速极   聚焦狭缝

图 10-2 电子轰击离子源的结构

有机化合物的电离能在 10 eV 左右。当大于这一能量的电子轰击时，样品分子获得很大能量，电离发生后还可能进一步碎裂。大多数 EI 质谱图集或数据库收录在 70 eV 下获得的质谱图中，在这个能量下，灵敏度接近最大值，而且分子电离的破碎不受电子能量的细小变化的影响。EI 源电离效率高，能量分散小，这保证了质谱仪的高灵敏度和高分辨率。

2. 化学电离

在电子轰击电离中，样品分子与具有一定能量的电子直接作用，产生分子离子，而有些化合物的分子离子热力学能高，很不稳定。这使得一些化合物的分子离子信号变得很弱，甚至检测不到。化学电离(chemical ionization，CI)通过引入大量的试剂气，使样品分子与电离电子不直接作用。试剂气分子被电子轰击电离后因离子-分子反应产生一些活性反应离子，这些离子再与样品分子发生离子-分子反应，使样品分子实现电离。

化学电离源在结构上与 EI 源没有太大差别。

化学电离可以使用多种不同的单一或混合试剂气。不同试剂气的反应离子不同，与样品的离子-分子反应可能是电荷交换、质子转移或氢负离子转移。这个电离过程与电子轰击相比，样品分子电离后热力学能相对较低，碎裂反应减少。对于使用最普遍的甲烷试剂气，下列离子-分子反应给出其优势反应离子 CH_3^+ 和 $C_2H_5^+$。

$$CH_4^+ \cdot \longrightarrow CH_3^+ + H \cdot$$

$$CH_3^+ + CH_4 \longrightarrow C_2H_5^+ + H_2$$

这两个离子的共轭碱(CH_4 和 C_2H_4)的低质子亲和力使其成为良好的质子供给体,样品分子 M 获取质子生成 MH^+ 离子。

$$M + CH_5^+ \longrightarrow MH^+ + CH_4$$

$$M + C_2H_5^+ \longrightarrow MH^+ + C_2H_4$$

如果样品分子的质子亲和力更低,其他离子-分子反应可能发生。例如:

$$C_nH_{2n+2} + CH_5^+ \longrightarrow [C_nH_{2n+1}]^+ + CH_4 + H_2$$

3. 大气压化学电离

气相中放热的质子转移反应的速率常数接近于碰撞速率常数,因此化学电离能够高效地产生离子。在大气压下,化学电离反应的速率更大,电离效率更高。

较早的一种大气压化学电离(atmospheric pressure chemical ionization,APCI)离子源由一个小体积($1 \ cm^3$)的电离盒通过一个微孔($\sim 25 \ \mu m$)与质量分析器相连,样品(如色谱的流出物)进入电离盒中受 ^{63}Ni 的 β 射线辐射发生电离。这种设计所允许的载气流速为 $10 \sim 100 \ mL/min$。电离过程在大气压下进行,色谱的流动相起着试剂气的作用。由于体积小,离子源一直处于加热中,这样可以减少源壁上的吸附。

另一种设计采用的是电晕放电电离,离子源结构如图 10-3 所示。电离室没有严格界定的边缘,电离区由点晕点到取样微孔,体积相对较大。高抽速的真空泵

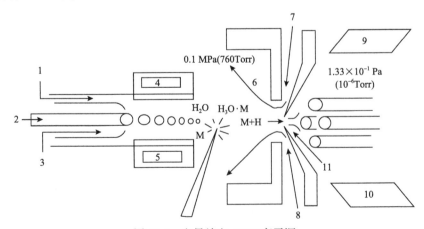

图 10-3　电晕放电 APCI 离子源

1-雾化器气;2-流出液;3-修饰气;4,5-加热器;6-气帘;7,8-N_2;9,10-二级泵区;11-试样流

可以维持分析室的真空，取样微孔的孔径也增大至 100 μm，所允许的载气流速可高达 9 L/s。大气电离的一个干扰是溶剂分子(如水)与样品分子形成簇合离子。在电晕放电电离设计中，在取样微孔与电离反应区之间增加了一层幕气流，这既可避免微孔被堵塞，同时又能使簇合离子解簇。

4. 快原子轰击电离

以高能量的初级离子轰击表面，再对由此产生的二次离子进行质谱分析是材料表面分析的一种重要方法。在此基础上发展起来的两种十分相似的电离技术，快原子轰击(fast atom bombardment，FAB)和液体二次离子质谱(liquid secondary ion mass spectrometry，LSIMS)在有机质谱中有着重要地位。这两种技术均采用液体基质负载样品，其差异仅在于初级高能量粒子不同，前者使用中性原子束，后者使用离子束。FAB 使用原子束是为了避免向有高电压的离子源引入带电粒子可能引起的麻烦。

5. 等离子体解吸电离

等离子体解吸(plasma desorption)质谱(PDMS)采用放射性同位素(如 ^{252}Cf)的核裂变碎片作为初级粒子轰击样品使其电离。样品以适当溶剂溶解后涂布于 0.5～1 μm 厚的铝或镍箔上，^{252}Cf 的裂变碎片从背面穿过金属箔，把大量能量传递给样品分子，使其解吸电离。

^{252}Cf 的主要裂变产物是 Ba^{18+} 和 Tc^{22+}，动能分别为 79 MeV 和 104 MeV，大大高于 FAB/LSIMS 所采用的初级粒子束的动能，能在 10^{-12}s 内产生高度集中的过热点。在制备样品时，采用硝化纤维素作为底物使得 PDMS 可用以分析分子量高达 14000 的多肽和蛋白质样品。在电喷雾电离和基质辅助激光解吸电离出现之前，PDMS 是唯一可用于分析大分子量生物样品的质谱方法。

6. 激光解吸电离

20 世纪 60 年代后期，激光技术开始应用于质谱分析中，这主要包括两个方面。一方面是多光子技术，包括多光子电离和光致解离，通过激光光子与气相中的分子或离子的作用使其电离或解离；所研究的是相对较小的分子。另一方面是激光解吸技术，通过激光束与固相样品分子的作用使其产生分子离子和具有结构信息的碎片；所研究的是结构较为复杂、不易气化的大分子。

激光解吸微探针是早期的一种离子源，其结构与 PDMS 十分类似，样品被涂布在金属箔上；被聚焦到功率密度高达 $10^{6}～10^{8}$ W/cm^2 的激光束从背面照射样品使其电离。

图 10-4 是 MALDI-MS 仪器的结构示意图。采用固体基质以分散被分析样品

是 MALDI 技术的主要特色和创新之处。基质的主要作用是作为把能量从激光束传递给样品的中间体。此外,大量过量的基质(基质:样品=10 000:1)使样品得以有效分散,从而减小被分析样品分子间的相互作用力。

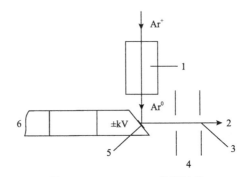

图 10-4　MALDI-MS 仪器结构

1-原子枪;2-分析器;3-样品离子束;4-拉出和聚焦;5-样品;6-探针

7. 电喷雾电离

电喷雾电离(electro spray ionization,ESI)是一种使用强静电场的电离技术,其原理如图 10-5 所示。内衬弹性石英管的不锈钢毛细管(内径 0.1~0.15 mm)被加以 3~5 kV 的正电压,与相距约 1 cm 接地的反电极形成强静电场。被分析的样品溶液从毛细管流出时在电场作用下形成高度荷电的雾状小液滴;在向质量分析器

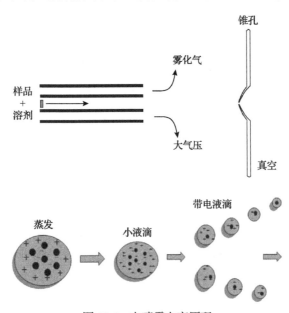

图 10-5　电喷雾电离原理

移动的过程中，液滴因溶剂的挥发逐渐缩小，其表面上的电荷密度不断增大。当电荷之间的排斥力足以克服表面张力时(瑞利极限)，液滴发生裂分；经过这样反复的溶剂挥发-液滴裂分过程，最后产生单个多电荷离子。

ESI 在大气压力和环境温度下进行，被分析物的分子在电离过程中通常产生多重质子化的离子。

ESI 所能承受的液体流量通常为 1~20 μL/min。向喷雾区引入一股逆向的氮气流可以促进雾状液滴的脱溶剂过程。而在内衬的弹性石英毛细管与金属毛细管之间增加一股同轴的助雾化气流可使液体流量提高到 2 mL/min，这可使 HPLC 与质谱直接联用。这一技术被称之为离子喷雾(ionspray)。

电喷雾通常要选择合适的溶剂。除了考虑对样品的溶解能力外，溶剂的极性也需考虑。一般来说，极性溶剂(如甲醇、乙腈、丙酮等)更适合于电喷雾。但对于水溶液，由于液体表面张力较大，ESI 要求的阈电位也较高。为了避免高压放电，可向喷雾区引入有效的电子清除剂(如 SF_6)或使离子源加热以降低表面张力。另一种使水溶液喷雾的有效方法是在石英毛细管与金属毛细管之间增加一股能与水互溶的同轴溶剂流，使水溶液在喷雾之前得到稀释。

10.2.3　质量分析器

1. 扇形磁场和静电场

一个质量为 m，电荷价态为 z 的离子经加速电压 V 加速后，获得动能 zeV 并以速度 v 运动。忽略加速前的热运动，则

$$\frac{1}{2}mv^2 = zeV \tag{10-1}$$

式中，e 为一个电子的电荷。将该离子垂直射入扇形磁场中，在洛伦兹力作用下做圆周运动，如图 10-6 所示，所受到的向心力和离心力平衡。所以

$$Bzve = \frac{mv^2}{r} \tag{10-2}$$

式中，B 为磁场强度；r 为离子的运动轨迹半径。合并上述两式可得

$$r = \frac{1}{B}\left(\frac{2mV}{ze}\right)^{\frac{1}{2}} \tag{10-3}$$

这表明，不同质量的离子具有不同的轨迹半径，质量越大，其轨迹半径也越大。这意味着磁场具有质量色散能力，可单独用作质量分析器。若改变加速电压 V(对

应于离子动能的变化)，离子的运动半径轨道也发生变化。磁场的这一能量色散力是单聚焦质谱仪不能获得高分辨的原因。

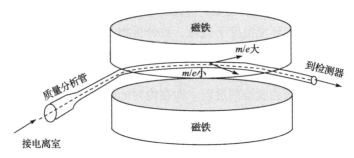

图 10-6　离子在扇形磁场中的运动

当仪器将离子的运动轨道半径 r 固定后，(10-2)式可改写为

$$\frac{m}{z} = k\frac{B^2}{V} \tag{10-4}$$

式中，k 为一常数。这表明，离子的质荷比(m/z)与磁场强度的平方成正比，而与加速电压成反比。若将加速电压固定，扫描磁场则可检出样品分子生成的各种 m/z 值的离子。式(10-3)还表明，增加磁场强度使仪器的质量范围增大；降低加速电压也能达到相同目的，但仪器灵敏度有所下降。

将离子垂直射入由一对半径分别为 r_1 和 r_2 的同轴扇形柱面电极组成的静电场中，离子做半径为 r 的圆周运动，受到的电场力和离心力平衡。所以，

$$zeE_r = \frac{mv^2}{r_e} \tag{10-5}$$

将离子的动能代入上式得

$$r_e = \frac{2V}{E_r} \tag{10-6}$$

式中，E_r 为离子运动轨迹上的电场强度。当此值一定时，加速电压(对应于离子的动能)的改变将导致离子运动轨迹半径的改变。因此，扇形静电场是一个能量分析器。

在半径为 r_e 的圆弧上，电场强度为

$$E_r = \frac{1}{r_e}\frac{2E}{\ln\dfrac{r_1}{r_2}} \tag{10-7}$$

式中，E 为静电场的电压。将式(10-6)代入式(10-7)中，得

$$E = V \ln(r_1/r_2) \tag{10-8}$$

扇形电极的半径 r_1 和 r_2 是固定的。因此，在双聚焦仪器中，静电场电压和加速电压维持着一定的比例关系。

扇形磁场具有质量色散和能量色散，扇形静电场具有能量色散。此外，它们都具有方向聚焦能力。将扇形磁场和电场串接，并设置适当的离子光学参数，则在某点可达到的方向和能量的双聚焦，如图 10-7 所示。

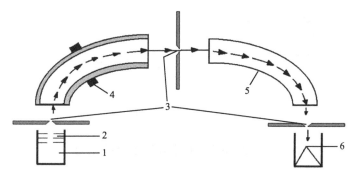

图 10-7　逆置双聚焦质谱仪的离子光学
1-离子源；2-加速区；3-狭缝；4-静电分析器；5-磁场分析器；6-收集器

磁场在电场之后的构型是顺置的几何结构；磁场在电场之前的构型(逆置几何结构)是最重要的质谱/质谱串联结构之一。在图 10-6 所示的构型中，离子源与磁场之间的区域是第一无场区，磁场与电场之间为第二无场区，是最重要的无场区，其中可以设置各种碰撞室和电极，以观察离子的碎裂反应。

2. 四极杆质量分析器

四极杆质量分析器由四根平行电极组成。理想的电极截面是两组对称的双曲线，如图 10-8 所示。在一对电极上加电压 $U+V\cos\omega t$，另一对上加电压$-(U+V\cos\omega t)$，其中，U 是直流电压，$V\cos\omega t$ 是射频电压，由此形成一个四极场，其中任意一点上的电位

$$\Phi = \frac{(U + V \cos \omega t)(x^2 - y^2)}{r_0^2} \tag{10-9}$$

当质荷比为 m/e 的离子沿 z 轴方向射入四极场时，其运动方程为

$$\frac{\mathrm{d}^2 x}{\mathrm{d}t^2} + \frac{2e}{mr_0^2}(U + V \cos \omega t)x = 0 \tag{10-10}$$

$$\frac{\mathrm{d}^2 y}{\mathrm{d}t^2} - \frac{2e}{mr_0^2}(U + V\cos\omega t)y = 0 \tag{10-11}$$

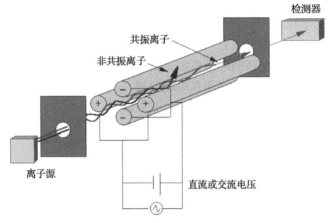

图 10-8　四极杆质量分析器

令 $\dfrac{8eU}{mr_0^2\omega^2} = a$ ，　$\dfrac{4eV}{mr_0^2\omega^2} = q$ ，　$\xi = \omega t/2$ ，上述方程组可简化为

$$\frac{\mathrm{d}^2 x}{\mathrm{d}t^2} + (a + 2q\cos 2\xi)x = 0 \tag{10-12}$$

$$\frac{\mathrm{d}^2 y}{\mathrm{d}t^2} - (a + 2q\cos 2\xi)y = 0 \tag{10-13}$$

这是典型的 Mathieu 方程，其解十分复杂，所代表的物理意义可由以 a, q 为坐标的轴线表示。a, q 值在稳定区内的离子产生稳定振荡，顺利通过四极场到达检测器；a, q 值在非稳定区的离子因产生不稳定振荡而被电极中和。对于一台四极质谱仪，其场半径 r_0 为确定值，ω 也选为定值。若以 $a/q = U/V =$ 常数对 V 进行扫描，可使一组不同质量的离子先后进入稳定区而被检测。显然，a/q 值越大(扫描成的斜率越大)，在扫描线上稳定区内的质量范围越窄，仪器的分辨率越高。由此也可看出，四极杆质量分析器实际上是一个质量过滤器。

3. 飞行时间质谱

在离子源中产生的离子经电压 V 加速后获得的速度为

$$v = \sqrt{\frac{2zeV}{m}} \tag{10-14}$$

式中，ze 为离子的电荷；m 为离子的质量。经过长度为 L 的漂移管到达检测器，离子飞行需要的时间为

$$t = \frac{L}{v} = L\sqrt{\frac{m}{2zeV}} \qquad (10\text{-}15)$$

由式(10-14)和式(10-15)可以看出，质量越大的离子飞行速度越小，到达检测器所需要的时间也越长。两个质量分别为 m_1 和 m_2 的离子飞行时间之差：

$$\Delta t = \frac{L(\sqrt{m_1} - \sqrt{m_2})}{\sqrt{2zeV}} \qquad (10\text{-}16)$$

仪器的质量分辨率可近似地由时间表示：

$$\frac{m}{\Delta m} \approx \frac{t}{2\Delta t} \qquad (10\text{-}17)$$

　　由此可见，提高加速电压，使离子的飞行时间缩短，仪器分辨率下降；而增加漂移管的长度，使离子的飞行时间增加，仪器分辨率提高。

　　飞行时间质谱首先要考虑的问题是如何使离子在被注入漂移区后既无空间发散又无能量发散。如果相同质量的离子在不同时间离开离子源或存在能量分散，分辨率将大为下降。解决这个问题有两种方法。一种方法是两级加速技术，如图 10-9 所示，使离子在被加速到最终动能之前先被栅极加速；在这个过程中，离栅极较远的离子将比较近的离子获得更多动能(存在电位梯度)，因此可以赶上后者。两级加速可是空间发散和能量不均大为减小。

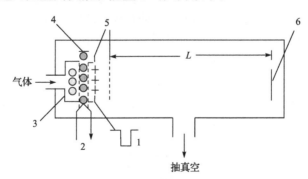

图 10-9　两级加速式飞行时间质谱
1-脉冲电压；2-灯丝；3-电离室；4-电子接收极；5-栅极；6-离子检测器

　　另一种方法是采用离子反射技术，使不同动能的离子得到聚焦。在经过漂移管后，离子进入减速反射区；动能较大的离子在该区中进入较深(存在运动惯性)，反射过来所需要的时间也稍长，这使动能较小的离子可以赶上。因此，经过反射

质量相同而动能略有不同的离子可以同时到达检测器。

4. 离子阱质量分析器

离子阱检测主要有两种情况: 一种是仅有射频(RF)外加电压; 另一种是仅有直流(DC)外加电压。在多数离子阱仪器中, 应用了仅有 DC 外加电压和扫描电压的方法。扫描电压的增加可以依次将离子按质荷比的大小推出稳定区。被推出稳定区的离子由放置在离子阱后方的检出器接收。

当仅有 RF 外加电压, 不存在直流项时, α_r 和 α_z 为零。另外, 径向上的强迫振荡 ω_r 不如轴向上的 ω_z 容易实现共振, 在此不加以论述。如果仅考虑轴向上的强迫振荡, 有近似式

$$\omega_z = \frac{q_z}{\sqrt{2}} \frac{\omega}{2} = \frac{\sqrt{2}ev}{mr_0^2\omega} \tag{10-18a}$$

或

$$\frac{m}{e} = \frac{\sqrt{2}}{r_0^2} \frac{v}{\omega} \frac{1}{\omega_z} \tag{10-18b}$$

离子振荡的半径 R 为

$$R = \frac{v}{\omega_z} \tag{10-19}$$

式中, v 为离子振荡的圆周速度, 可以分解为轴向速度 v_z 和径向速度 v_r。

在热平衡时, 圆周速度的大小由离子的热运动决定, 因此, 通常离子阱中离子受迫运动的半径受到离子热运动的限制, R 值很小, 与离子阱尺寸有几个数量级的差异, 几乎不会再离子阱电极上得到信号。

由于离子阱的捕获离子空间主要集中在离子阱中央, 离子主要在中央区域运动, 离子阱其他部分空间电势随双曲线增加, 限制了离子的逃逸。在无直流项外电压时, 稳定振荡的阱的深度为

$$\phi_z = \frac{qvr^2 + 4z^2}{8r_0^2 + 2z_0^2} \tag{10-20a}$$

$$\phi_r = \frac{qvr^2 + 4z^2}{16r_0^2 + 2z_0^2} \tag{10-20b}$$

不难计算阱深的数量级在离中心 10 V 左右的区域, 要精确测量离子受迫振荡

频率 ω_z，其振荡半径 R 必须加大以致在电极上可以测到足够的离子信号。实现给定质量数离子的共振是一种有效的方法。在端电压上加上共振频率为 ω_z 的激发电压，并满足关系式(10-18b)，该离子在电场吸收共振频率的能量为 ΔE（ΔE 与共振电压持续时间有关）。

5. 傅里叶变换-离子阱回旋共振质谱仪

傅里叶变换-离子回旋共振质谱是现代分析科学领域中十分重要的一类仪器，它是根据离子在磁场中会进行回旋运动的特色设计的。目前全球也只有 Bruker、IonSpec 等公司生产此类仪器。

当离子进入磁场时，会受到洛仑兹力的作用，因此会在垂直于磁场的平面做环形运动，当离子在一定的轨迹上做匀速运动时，其受到的洛仑兹力 F_{Lor} 和向心力 F_{cen} 是一对平衡力，即

$$F_{\text{Lor}} = F_{\text{cen}}$$

因此

$$F_{\text{Lor}} = q\upsilon B, \quad F_{\text{cen}} = \frac{m\upsilon^2}{R}$$

所以

$$\frac{m\upsilon^2}{R} = q\upsilon B$$

而 $\upsilon = 2\pi R f$ ，由此得出

$$f = \frac{qB}{2\pi m} \tag{10-21}$$

因为 $\omega = 2\pi f$
故有

$$\frac{m}{q} = \frac{B}{\omega} \tag{10-22}$$

可以看出离子回旋运动的频率是和离子的质荷比有关的函数，由此，测定出离子回旋运动的频率就可以确定离子的质荷比。在这类仪器中关键的部分是超导磁场和离子俘获池(也就是离子进行回旋运动的场所)。此类商品化仪器中的超导磁场的强度一般是 3～10T 不等。

傅里叶变换-离子阱回旋共振质谱突出的优点是质量分辨率很高：

$$R = \frac{1}{\left(\dfrac{\Delta m}{m}\right)} = \frac{1}{\left(\dfrac{\Delta f}{f}\right)} = \frac{1}{\left(\dfrac{m}{z}\right)} \cdot B \cdot \tau$$

增加磁场的强度和延续离子运动的寿命可以显著提高分辨率。表 10-1 为不同质荷比下的分辨率水平。

表 10-1 不同质荷比下分辨率水平

样品	m/z	分辨率
Ar	40	200 000 000
PEG	3200	200 000
PPG	6000	50 000
(CsI)$_x$Cs	10 000	50 000

傅里叶变换-离子阱共振回旋质谱仪可以和多种离子源结合使用，如电子轰击、场致电离、离子轰击、快原子轰击、基质辅助激光电离源、电喷雾、热喷雾等。和电喷雾离子源结合使用时，利用电喷雾电离使分析物带多电荷的特性可以检测分子量几十万甚至上百万的大分子。由于此类仪器具有离子俘获的功能，所以也很容易实现多级质谱检测。

傅里叶变换-离子阱回旋共振质谱仪的优点有：

(1)高分辨率，大约 10^6，而且子离子的分辨率不比母离子差，甚至还略好些。

(2)检测的灵敏度不随分辨率和质荷比的改变而不同。

(3)质量检测精度高，在经常进行质量校正的情况下，质量的检测误差小于 2×10^{-6}，而不进行质量校正也可以使检测的误差小于 1×10^{-4}。

(4)正离子和负离子的检测都十分简易。

(5)比较适合进行 MS^n 的检测。

但傅里叶变换-离子阱回旋共振质谱仪也有一些缺陷。比如，由于维护超导磁场必须使用大量的液氦，费用较高；离子运动的模式还没有准确的数学模型加以描述。

10.2.4 离子检测器和记录器

作为离子检测器的电子倍增器种类很多，但基本工作原理相同。一定能量的离子打到电极的表面，产生二次电子，二次电子又受到多极倍增放大，然后输出到放大器，放大后的信号供记录器记录。电子倍增器常有 $10 \sim 20$ 级，电流放大倍数为 $10^5 \sim 10^8$ 倍。电子通过电子倍增器的时间很短，利用电子倍增器可实现高灵敏度和快速测定。质谱仪常用的记录器是紫外线记录器。紫外线由高压汞灯发生，照射到振子(检流计)反射镜上，当放大后的离子流信号加到振子的动圈上时，振子产生偏转，偏转角与信号幅值成比例，因此，由振子反射镜反射的光线，表示了不同 m/z 离子流的强度。反射的紫外线通过透镜作用到转动的紫外感光记录纸上，即得到质谱图。

10.2.5　质谱仪的主要性能指标

1. 分辨率

分辨率(resolution power)表示仪器分开两个相邻质量的能力，通常用 $R=M/\Delta M$ 表示。$M/\Delta M$ 是指仪器记录质量分别为 M 与 $M+\Delta M$ 的谱线时能够辩认出质量差 ΔM 的最小值。在实际测量中并不一定要求两个峰完全分开，一般规定强度相近的相邻两峰间谷高小于两峰高的 10%作为基本分开的标志(图 10-10)，这时分辨率用 $R_{10\%}$ 表示。

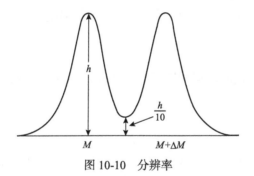

图 10-10　分辨率

例如 CO 和 N_2 所形成的离子，其质荷比分别为 27.9949(M) 及 28.0061 ($M+\Delta M$)，若某仪器刚能基本分开这两种离子，则该仪器的分辨率为

$$R = \frac{M}{\Delta M} = \frac{27.9949}{28.0061 - 27.9949} = 2500$$

2. 质量范围

质谱仪的质量范围是指仪器所能测量的离子质荷比范围。如果离子只带一个电荷，可测的质荷比范围实际上就是可测的分子量或原子量范围，有机质谱仪的质量范围一般从几十到几千。

3. 灵敏度

有机质谱仪常采用绝对灵敏度，它表示对于一个样品在一定分辨率情况下，产生具有一定信噪比的分子离子峰所需要的样品量。

10.2.6　质谱数据的表示

质谱的表示方式很多，除用紫外记录器记录的原始质谱图外，常见的是经过计算机处理后的棒图及质谱表。其他还有八峰值及元素表(高分辨质谱)等表示方式。

1. 棒图

棒图中，横坐标表示质荷比(m/z)，其数值一般由定标器或内参比物定出来。纵坐标表示离子丰度(ion abundance)，即离子数目的多少。表示离子丰度的方法有两种，即相对丰度和绝对丰度。

相对丰度(relative abundance)，又称相对强度，是以质谱中最强峰的高度定为100%，并将此峰称为基峰(base peak)。然后，以此最强峰去除其他各峰的高度，所得的分峰即为其他离子的相对丰度。

百分强度：所有峰的强度之各为100，每个离子所占的份额即为其百分强度，百分强度=$(I_i/\Sigma I_i)\times100\%$，其中 I_i 为第 i 个离子的强度。

2. 质谱表

质谱表把原始质谱图数据加以归纳，列成以质荷比为序的表格形式。

3. 八峰值

由化合物质谱表中选出八个相对强峰，以相对峰强为序编成八峰值，作为该化合物的质谱特征，用于定性鉴别。未知物可利用八峰值查找八峰值索引(eight peak index of mass spectra)定性。用八峰值定性时应注意，由于质谱受实验条件影响较大，同一化合物质谱八峰值可能含有明显差异。

4. 元素表

高分辨质谱仪可测得分子离子及其他各离子的精密质量，经计算机运算、对比，可给出分子式及其他各种离子的可能化学组成。质谱表中，具有这些内容时称为元素表(element list)。

10.3　串联质谱及联用技术

10.3.1　串联质谱

两个或更多的质谱连接在一起，称为串联质谱。最简单的串联质谱(MS/MS)由两个质谱串联而成，其中第一个质量分析器(MS1)将离子预分离或加能量修饰，由第二级质量分析器(MS2)分析结果。最常见的串联质谱为三级四极杆串联质谱。第一级和第三级四极杆分析器分别为 MS1 和 MS2，第二级四极杆分析器所起作用是将从 MS1 得到的各个峰进行轰击，实现母离子碎裂后进入 MS2 进行分析。现在出现了多种质量分析器组成的串联质谱，如四极杆-飞行时间(Q-TOF)串联质谱和飞行时间-飞行时间(TOF-TOF)串联质谱等，大大扩展了应用范围。离子阱和傅里叶变换分析器可在不同时间顺序实现时间序列多级质谱扫描功能。

MS/MS 最基本的功能包括能说明 MS1 中的母离子和 MS2 中的子离子间的联系。根据 MS1 和 MS2 的扫描模式，如子离子扫描、母离子扫描和中性碎片丢失扫描，可以查明不同质量数离子间的关系。母离子的碎裂可以通过以下方式实现：碰撞诱导解离、表面诱导解离和激光诱导解离。不用激发即可解离则称为亚稳态分解。

MS/MS 在混合物分析中有很多优势。在质谱与气相色谱或液相色谱联用时，即使色谱未能将物质完全分离，也可以进行鉴定。MS/MS 可从样品中选择母离子进行分析，而不受其他物质干扰。

MS/MS 在药物领域有很多应用。子离子扫描可获得药物主要成分、杂质和其他物质的母离子的定性信息，有助于未知物的鉴别，也可用于肽和蛋白质氨基酸序列的鉴别。

在药物代谢动力学研究中，对生物复杂基质中低浓度样品进行定量分析，可用多反应监测模式(multiple reaction monitoring，MRM)消除干扰。如分析药物中某特定离子，而来自基质中其他化合物的信号可能会掩盖检测信号，用 MS1/MS2 对特定离子的碎片进行选择监测可以消除干扰。MRM 也可同时定量分析多个化合物。在药物代谢研究中，为发现与代谢前物质具有相同结构特征的分子，使用中性碎片丢失扫描能找到所有丢失同种功能团的离子，如羧酸丢失中性二氧化碳。如果丢失的碎片是离子形式，则母离子扫描能找到所有丢失这种碎片的离子。

10.3.2　联用技术

色谱可作为质谱的样品导入装置，并对样品进行初步分离纯化，因此色谱/质谱联用技术可对复杂体系进行分离分析。因为色谱可得到化合物的保留时间，质谱可给出化合物的分子量和结构信息，故对复杂体系或混合物中化合物的鉴别和测定非常有效。在这些联用技术中，芯片/质谱联用(Chip/MS)显示了良好前景，但目前尚不成熟，而气相色谱/质谱联用和液相色谱/质谱联用等已经广泛用于药物分析。

1. 气相色谱/质谱联用(GC/MS)

气相色谱的流出物已经是气相状态，可直接导入质谱。由于气相色谱与质谱的工作压力相差几个数量级，开始联用时在它们之间使用了各种气体分离器以解决工作压力的差异。随着毛细管气相色谱的应用和高速真空泵的使用，现在气相色谱流出物已可直接导入质谱。

2. 液相色谱/质谱联用(HPLC/MS)

液相色谱/质谱联用的接口前已论及，主要用于分析 GC/MS 不能分析或热稳定性差、强极性和高分子量的物质，如生物样品(药物与其代谢产物)和生物大分子(肽、蛋白、核酸和多糖)。

3. 毛细管电泳/质谱联用(CE/MS)和芯片/质谱联用(Chip/MS)

毛细管电泳(CE)适用于分离分析极微量样品(nL 体积)和特定用途(如手性对映体分离等)。CE 流出物可直接导入质谱，或加入辅助流动相以达到和质谱仪相匹配。微流控芯片技术是近年来发展迅速，可实现分离、过滤、衍生等多种实验室技术于一块芯片上的微型化技术，具有高通量、微型化等优点，目前也已实现芯片和质谱联用，但尚未商品化。

4. 超临界流体色谱/质谱联用(SFC/MS)

常用超临界流体二氧化碳作流动相的 SFC 适用于小极性和中等极性物质的分离分析，通过色谱柱和离子源之间的分离器可实现 SFC 和 MS 联用。

5. 等离子体发射光谱/质谱联用(ICP/MS)

由 ICP 作为离子源和 MS 实现联用，主要用于元素分析和元素形态分析。

10.3.3　质谱法测定分子结构原理

1. 有机质谱测定

有机质谱提供的分子结构信息主要包括三个方面：①分子量；②元素组成；③由质谱裂解碎片检测官能团，辨认化合物类型，推导碳骨架。

必须注意，虽然质谱能提供结构信息，有时甚至是主要的关键信息，但是单凭质谱数据来确定一个有机分子是很少见的。推导结构时，往往须综合运用其他波谱数据，特别是核磁共振谱，此外如红外光谱、X 射线单晶衍射数据等。

若样品是已知化合物，则根据 EI 质谱图，运用计算机质谱图库中检索(确定谱图库中已有该化合物谱图)，对照相应谱图可鉴定该化合物。

1）分子量的测定

用 EI 质谱法研究过的有机化合物中，几乎有 75%可以直接由谱图读出其分子量。若样品化合物所产生的分子离子足够稳定，能正常达到检测器，则只要读出质谱图中分子离子峰的质量即其分子量。

不过由于下列几个原因，确认分子离子峰会遇到困难：

（1）分子离子不够稳定，在质谱上不出现分子离子峰。各类化合物 EI 质谱中 M^+ 稳定性次序大致为：

芳香环（包括芳杂环）＞脂环＞硫醚、硫酮＞共轭烯＞直链烷烃＞酰胺＞酮＞醛＞胺＞脂＞醚＞羧酸＞支链烃＞腈＞伯醇＞仲醇＞叔醇＞缩醛。

胺、醇等化合物的 EI 质谱中往往见不到分子离子峰。所以在测 EI 谱之后，最好能再测软电离质谱，以确定分子量。

（2）有时在质谱中不形成分子离子而产生加合离子，如在 CI 谱和 FAB 谱中形成 $[M+1]^+$ 的准分子离子（quasi molecular ion），这样，所测质量数减去 1 才是样品的分子量。在负离子质谱图（如负离子 FAB 质谱图）中会出现 $[M-1]^+$ 准分子离子，则测出的质量数加 1 才是分子量。在测 EI 质谱时，若采用 NH_3 作反应气，则可能出现 $[M+NH_3]^+$ 加合离子；在 FAB 质谱中有时可能出现金属加合离子，如 $[M+Na]^+$ 等。

（3）质谱中有时出现多电荷离子，尤其是 ESI 谱中更是如此。遇到这种情况，实际分子量应该是质谱表观分子量的 n 倍，n 为电荷数。

要判断质谱中高质量区的离子峰是否是分子离子峰可根据下列几点来考虑：

（1）看是否符合氮素规则。有机化合物主要由 C，H，O，N，F，Cl，Br，I，S 等元素组成。凡不含氮原子或含偶数个氮原子的分子，其分子量必为偶数（以最丰同位素相对原子质量数计算）；而含奇数个氮原子的分子，其分子量必为奇数。这就是氮素规则，该规则对于判断分子离子很有用。对这个规则的解释是：C，O，S 等元素的最丰同位素的相对质量数及化合价均为偶数，而 H 及卤素原子的化合价却为奇数。由 C，H，O，S，卤素原子组成的分子或含有偶数个或不含 N 原子的分子，其 H 和卤素原子总数必为偶数，所以它的分子量也必为偶数，而含奇数个 N 原子的分子，其 H 和卤素原子数之和必为奇数，所以分子量也必为奇数。

（2）看丢失是否合理。分子峰的质量数与其相邻的次一个峰质量数之差 Δm 是丢失碎片的质量。例如，$\Delta m=15$ 为丢失甲基的峰 $[M-CH_3]^+$，$\Delta m=17$ 为丢失羟基的峰 $[M-OH]^+$，$\Delta m=18$ 为丢失水分子的峰，$\Delta m=30$ 为丢失 CH_2O 或 NO 的峰 $[M-CH_2O]^+$ 或 $[M-NO]^+$ 等，这些丢失都是合理的。表 10-2 中列出了质谱中从分子"一般丢失"的数据。

表 10-2　从分子离子丢失的中性裂片

离子	中性裂片	可能的推断
M–1	H	醛(某些酯和胺)
M–2	H_2	—
M–14	—	同系物
M–15	CH_3	高度分支的碳链，在分支处甲基裂解，醛，酮，酯
M–16	CH_3+H	高度分支的碳链，在分支处裂解
M–16	O	硝基物、亚砜、吡啶 N-氧化物、环氧、醌等
M–16	NH_2	$ArSO_2NH_2$，—$CONH_2$
M–17	OH	醇，羧酸
M–17	NH_3	—
M–18	H_2O，NH_4	醇、醛、酮、胺等
M–19	F	} 氟化物
M–20	HF	
M–26	C_2H_2	芳烃
M–26	$C\equiv O$	腈
M–27	$CH_2{=}CH$	酯、R_2CHOH
M–27	HCN	氮杂环
M–28	CO，N_2	醌、甲酸酯等
M–28	C_2H_4	芳香乙醚乙酯，正丙基酮，环烷烃，烯烃
M–29	C_2H_5	高度分支的碳链，在分支处乙基裂解；环烷烃
M–29	CHO	醛
M–30	C_2H_6	高度分支的碳链，在分支处裂解
M–30	CH_2O	芳香甲醚
M–30	NO	$ArNO_2$
M–30	NH_2CH_2	伯胺类
M–31	OCH_3	甲酯，甲醚
M–31	CH_2OH	醇
M–31	CH_3NH_2	胺
M–32	CH_3OH	甲酯
M–32	S	—
M–33	H_2O+CH_3	—
M–33	CH_2F	氟化物
M–33	HS	硫醇
M–34	H_2S	硫醇
M–35	Cl	氯化物(注意 [37]Cl 同位素峰)
M–36	HCl	氯化物
M–37	H_2Cl	氯化物
M–39	C_3H_3	丙烯酯
M–40	C_3H_4	芳香化合物
M–41	C_3H_5	烯烃(烯丙基裂解)，丙基酯，醇

续表

离子	中性裂片	可能的推断
M–42	C_3H_6	丁基酮，芳香醚，正丁基芳烃，烯，丁基烷烃
M–42	CH_2CO	甲基酮，芳香乙酸酯，$ArNHCOCH_3$
M–43	C_3H_3	高度分支碳链分支处有丙基，丙基酮，醛，酯，正丁基芳烃
M–43	NHCO	环胺脂
M–43	CH_3CO	甲基酮
M–44	CO_2	酯(碳架重排)
M–44	C_3H_8	高度分支的碳链
M–44	$CONH_2$	酰胺
M–44	CH_2CHOH	醛
M–45	CO_2H	羧酸
M–45	C_2H_5O	乙基醚，乙基酯
M–46	C_2H_5OH	乙酯
M–46	NO_2	$Ar-NO_2$
M–47	C_2H_4F	氟化物
M–48	SO	芳香亚砜
M–49	CH_2Cl	氯化物(注意 ^{37}Cl 同位素峰)
M–53	C_4H_5	丁烯酯
M–55	C_4H_7	丁酯，烯
M–56	C_4H_8	$Ar-n-C_5H_{11}$，$ArO-n-C_5H_{11}$，$ArO-i-C_4H_9$ 戊基酮，戊酯
M–57	C_4H_9	丁基酮，高度分支碳链
M–57	C_2H_5CO	乙基酮
M–58	C_4H_{10}	高度分支碳链
M–59	C_3H_7O	丙基醚，丙基酯
M–59	$COOCH_3$	$RCOOCH_3$
M–60	CH_3COOH	乙酸酯
M–63	C_2H_4Cl	氯化物
M–67	C_5H_7	戊烯酯
M–69	C_5H_9	酯，烯
M–71	C_5H_{11}	高度分支碳链，醛，酮，酯
M–72	C_5H_{12}	高度分支碳链
M–73	$COOC_2H_5$	酯
M–74	$C_3H_6O_2$	一元羧酸甲酯
M–77	C_6H_5	芳香化合物
M–79	Br	溴化物(注意 ^{81}Br 同位素峰)
M–127	I	碘化物

　　若 $\Delta m = 14$ 则为丢失一个氮原子或亚甲基。从分子中丢失一个氮原子，需要断裂三根键，丢失一个亚甲基要断裂两根键，从能量上看，显然是不合理的。这些情况在质谱中几乎没有被发现过。此外，在只含有 C，H，O，N，卤素的化合物中，丢失 5～13u 实际上也是不可能的。因为要丢失许多氢原子(或氢分子)需要很

高的能量，丢失 3～5 个氢的概率是很小的。例如二峰的 $\Delta m=3$ 时，则表示是分子量应该比该最高峰15，比次大峰高 18，很可能是由于一个支链醇分子丢失一个甲基和丢失一个水分子所形成的两个峰，这两个峰质量差刚好为 3，而真正的分子离子峰在质谱中并未出现。

(3)注意加合离子峰。某些化合物(如醚、酯、胺、酰胺、腈、氨基酸酯和胺醇等)的 EI 质谱上分子离子峰往往很弱，或者基本上不出现，而$[M+H]^+$峰却相当明显。在 CI 谱或 FAB 谱中经常出现的是$[M+H]^+$准分子离子。

在 FAB 质谱中金属离子与有机物结合所形成的加合离子往往有较强的丰度，可用来判断分子离子。最常用的金属离子是碱金属离子，如 K^+，Na^+ 和 Li^+。若在样品中同时混入 NaCl 和 LiCl，会产生一对$[M+Na]^+$和$[M+Li]^+$加合离子，$\Delta m=16$，这种质量差很独特，有利于辨认这一对准分子离子而确定试样分子量。有趣的是，在 FAB 质谱中，只有分子离子形成这种碱金属加合离子，碎片离子不形成这种加合离子，如皂苷的 FAB 质谱。因此，在混合皂苷样品中加入 NaCl 和 LiCl，则谱图中相应于每一种皂苷出现一对$[M+Na]^+$和$[M+Li]^+$峰，因此，混合物苷不需经过事先分离即可由质谱中出现的各个这样的相应离子峰对测出各皂苷分子量。糖苷的负离子 FAB 质谱出现$[M-H]^-$准分子离子的丰度比相应正离子 FAB 谱出现的$[M+H]^+$准分子离子丰度要强，易于辨认。

2) 元素组成的确定

过去运用质谱测定化合物元素的组成，即它的分子式或实验式，是用同位素峰$[M+1]^+$和$[M+2]^+$的相对丰度比法。目前已少用这种方法，因为同位素峰一般很弱，很难精确量出其丰度值。目前主要用高分辨质谱法。

用高分辨质谱仪测定有机化合物元素组成是基于这样的事实：当以$^{12}C=12.000000$为基准，各元素原子质量严格来说不是整数。例如，根据这一标准，氢(H)原子的精确质量数不是刚好为 1 个原子质量单位(u)，而是 1.007823，氧(O)原子的精确质量也不是整数 16，而是 15.994914。这种非整数是由于每个原子的"核敛集率"(nuclear packing fraction)所引起的。用高分辨质谱仪可测得小数点后 4～6 位数字，实验误差为 0.006 的精确数值。符合这一精确数值的可能分子数目大为减少，若再配合其他信息，遂可确定试样的化合物的元素组成。

有人将 C，H，O，N 各种组合结构的分子式的精确质量数排列成《质谱用质量与丰度表》(Beyon J H, Williams A E. Mass and Abundance Table for Use in Mass Spectrometry. Amsterdam: Elsevier, 1963)。将实测精确分子峰与该数据表核对，即可方便地推定分子式，兹举例说明如下：

例　用高分辨质谱测得试样分子离子峰的质量数为 150.1045。这个化合物的红外光谱上出现明显的羰基吸收峰(1730 cm^{-1})，求它的分子式。

解　如果质谱测得试样分子离子峰的质量数的误差是 0.006，小数部分的波动范围将是 0.0985～0.1105。查上述《质谱用质量与丰度表》，质量数为 150，小数部分在这个范围的式子有下列 4 个：

$$C_3H_{12}N_5O_2 \qquad 150.099093$$

$$C_5H_{14}N_2O_3 \qquad 159.100439$$

$$C_8H_{12}N_3 \qquad 150.103117$$

$$C_{10}H_{14}O \qquad 159.104459$$

其中，第 1 式和第 3 式含奇数个 N 原子与试样分子量为偶数这一事实违反"氮素规则"，因此排除。第 2 式刚好是饱和化合物，并且不含氧原子，这些与红外光谱数据不符，也应排除。因此所求的分子式只可能是第 4 式，即 $C_{10}H_{14}O$。

目前质谱仪的计算机软件可以根据所测得的高分辨质量数据直接示出可能分子式及其可能率，以供选定，不必查上述数据表。

若高分辨质谱仪测出的分子量数据与推测分子式计算出的相对分子质量数据相差很小（一般小于 0.003），则推测可信。例如，自翠雀省属植物中分离得到一种植物碱，高分辨质谱仪测得其分子量为 449.2776，而按计算出的相对分子质量为 449.2777，则此分子是可信的。

3) 测定官能团和碳骨架

从质谱裂解产生的碎片离子可以推测分子中所含有的官能团或各类化合物的特征结构片段，例如质谱中出现 m/z 17 离子，提示分子中可能含有羟基；出现 m/z 26 离子，提示分子中含有腈基等。

从丢失的中性碎片也可以推断分子中含有某种官能团。如出现 $[M-18]^+$ 峰丢失质量为 18 的中性碎片可能是水，样品中可能含有 OH 基；出现 $[M-29]^+$ 峰丢失质量为 29 的中性碎片可能是 CHO，样品中可能含有醛基等。常见的这些性碎片可能结构见表 10-3。

表 10-3　有机化合物质谱中一些常见碎片离子（正电荷未标出）

m/z	裂片离子	m/z	裂片离子
14	CH_2	28	C_2H_4, CO, N_2
15	CH_3	29	C_2H_5, CHO
16	O	30	CH_2NH_2, NO
17	OH	31	CH_2OH, OCH_3
18	H_2O, NH_4	33	SH
19	F	34	H_2S
20	HF	35	Cl
26	$C\equiv N$	36	HCl
27	C_2H_3	39	C_2H_5

m/z	裂片离子	m/z	裂片离子
40	$CH_2C\equiv N$	75	$(COOC_2H_5+2H)$, $CH_2SC_2H_5$
41	$C_3H_5(CH_2C\equiv N+H)$	77	C_6H_5
42	C_3H_6	78	(C_6H_5+H)
43	C_3H_7, $CH_3C\equiv O$	79	(C_6H_5+2H), Br
44	CO_2, (CH_2CHO+H), CH_2CHNH_2	80	(pyrrole-2-CH_2), (CH_3SS+H), HBr
45	CH_3CHOH, CH_2CH_2OH, CH_2OCH_3, $COOH$, (CH_3CHO+H)	81	(furan-2-CH_2)
46	NO_2	82	$(CH_2)_4C\equiv N$
47	$CHSH$, CH_3S	83	C_6H_{11}
48	CH_3S+H	85	C_6H_{13}, $C_4H_9C\equiv O$
54	$CH_2CH_2C\equiv N$	86	$(C_5H_7COCH_2+H)$, C_4H_9CHNH2
55	C_4H_7	87	$COOC_3H_7$
56	C_4H_8	88	$(CH_2COOC_2H_5+H)$
57	C_4H_9, $C_2H_5C\equiv O$	89	$(COOC_3H_7+2H)$, C_6H_5C
58	(CH_3COCH_2+H), $C_2H_5CHNH_2$, $(CH_3)_2NCH_2$, $C_2H_5CH_2NH$,	90	CH_3CHONO_2, C_6H_5CH
59	$(CH_3)_2COH$, $CH_2OC_2H_5$, $COOCH_3$, (NH_2COCH_2+H)	91	$C_6H_5CH_2$, (C_6H_5CH+H), (C_6H_5C+2H)
60	$(CH_2COOH+H)$, CH_2ONO	92	$(C_6H_5CH_2+H)$, (pyridine-3-CH_2)
61	$(COOCH_3+2H)$, CH_2CH_2SH, CH_2SCH_3	94	(C_6H_5O+H), (pyrrole-2-$C=O$)
68	$(CH_2)_3C\equiv N$	95	(furan-2-$C=O$)
69	C_5H_9, CF_3, C_3H_6CO	96	$(CH_2)_5C\equiv N$
70	C_5H_{10}, (C_3H_5CO+H)	97	C_7H_{13}, (thiophene-2-CH_2)
71	C_5H_{11}, $C_3H_7C\equiv O$	98	(furan-2-$CH_2O^{+}H$)
72	$(C_2H_5COCH_2+H)$, $C_3H_7CHNH_2$	99	C_7H_{15}
73	$COOC_2H_5$, $C_3H_7OCH_2$, CH_2COOCH_3	100	$(C_4H_9COCH_2+H)$, $C_5H_{11}CHNH_2$
74	(CH_2COOCH_3+H)	101	$COOC_4H_9$

续表

m/z	裂片离子	m/z	裂片离子
102	$(CH_2COOC_3H_7+H)$	121	$C_6H_4(CO)OH$
103	$(COOC_4H_9+2H)$	123	$C_6H_4(CO)F$
104	$C_2H_5CHONO_2$	127	I
105	$C_6H_5CO, C_6H_5CH_2CH_2, C_6H_5CHCH_3$	128	HI
107	$C_6H_5CH_2O$	131	C_3F_5
108	$(C_6H_5CH_2O+H)$,	139	$C_6H_4(CO)Cl$
111		149	
119	$CF_3CF_2, C_6H_5C(CH_3)_2, C_6H_4(CHCH_3)CH_3$		

2. 质谱裂解机理

在质谱中出现的离子有分子离子、碎片离子、重排离子、同位素离子、亚稳离子、复合离子及多电荷离子(后两种离子较少出现)。每种离子形成相应的质谱峰，它们在质谱解析中各有用途。

1)分子离子

分子失去一个电子所形成的离子为分子离子(molecular ion)。常用符号 M⁺ 表示。

$$M+e \longrightarrow M^{\ddagger} + 2e$$

失去电子，优先发生在最容易电离的部位。例如分子中 π 电子和杂原子上的孤对电子比 σ 电子容易失去；在 σ 键中，C—C 键又比 C—H 键容易电离。

例如，含杂原子或羰基类的化合物分子失去一个 n 电子形成分子离子：

$$R-\overset{\|}{\underset{O}{C}}-R'-e \longrightarrow R-\overset{\|}{\underset{O}{\underset{+\cdot}{C}}}-R' \text{ 或 } R-\overset{\|}{\underset{O}{C}}-R_1^{\rceil\dagger}$$

含双键和芳环的分子失去一个 π 电子形成分子离子：

$$RCH=CHR'-e \longrightarrow R\overset{+\cdot}{CH}-CHR' \text{ 或 } CH=CHR'^{\rceil\dagger}$$

以上各式中，箭头右边的物质表示分子失去一个电子形成带奇数电子的正离子。表示分子离子时，尽量把正电荷位置标清楚，以便判断分子进一步裂解的方位。

2)碎片离子

分子在电离室获得的能量，超过分子离子化所需的能量时，过剩的能量切断分子中某些化学键而产生碎片离子(fragment ion)。碎片离子再受电子流的轰击，又会进一步裂解产生更小的碎片离子。

在图 10-11 所示的质谱图中，m/z 91 的质谱峰为碎片离子峰，m/z 106 是分子离子峰。

3)重排离子

分子离子在裂解过程中，通过断裂两个或两个以上的键，结构重新排列而形成的离子称为重排离子(rearrangement ion)。重排方式很多，但有些重排由于是无规律重排，其结果很难预测，称为任意重排，这样的重排对结构的测定无用处。多数重排是有规律的，它包括分子内氢原子的迁移和键的两次断裂，生成稳定的重排离子。这种类型的重排对化合物结构的推测是很有用的。例如麦氏重排，逆 Diels-Alder 重排、亲核性重排等对预测化合物结构是非常有帮助的。

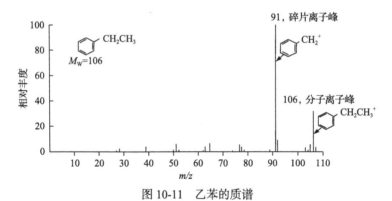

图 10-11　乙苯的质谱

重排离子峰可以从离子的质量数与它相应的分子离子来识别。通常不发生重排的简单裂解，质量为偶数的分子离子裂解得到质量为奇数的碎片离子；质量为奇数的分子裂解为偶数或奇数(与 N 原子的奇偶和是否存在于碎片中有关)的碎片离子。若观察到不符合此规律(如质量为偶数的分子离子裂解得到质量为偶数的碎片离子)，则可能发生了重排。

例　2-戊酮离子是奇数电子 $OE^{+}\cdot$，偶数质量，经过重排断裂后生成的碎片仍是奇数电子 $OE^{+}\cdot$，偶数质量。

$$\text{（OE}^{\overset{+}{\cdot}}\text{）} \quad \xrightarrow{-CH_2=CH_2} \quad \text{（OE}^{\overset{+}{\cdot}}\text{）}$$

$$m/z\ 86 \qquad\qquad\qquad m/z\ 58$$

4）同位素离子

大多数元素都是由具有一定自由丰度的同位素组成的。在质谱图中，会出现含有这些同位素的离子峰。这些含有同位素的离子称为同位素离子（isotopic ion）。

例　乙苯质谱图上 m/z 107 为同位素峰。它的质量数比分子离子峰（M）大一个质量单位，可由 "$M+1$" 表示。这是由于所含的八个碳中有一个碳是 ^{13}C 之故。

有机化合物一般由 C、H、O、N、S、Cl 及 Br 等元素组成，它们的同位素丰度比如表 10-4 所示。

表 10-4　同位素的丰度比

同位素	$^{13}C/^{12}C$	$^2H/^1H$	$^{17}O/^{16}O$	$^{18}O/^{16}O$	$^{15}N/^{14}N$	$^{33}S/^{32}S$	$^{34}S/^{32}S$	$^{37}Cl/^{35}Cl$	$^{81}Br/^{79}Br$
丰度比/%	1.12	0.015	0.040	0.20	0.36	0.80	4.44	31.98	97.28

注：表中丰度比以丰度最大的轻质同位素为 100%计算而得

重质同位素峰与丰度最大的轻质同位素峰的峰强比，用 $\dfrac{M+1}{M}$，$\dfrac{M+2}{M}$，… 表示。其数值由同位素丰度比及原子数目决定。

^2H 及 ^{17}O 的丰度比太小，可忽略不计。^{34}S、^{37}Cl 及 ^{81}Br 的丰度很大，因而可以利用同位素峰强比推断分子中是否含有 S、Cl、Br 及原子的数目。举例说明如下（图 10-12 和图 10-13）。

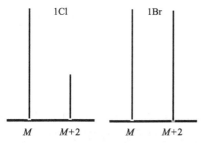
图 10-12　氯化物与溴化物的同位素峰强

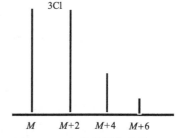
图 10-13　氯仿的同位素峰强比

假设分子中含氯及溴原子：

（1）若分子中含一个氯原子，则 M：（$M+2$）=100：32.0≈3：1

(2)若分子中含一个溴原子，则 M：$(M+2)=100$：$97.3\approx1$：1。

(3)若分子中含三个氯原子，如 $CHCl_3$，则会出现 $M+2$、$M+4$ 及 $M+6$ 峰：

$$\begin{array}{cccc}
{}^{35}Cl & {}^{35}Cl & {}^{35}Cl & {}^{37}Cl \\
| & | & | & | \\
H{-}C{-}{}^{35}Cl & H{-}C{-}{}^{35}Cl & H{-}C{-}{}^{37}Cl & H{-}C{-}{}^{37}Cl \\
| & | & | & | \\
{}^{35}Cl & {}^{37}Cl & {}^{37}Cl & {}^{37}Cl
\end{array}$$

m/z	118	120	122	124
丰度比	27	27	9	1

同位素峰强比可用二项式 $(a+b)^n$ 求出。其中，a 和 b 为轻质及重质同位素的丰度比；n 为原子数目。

例如，含三个氯，$n=3$，$a=3$，$b=1$，

$$(a+b)^3 = a^3 + 3a^2b + 3ab^2 + b^3$$
$$= 27 + 27 + 9 + 1$$
$$\quad(M)\ (M+2)\ (M+4)\ (M+6)$$

5)亚稳离子

离子由电离区抵达检测器需一定时间(约为 10^{-5}s)，因而根据离子的寿命可将离子分为三种。①寿命($\geqslant10^{-4}$s)足以抵达检测器的离子为稳定离子(正常离子)。这种离子由电离区生成，经加速区进分析器，而后抵达检测器，被放大、记录，获得质谱峰。②在电离区形成，而立即裂解的离子为不稳定离子，寿命$<1\times10^{-6}$s。仪器记录不到这种离子的质谱峰。③寿命约在 $10^{-6}\sim10^{-5}$s 的离子，在进入分析器前的飞行途中，由于部分离子的内能高或相互碰撞等原因而发生裂解，这种离子称为亚稳离子(metastable ion)，过程称为亚稳跃迁(或变化)。裂解后形成的质谱峰为亚稳峰(metastable peak，m^*)。

对于单聚焦仪器，假定质量为 m_1 的母离子在进入磁场前发生亚稳变化，失去一个中性碎片，产生质量为 m_2 的离子 m_2^+。

$$m_1^+ \longrightarrow m_2^+ + 中性碎片$$

由于在离子飞行途中产生的 m_2^+ 离子的能量(速度)小于在电离室中产生的 m_2^+。因此这种在飞行途中产生的离子将在质谱上小于它的质量的位置 m^* 处出现，m^* 称为表观质量[①]。

---

① 也有些书中将 m^* 称为亚稳离子。

亚稳峰的特点：①峰弱，强度仅为 m_1 峰的 1%～3%；②峰钝，一般可跨 2～5 个质量单位；③质荷比一般不是整数。

表观质量 m^* 与母离子(parent ion)质量 m_1 及子离子(daughter ion，m_2^+)质量 m_2 有下述关系：

$$m^* = m_2^2/m_1 \tag{10-23}$$

用式(10-23)可以确定离子的亲缘关系，对于了解裂解规律，解析复杂质谱很有用。

由母离子与表观质量用式(10-23)计算，找寻质谱图上子离子的途径称为"母找子"，反之，则称为"子找母"。在质谱测定时，可有意识寻找亚稳峰。证明某些裂解过程。

6) 多电荷离子

具有一个以上正电荷的离子称为多电荷离子(multiply charged ion)。一般情况下，正离子只带一个正电荷。只有非常稳定的化合物，如芳香族化合物或含有共轭双键的化合物，被电子轰击后，才会失去一个以上电子，产生多电荷离子。通常双电荷离子还较常见。例如吡啶能失去两个电子形成双正电荷离子，m/z 39.5(M^{2+})。

对于双电荷离子，如果质量数是奇数，它的质荷比是非整数，这样的二价离子在图谱中还易于识别；如果质量数是偶数，它的质荷比是整数，就较难以辨认，但它的同位素峰是非整数，可用来识别这种二价离子。总之，双电荷离子的质荷比较正常离子小一半。

7) 复合离子

某些分子在离子源中与分子离子或碎片离子相撞生成复合离子(complex ion)，或称双分子离子。它形成后，可能立即断裂成比单分子离子质量大的、较重的离子，而这种离子的出现是很有意义的。如果分子不稳定而质子化的分子离子(准分子离子)有较高的稳定性，则此 M+H 峰对于分子的判断有很大帮助。

通式为：$ABCD^+ + ABCD \longrightarrow (ABCD)_2^+ \longrightarrow BCD^. + ABCDA^+$
　　　　　　$(M^{\cdot+})$　　　(M)　　　(M_2^+)

当增加样品量或减小加速电压时(增加分子离子在离子源中停留时间)可增加分子离子碰撞的机会，含有杂原子(O，N 或 S)的分子离子可出现 $M+1$ 峰，从而帮助鉴别分子离子峰。

例：$CH_3OH + CH_3OH^{+\cdot} \longrightarrow (CH_3OH)_2^{+\cdot} \longrightarrow CH_3OH_2^+ + \dot{C}H_2OH$

　　(M)　　　($M^{+\cdot}$)　　　质谱上看不到　　　(M+H)

3. 质谱裂解过程

1) 简单裂解

断一个化学键的裂解反应为简单裂解。常见的化学键的断裂方式有均裂、异裂和半均裂三种。表示裂解过程和结果的符号是："⌢" 表示单个电子转移；"⌐"表示两个电子转移；含奇数个电子的离子(odd electron，OE)用OE$^+$ 表示；含偶数个电子的离子(even electron，EE)用EE$^+$表示，正电荷符号一般标在杂原子或 π 键上；电荷位置不清时，可用 "⊓$^+$" 或 "⊓$^+$" 表示。例如，$CH_3\!-\!\overset{+\cdot}{O}\!-\!H$ 也可用 $CH_3OH^{+\cdot}$ 表示。

⊕ 可用 ◯$^{+\cdot}$ 或 ⬡$^{+\cdot}$ 表示

A. 裂解方式

均裂(homolytic scission)：在键断裂后，两个成键电子分别保留在各自的碎片上的裂解过程。通式：

$$\overset{\frown}{X - Y} \longrightarrow \dot{X} + \dot{Y}$$

异裂或称非均裂(heterolytic scission)：在键断裂后，两个成键电子全部转移到一个碎片上的裂解过程。通式：

$$X \overset{\frown}{-} Y \longrightarrow X:(或X^-) + Y^+$$

$$或 \; X \overset{\frown}{-} Y \longrightarrow X^+ + Y:(或Y^-)$$

半均裂(hemi-homolysis scission)：离子化键的断键过程，称半均裂。通式：

$$X + \; \cdot Y \longrightarrow X^+ + Y\cdot$$

分子中最易失去的电子是杂原子上的 n 电子，依次为 π 电子和 σ 电子。同是 σ 电子时，C—C 上比 C—H 上易失去。

B. 简单裂解的裂解规律

在侧链化合物中，侧链愈多，愈易断裂。侧链上大的取代基优先作为自由基失去，生成稳定的仲碳或叔碳离子。其稳定次序为：

$$^+CR_3 > R_2\overset{+}{C}H > R\overset{+}{C}H_2 > \overset{+}{C}H_3$$

具有侧链的环烷烃，侧链部位先断裂，生成带正电环状碎片。例如：

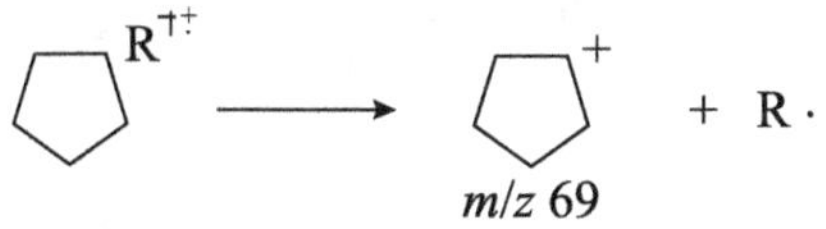

$$m/z\ 69$$

含有双键、芳环和杂环的物质，容易发生 β 键断裂生成的正离子与双键、芳环或杂环共轭而稳定。此类官能团与键位表示法是：

式中，X=C_6H_5—，CH_2＝CH—，$-\overset{\overset{O}{\|}}{C}-$，—COOH(R)等。例如，烷基取代苯，β键断裂，产生稳定的䓬鎓离子。

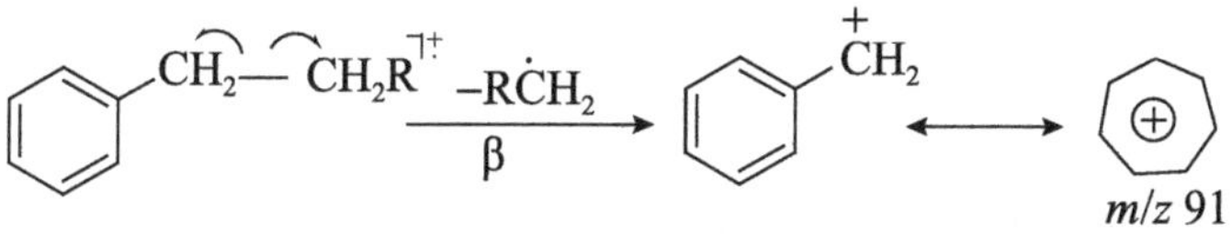

$$m/z\ 91$$

含杂原子的化合物如醇、醚、胺、硫醇、硫醚等可以发生由正电荷引发的 i 裂解(由电荷对电子的吸引力而引发)，也较易产生 α 裂解生成䓬鎓离子，还可发生 β 裂解。

注意：对含杂原子化合物键的定位，不同参考书有不同的方法，我们选用如下定键位的方法。

X=O，N，S 等。

例如：

① $R \overset{+\cdot}{X} R' \xrightarrow{\ i\ } R^+ + \cdot XR'$

$(C_2H_5 \overset{+\cdot}{O} C_2H_5 \xrightarrow{\ i\ } C_2H_5^+ + \cdot OC_2H_5$
$m/z\ 29$

② $CH_3 - CH_2 - \overset{+\cdot}{X} - H(R) \xrightarrow[-\cdot CH_3]{\alpha} H_2C = \overset{+}{X} - H(R) + \cdot CH$

$H_2\overset{+}{C} - \overset{+}{X} - H(R)$

③ $CH_3CH_2 - \overset{+\cdot}{O}CH_2CH_2 \mid CH_3 \xrightarrow{\beta} H_2C = CHO\overset{+}{CH_2CH_3}$
　　　　　　　　　　　　　　　　　　　　　H　　$m/z\ 73$

含羰基的化合物(醛、酮、酸等)，易发生 α 断裂。

$R - \overset{\overset{+\cdot}{O}}{\underset{}{C}} - R' \xrightarrow{\alpha} R \cdot + \overset{\overset{+}{O}}{\underset{}{C}} - R'$

生成的碎片离子有 $R - \overset{+}{CH_2}$, $RCH_2 - C \equiv O^+$, $^+O \equiv C - OR'$, $^+OR'$，在酮中还有 $^+R'$ 离子等。

例如：

$\xrightarrow{\alpha 均} C \equiv O^+ + \dot{C}H_3$
$m/z\ 105$

$\xrightarrow{\alpha 均} H_3CC \equiv O^+ + \cdot$
$m/z\ 43$

$\xrightarrow{\alpha 异} C \equiv O^\cdot + \overset{+}{C}H_3$
$m/z\ 15$

$\xrightarrow{\alpha 异} H_3CC \equiv O^\cdot + \overset{+}{}$
$m/z\ 77$

2) 重排裂解

通过断两个或两个以上的键，结构重新排列的裂解过程为重排裂解。

A. McLafferty 重排(麦氏重排)

当化合物中含有不饱和中心 C=X(X 为 O，N，S，C)基团，而且与这个基团相连的键具有 γ 氢原子时，此原子可以转移到 X 原子上，同时，β 键断裂，脱掉一个中性分子。该裂解过程是由 McLafferty 在 1959 年首先发现的，因此称为麦氏重排。通式：

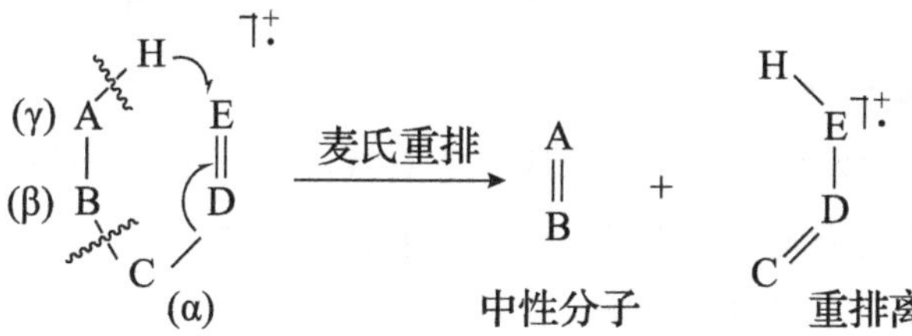

式中，E 为 O，C，N，S 等；D 为碳原子；A、B、C 可以均为碳原子，或其中一个是氧(或氮)原子，其余为碳原子。

例如：2-甲基戊烯-1

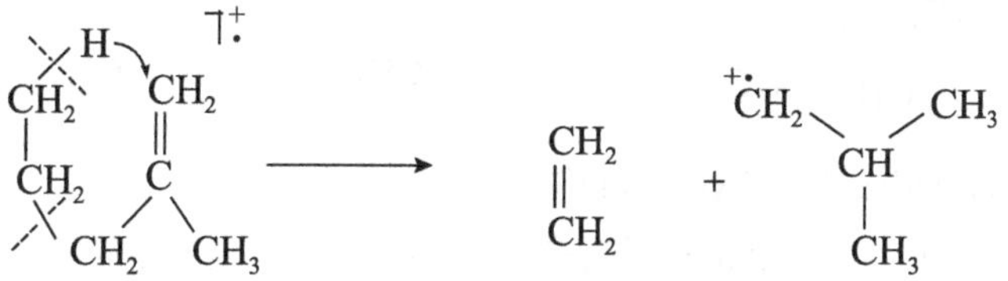

麦氏重排的重要条件是与 C=X 基团相连的基团上，要有三个以上的键，而且在 γ 键上要有氢，通过六元环过渡态发生重排。

应当注意的是，麦氏重排受取代基的电效应和空间效应因素的影响。例如，在间位有给电子基团的烷基苯中，氢原子不能有效地向碳原子移动，使重排难以进行。

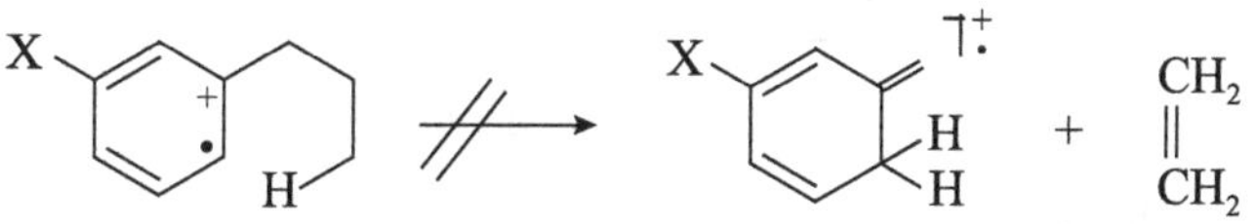

X为给电子基团

而在下例中，当 R=CH₃ 时，由于甲基处在邻位，氢原子迁移受到位阻，重排亦难进行。

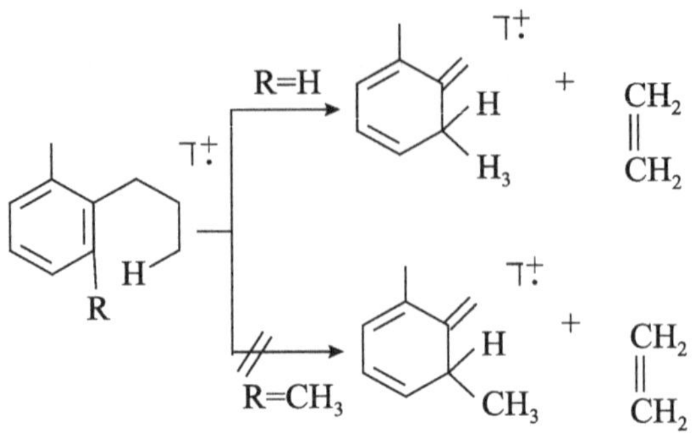

B. 双重氢重排裂解

有两个氢转移而发生重排裂解反应，称双氢重排。这种重排所产生的离子比简单裂解所产生的离子大两个质量单位，电子数由 OE^+ 变为 EE^+。若经过六元环过渡的双氢重排称为"麦+1"重排。

例如：脂肪酸酯

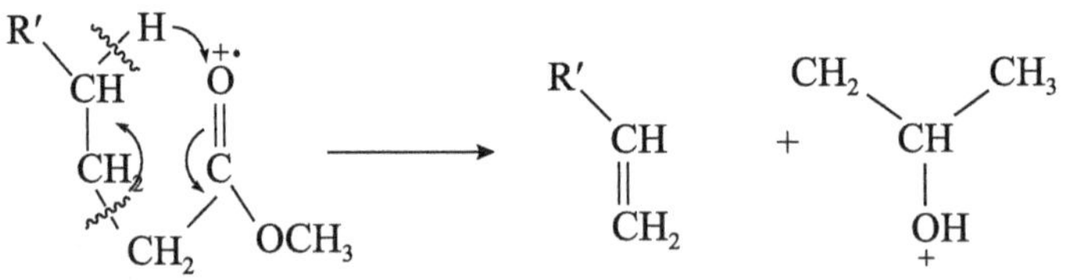

C. 逆 Diels-Alder 重排(RDA 重排)

在有机反应中，Diels-Alder 反应是将 1, 3-丁二烯与乙烯缩合生成六元环烯化合物。在质谱中的 RDA 反应是由六元环烯裂解为一个双烯和一个单烯。

RDA 反应是以双键为起点的裂解反应。在带有双键的脂环化合物、生物碱、萜类、甾体和黄酮等的质谱上常可看到 RDA 反应产生的离子峰。

例如：柠檬烯

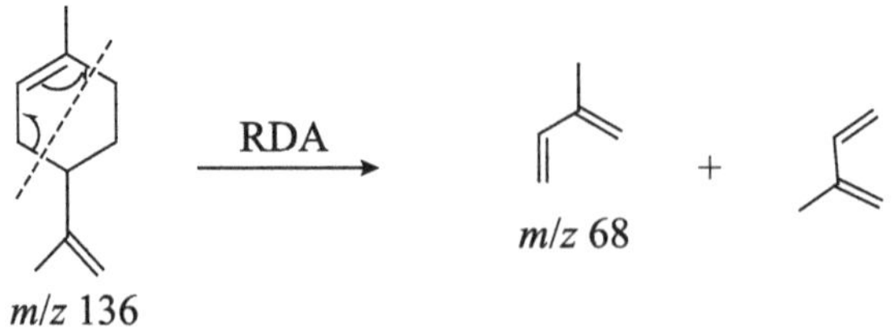

重排裂解除以上所列几类外，还有较多其他类型，如随机重排亲核性重排、脱去中性分子、复杂裂解等，此处不再一一介绍。

10.3.4　几类有机化合物的质谱

1. 烃类

1) 饱和烷烃

(1) 分子离子峰较弱，随碳链增长，强度降低以至消失。

(2) 直链烃具有一系列 m/z 相差 14 的 C_nH_{2n+1} 碎片离子峰(m/z=29，43，57，71，…)。基峰为 $C_3H_7^+$(m/z 43) 或 $C_4H_9^+$(m/z 57) 离子。

(3) 在 C_nH_{2n+1} 峰的两侧，伴随着质量数大一个质量单位的同位素峰及质量小一或两个单位的 C_nH_{2n} 或 C_nH_{2n-1} 等小峰，组成各峰群。(M–15) 峰一般不出现。

(4) 支链烷烃在分支处优先裂解，形成稳定的仲碳或叔碳阳离子。分子离子峰比相同碳数的直链烷烃小。其他特征与直链烷烃类似。

2) 链烯

(1) 分子离子较稳定，丰度较大。

(2) 有一系列 C_nH_{2n-1} 的碎片离子，通常为 41+14n，n=0，1，2，…。m/z 41 峰一般都较强，是链烯的特征峰之一。

$$CH_2=CH-CH_2-R \xrightarrow[\text{(失去π电子)}]{-e} CH_2^+-CH-CH_2\{R$$

$$\longrightarrow \overset{+}{C}H_2-CH=CH_2+R\cdot$$

$$\updownarrow \text{共振}$$

$$CH_2=CH-\overset{+}{C}H_2 \ (m/z)\ 41$$

(3) 具有重排离子峰

3) 芳烃

(1) 分子离子稳定，峰强大。

(2) 烷基取代苯易发生 β 裂解(苄基位置)，产生 m/z 91 的䓬鎓离子(tropylium ion) 是烷基取代苯的重要特征。因为䓬鎓离子非常稳定，成为许多取代苯如甲苯、二甲苯、乙苯、正丙苯等的基峰。

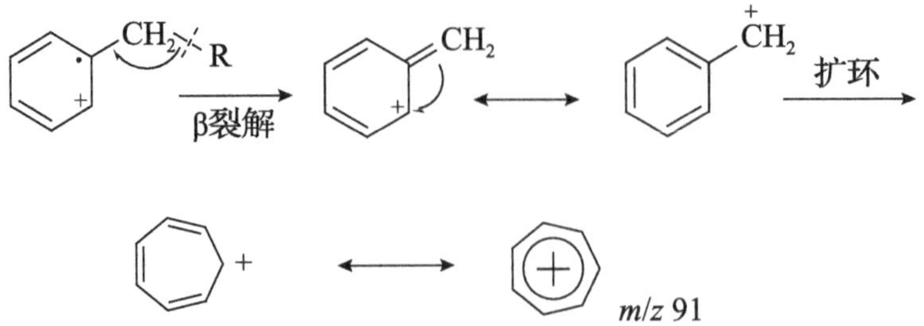

(3)䓬鎓离子可进一步裂解生成环戊二烯及环丙烯离子

$C_3H_3^+$, m/z 39 $\qquad$ $C_7H_7^+$, m/z 91 $\qquad$ $C_5H_5^+$, m/z 65

(4)取代苯能发生 α 裂解产生苯离子,进一步裂解生成环丙烯离子及环丁二烯离子。

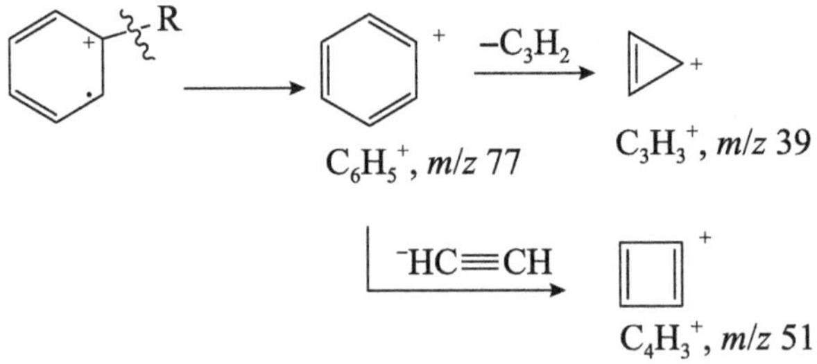

$C_6H_5^+$, m/z 77 $\qquad$ $C_3H_3^+$, m/z 39

$C_4H_3^+$, m/z 51

(5)具有 γ 氢的烷基取代苯,能发生麦氏重排裂解,产生 m/z 92($C_7H_8^{+}$)的重排离子。

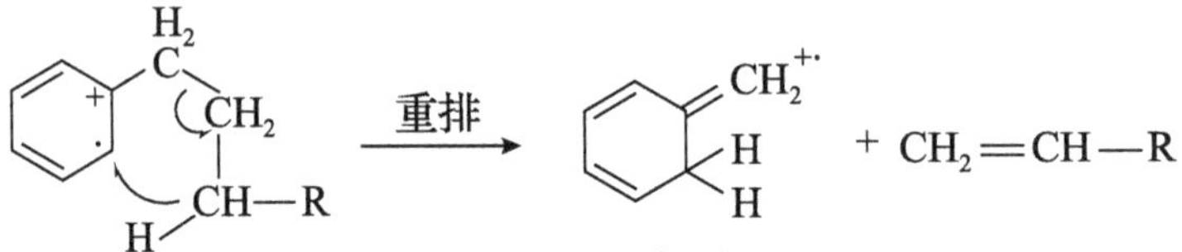

m/z 92

综上所述,烷基取代苯的特征离子为䓬鎓离子 $C_7H_7^+$(m/z 91)。$C_6H_5^+$(77)、$C_4H_3^+$(51)及 $C_3H_3^+$(39)为苯环特征离子。

2. 醇类

醇类特征离子是分子离子和(M–18)离子。伯醇和仲醇的分子离子峰都很弱,叔醇往往观察不到。(M–18)峰是醇的分子离子失去水分子而产生的。在质谱解析时常被误认为是分子离子,且脱水后质谱图常常类似于相应的烯烃,而得出错误结论,应引起注意。

1)脂肪族饱和醇

A. α 裂解

$$R-\overset{H_2}{\underset{\overset{|}{H}}{C}}-\overset{..+}{O}H \longrightarrow H_2C=\overset{+}{O}H \ + \ R\cdot$$

$$R-\overset{|}{\underset{\overset{|}{H}}{C}}-\overset{..+}{O}H \longrightarrow R-\overset{|}{\underset{H}{C}}=\overset{+}{O}H \ + \ H\cdot$$

$$m/z(M{-}1)$$

m/z 31 峰较强，$(M{-}1)$峰的强度比 M 峰大，是醇的特征峰。

伯醇的质谱除 $M{-}1$ 峰外，也出现强度很强的 $M{-}2$ 和 $M{-}3$ 峰。

$$R-\overset{|}{\underset{\overset{|}{H}}{C}}\overset{..+}{\underset{}{O}}H \ \xrightarrow{\ -H_2\ } \ R-\overset{|}{C}=\overset{..+}{O} \ \xrightarrow{\ H\cdot\ } \ R-C\equiv\overset{+}{O}$$

$$m/z(M{-}2) \qquad\qquad m/z(M{-}3)$$

仲醇和叔醇 α 裂解后，分别产生强的 $R-\overset{\overset{OH^+}{|}}{\underset{}{C}}-H$（$m/z$ 45, 59, 73）和 $R_1-\overset{\overset{OH^+}{|}}{\underset{}{C}}-R_2$

（m/z 59, 73, 87 等)峰，其中较大的取代基先离去。由仲醇生成的 $RCH=\overset{+}{O}H$ 还能

进一步裂解生成 $CH_2=\overset{+}{O}H$（m/z 31），但其强度比伯醇弱。

$$\left[\ \overset{\displaystyle R}{\underset{\displaystyle H_2C}{\overset{\displaystyle |}{CH_2}}}\ \overset{}{\underset{\displaystyle HC=\overset{+}{O}H}{}} \ \longleftrightarrow \ \overset{\displaystyle R}{\underset{\displaystyle H_2C}{\overset{\displaystyle |}{HC-H}}}\ \overset{}{\underset{\displaystyle HC-OH}{\overset{+}{}}}\ \right] \xrightarrow{-RCH=CH_2} H_2C=\overset{+}{O}H$$

$$m/z\ 31$$

B. 脱水反应

电子轰击前受热脱水，生成相应烯烃，这样得到的质谱就是相应烯烃的质谱，应特别注意。例如：

$$\underset{CH_3CH_2CH}{\overset{\overset{H}{|}\quad\overset{OH}{|}}{CH-CH_2}} \xrightarrow{\ -H_2O\ } CH_3CH_2CH=CH_2 \xrightarrow{\ -e\ } CH_3CH_2CH=CH_2^{+}$$

样品受电子轰击失去一个电子形成分子离子后，再经过环状氢转移脱去一分子水。其过程如下：

再经过氢重排成烯。

醇类脱水成烯烃,易将其质谱看成烯,但是 α 裂解产生 $CH_2=\overset{+}{O}H$ (m/z 31)、$RCH=\overset{+}{O}H$ (m/z 45,59,73)和 $RR'C=\overset{+}{O}H$ (m/z 59,73,87 等)离子峰,是醇的特征,可用于区别烯烃。

2) 环醇

环醇可进行 α 裂分,环键裂开。环醇亦可脱水形成(M–18)峰,脱氢产生(M–1)峰。在环醇的裂解过程中,往往需断两个键,有时还发生氢迁移(γ–H)。此处不详细介绍。

3. 醚类

1) 脂肪醚

除少数碳数较少的醚外,分子离子峰很弱,以至消失。例如,乙醚的分子离子峰相对强度为 30%,正丙醚为 11%,正丁醚则为 2.2%。支链醚的分子离子峰比相应直链醚弱,例如,异丙醚为 2.2%。

(1)醚易发生 α 裂解,产生 m/z 45,59,73,87 等碎片离子,与醇类似。但醚无 M–18 的脱水峰是醚与醇的主要区别。

$$R \overset{|}{\overset{|}{|}} CH_2 \overset{\frown}{\longrightarrow} \overset{+}{O} - R' \xrightarrow{-R \cdot} CH_2 = \overset{+}{O} - R'$$
$$m/z\ 45 + 14n$$

(2)氢重排。由上述裂解生成的碎片,经过氢重排进一步裂解得到与醚类似的离子峰,在质谱中往往是基峰或强峰。

$$R - \overset{|}{\underset{H}{C}} = \overset{+}{O} \overset{|}{\overset{|}{|}} \overset{H}{\underset{R'}{C}} - CH_2 \xrightarrow{-R'CH=CH_2} RCH = \overset{+}{O}H$$
$$m/z\ 31 + 14n$$

(3)醚可以异裂，电荷留在烷基上，产生 m/z 29，43，57，…碎片离子。

$$R\!-\!\overset{..+}{\underset{|}{O}}\!-\!R' \xrightarrow{\ \cdot OR'\ } R^+$$
$$m/z\ 29+14n$$

(4)若 C—O 键发生均裂，同时有氢原子转移，产生 m/z 28+14n 峰。

$$R\!-\!\overset{H_2}{\underset{}{C}}\!-\!O\!-\!\overset{}{\underset{CHR}{\underset{|}{CH_2}}} \longrightarrow R\!-\!CH_2OH + H_2C\!\!=\!\!\overset{}{\underset{H}{C}}\!-\!R^+$$
$$m/z\ 28+14n$$

这种伴有氢迁移均裂过程，比 C—O 键的异裂产生的碎片相差 1 个原子质量单位。例如，乙基异丁基醚的主要裂解过程：

$$\underset{m/z\ 59(100)}{CH_2\!\!=\!\!O\!-\!C_2H_5} \xrightarrow[-CH_2=CH_2]{-CH(CH_3)_2} \underset{m/z\ 31}{CH_2\!\!=\!\!\overset{+}{O}H}$$

$$\Big\uparrow -\cdot CH(CH_3)_2$$

$$CH_3CH_2\!-\!\overset{..+}{O}\!-\!CH_2CH\!\!\overset{CH_3}{\underset{CH_3}{\big\langle}} \xrightarrow{\ -CH_2=CH_2\ } HO\!-\!CH_2\overset{.+}{C}H\!\!\overset{CH_3}{\underset{CH_3}{\big\langle}}$$

$$\Big\downarrow -C_2H_5OH$$

$$\Big[\underset{m/z\ 56}{CH_2\!\!=\!\!C\!\!\overset{CH_3}{\underset{CH_3}{\big\langle}}}\Big]^{+} \qquad \xrightarrow{\ -C_2H_5O\cdot\ } \underset{m/z\ 57}{+CH_2CH\!\!\overset{CH_3}{\underset{CH_3}{\big\langle}}}$$

2) 芳香醚

芳醚的分子离子峰很强，裂解过程类似于脂肪醚。以茴香醚的裂解为例说明其裂解过程。

$$\underset{m/z\ 108}{} \xrightarrow{\ -\cdot CH_3\ } \underset{m/z\ 93}{} \longrightarrow \underset{m/z\ 65}{}$$

$$\xrightarrow{\ -CH_2=O\ } \underset{m/z\ 78}{} \xrightarrow{\ -H\cdot\ } \underset{m/z\ 77}{}$$

如果芳香醚 ArOR 的烷基部分含有两个或两个以上碳原子，发生与烷基苯类似的重排(麦氏重排)，生成的 m/z 94 往往是基峰。

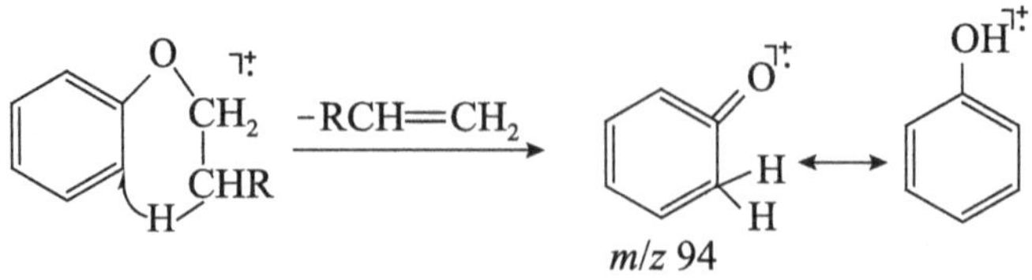

因此，我们可以从芳醚质谱中 m/z 93 判定是茴香醚(R=CH$_3$)，m/z 94 可判定 R≥2 个碳原子。

4. 醛和酮

1)醛

分子离子峰明显，芳醛比脂肪醛分子离子峰强度大。当脂肪醛大于 C$_4$ 时，分子离子峰很快减弱。

(1)α 裂解可产生 R$^+$(Ar$^+$)及 M–1 峰等。

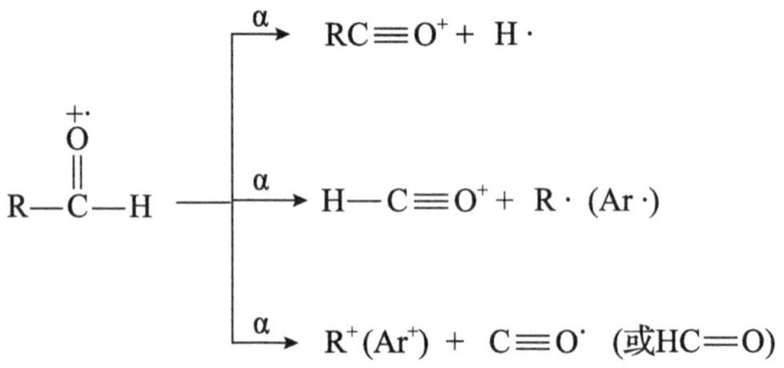

由 α 裂解所形成的 M–1 峰是醛类的特征，在图中明显，芳醛则更强。如甲醛 M–1 峰的相对强度为基峰的 90%，而 α 裂解生成的 m/z 29(H—C≡O$^+$)是强峰，在 C$_1$～C$_3$ 醛中是基峰。

(2)具有 γ 氢的醛，能发生麦氏重排产生(m/z 44+14n)重排离子。

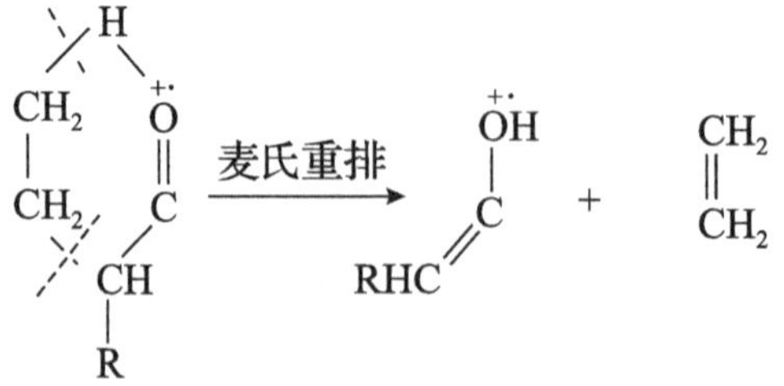

(3)醛也可以发生 β 裂解

$$R—CH_2—CHO^+ \xrightarrow{\beta 裂解} R^+ + CH_2=CH—O^{\cdot}$$
$$(M\text{–}43)$$

此外，醛还可以通过某些重排反应产生一较为异常的 M–18(脱水)峰，M– 44(失 CH_2=CHOH)峰等。例如，正丁醛的裂解过程：

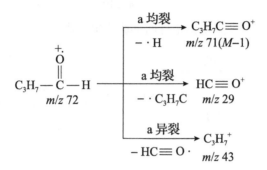

2) 酮

分子离子峰十分明显，其裂解与醛相似。

(1) α 裂解产生 $RC≡O^+$，$R'C≡O^+$，R^+ 和 R'^+ 等离子，据大基团先离去的规律，若 R'>R，则 $RC≡O^+$ 的峰强度要远远大于 $R'C≡O^+$ 峰的强度。

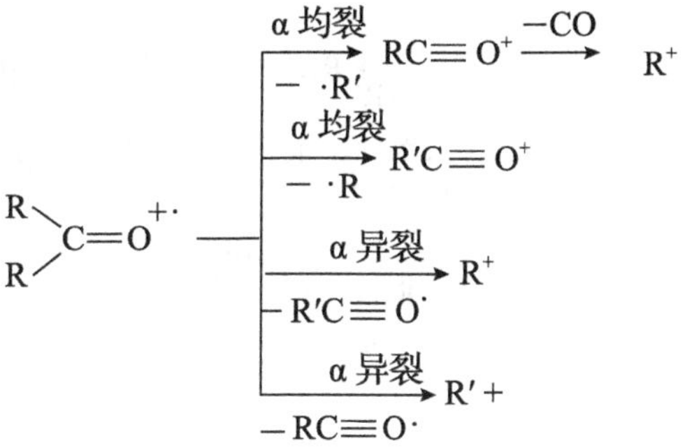

$$\begin{array}{c} R \\ | \\ R \end{array} C=O^{+\cdot} \xrightarrow{\qquad}$$

$\xrightarrow[- \cdot R']{\alpha 均裂} RC≡O^+ \xrightarrow{-CO} R^+$

$\xrightarrow[- \cdot R]{\alpha 均裂} R'C≡O^+$

$\xrightarrow[-R'C≡O^{\cdot}]{\alpha 异裂} R^+$

$\xrightarrow[-RC≡O^{\cdot}]{\alpha 异裂} R'^+$

(2) 含 γ 氢的酮可发生麦氏重排，当酮的另一个烷基也有 γ 氢时，可发生第二次麦氏重排。

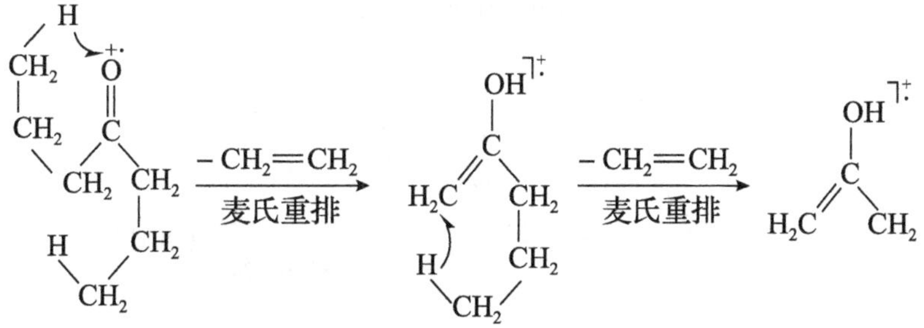

芳酮有较明显的分子离子峰，发生羰基的 α 裂解形成 m/z 105 峰，常为基峰。

$$
\text{（苯乙酮阳离子）} \quad m/z\ 120 \quad \xrightarrow{-\cdot CH_3} \quad \text{（苯甲酰阳离子）} \quad m/z\ 105 \quad \xrightarrow{-CO} \quad \text{（苯基阳离子）} \quad m/z\ 77
$$

烷基上有 γ 氢时也发生麦氏重排而形成奇电子离子。

$$
m/z\ 146 \quad \xrightarrow{-CH_2=CH_2} \quad m/z\ 120
$$

5. 酸和酯类

一元饱和酸及其酯的分子离子峰一般都较弱，但能够观察到。芳酸及其酯的分子离子峰强。

1) 易发生 α 裂解

$$
R'-\underset{\underset{O}{\parallel}}{\overset{+\cdot}{C}}-OR_1
\begin{cases}
\xrightarrow[-\cdot R']{\alpha} R_1C\equiv O^+ \xrightarrow{-CO} OHR_1 \\
\xrightarrow[-\cdot OR]{\alpha} R'C\equiv O^+ \xrightarrow{-CO} R^+ \\
\xrightarrow[-RC\equiv\cdot]{\alpha} OR_1^+ \\
\xrightarrow[-OC\equiv O\cdot]{\alpha} R^+
\end{cases}
$$

对于酸 R_1 为 H，由 α 裂解而形成四种离子质谱图上都可看到。其中酸生成 $HO-C\equiv O^+$($m/z\ 45$)离子是羧酸的特征。

2) 含有 γ 氢的酸与酯易发生 McLafferty 重排。

$$
\xrightarrow[\text{重排}]{-CH_2=CHR} \quad m/z\ 60(74)
$$

m/z 60 或 74 峰是直链一元羧酸及其甲酯的特征峰，有时是基峰。

在酯中，随酯基碳链增加，能发生双重排，有两个氢迁移，并失去烯丙基的自由基，产生 m/z 61+14n 的特征峰。

也可经过六元过渡产生双重氢重排，称"麦+1 重排"。

在芳香族羧酸中，若羧基邻位有 CH_3—，NH_2—或—OH，易发生失去小分子反应(H_2O，ROH 或 NH_3 等)。

6. 胺类

1)脂肪胺

分子离子峰很弱，有的甚至看不见。

(1)α裂解是胺类最重要的裂解方式。其裂解遵循较大基团优先离去而 m/z 30+14n 峰，对于 α 碳上无支链的伯胺来讲，α 裂解生成 m/z 30($CH_2NH_2^+$)的离子峰为基峰。对于甲胺而言，(M–1)峰为基峰。

值得一提的是，α 碳上无支链的仲胺和叔胺，α 裂解产生会进一步重排，最后也出现 m/z 30($CH_2\overset{+}{=}NH_2$)峰，因此($CH_2\overset{+}{=}NH_2$)并非伯醇所特有。

$$\text{R—C}\overset{H_2}{\underset{}{}}\overset{+\cdot}{N}(C_2H_5)_2 \longrightarrow CH_2=\overset{+}{N}\begin{smallmatrix}C_2H_5\\CH_2-CH_2-H\end{smallmatrix} \xrightarrow{-H_2C=CH_2}$$

$$H_2C=\overset{C_2H_5}{\underset{+}{N}H} \xrightarrow{-H_2C=CH_2} H_2C=\overset{+}{N}H_2$$

$$m/z\ 58 \qquad\qquad m/z\ 30$$

(2)直链伯胺有一系列强度减弱的峰(m/z 30，44，58，…)，这是连续断裂 C—C 键所致。同时还出现 C_nH_{2n+1}，C_nH_{2n} 和 C_nH_{2n-1} 等烃类离子群，间隔 14u。

2)芳胺

分子离子峰很明显。许多芳胺有中等强度的($M-1$)峰，芳胺脱去 HCN、H_2CN 而产生 $M-27$ 和 $M-28$ 峰，此裂解过程类似于苯酚脱 CO 和 CHO。

$$m/z\ 93 \xrightarrow{-H\cdot} m/z\ 92(M-1)$$

$$\longrightarrow \xrightarrow{-HCH} m/z\ 66(M-27) \xrightarrow{-H\cdot} m/z\ 65(M-28)$$

和脂肪族仲胺类似，芳仲胺也可进行 α 裂解：

$$C_6H_5\overset{+\cdot}{N}H_2-CH_2-CH_2R \xrightarrow[\alpha]{-\cdot CH_2R} C_6H_5\overset{+}{N}H_3=CH_2$$

7. 腈类

脂肪族腈类的分子离子峰很弱，有时甚至不出现。芳香族腈化合物的分子离子峰很强，且都是基峰。

(1)脂肪腈易失去 α 氢生成稳定的($M-1$)峰，但其强度不大。

$$\text{R—}\overset{H}{\underset{H}{C}}\text{—C}\equiv\overset{+\cdot}{N} \xrightarrow{-H\cdot} \text{R—}\overset{\cdot}{C}H\text{—C}\equiv\overset{+\cdot}{N} \longleftrightarrow \text{R—}\overset{H}{C}=\text{C}=\overset{+}{N}$$

$$(M-1)$$

(2)有 γ 氢的腈易进行 McLafferty 重排，生成 $CH_3—C\overset{+}{=}N$ (或 $CH_2=C\overset{+}{=}NH$) m/z 41 的离子峰。

$$m/z\ 41$$

此外，腈类化合物还常常发生骨架重排和氢迁移等反应，而失去中性烯分子，形成碎片。

8. 有机卤化物

由于氯和溴都有很典型的重同位素，^{35}Cl 和 ^{37}Cl 的丰度比约为 3∶1，^{79}Br 和 ^{81}Br 的丰度比约为 1∶1，使得卤素化合物的图谱很容易识别。

有机卤化物的分子离子峰能观察到，其中芳香族卤化物分子离子峰较强。

(1) C—X 裂解是常见的裂解反应：

$$R—\overset{+\cdot}{X}\xrightarrow{\text{均裂}} R + X^+$$

$$R—\overset{+\cdot}{X}\xrightarrow{\text{异裂}} R^+ + X\cdot$$

氟和氯电负性强，易发生异裂产生 R^+(M—X)离子，溴与碘易发生均裂，产生 X^+(M—R)离子。

(2)有机氟化物和氯化物易发生脱 HX 反应。小分子卤化物，可 1,2 位脱 HX；若烷基较大则可 1,4 位或其他位脱 HX。

$$\text{(M—HX)}$$

(当X=F或Cl时，$RCH=\overset{+}{CH_2}$呈强峰)

(3)有机卤化物可发生 α 裂解，形成 M—R 峰。

(4)含六个碳原子以上的直链氯(或溴)化合物易反应生成环状 $C_3H_6\overset{+}{X}$，$C_4H_8\overset{+}{X}$ 和 $C_5H_{10}\overset{+}{X}$ 离子峰，均为环状结构，其中 C_4H_8X 峰较强，有时是基峰。

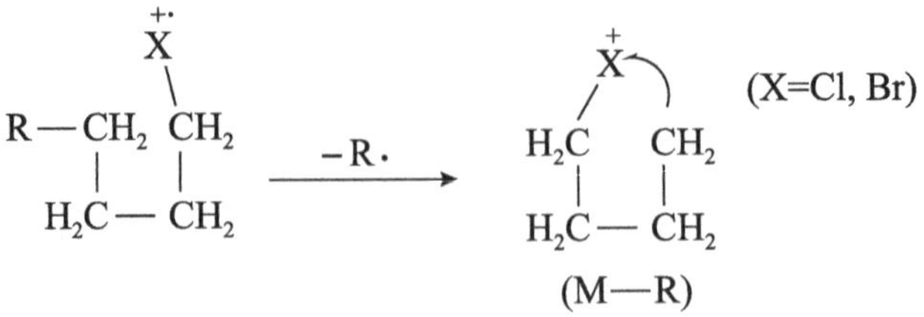

$$R-CH_2 \quad CH_2 \xrightarrow{-R\cdot} H_2C \quad CH_2 \quad (X=Cl, Br)$$

$$(M-R)$$

9. 有机硫化物

由于硫的重同位素的存在(^{34}S 自然丰度4.44%),含硫化合物的质谱较易辨认,硫原子数目可以从($M+2$)峰的相对丰度来确定。

硫醇质谱与普通醇类相似。但分子离子比一般醇类明显,而其烷基部分的离子相同。

硫醇的 α、β、γ、δ 键断裂的碎片都有,其 α 断裂形成 m/z 47 峰 $\left(CH_2 = \overset{+}{S}H \leftrightarrow ^+CH_2-SH\right)$;和醇脱水一样,硫醇可以脱 H_2S 以及脱 H_2S 后,再脱 C_2H_4。

硫醚分子离子峰比普通的脂肪醚大。易发生 α 裂解。其烷基链大于 3 个碳原子时有氢重排裂解反应。

10.4 应　用

质谱分析法包含无机质谱法和有机质谱法两类,它们均是通过对单质离子或化合物离子按质荷比不同而进行分离和检测的方法。进行质谱的定性或定量分析时,应满足以下必要条件:①有合适的供校正仪器的标准物。②组分中至少有一个与其他组分显著不同的峰。③各组分的裂解应具有重现性。④组分的灵敏度应具有一定的重现性。⑤每一种组分对峰的贡献应具有线性加和性。

在质谱图上,利用分子离子、准分子离子和加和离子峰,可以准确测定化合物的分子量;利用碎片离子峰的相对强度的比值,可以鉴别已知的化合物并推测未知化合物的组成、分子式和分子结构。

原子质谱分析相对分子质谱分析要简单而容易得多,在大多数的实验分析中,一般都为分子质谱分析。本节主要介绍分子质谱法。

实验分析中,分子质谱法可对纯化合物提供如下信息:①分子量;②分子式;③通过碎裂的图像可以提供有关各种功能基存在或不存在的信息;④与已知化合物的质谱图比较,能够确认该化合物。

10.4.1　分子量的测定

使用离子源离子化时，对那些能够产生分子离子或质子化(或去质子化)分子离子的化合物来说，用质谱法测定分子量是目前最好的方法。它不仅分析速度快，而且能够给出精确的分子量。用单聚焦质谱仪可测到整数位，双聚焦质谱仪可精确到小数点后四位。

虽然只要在质谱图最右端确定质谱图中分子离子峰或与其相关的离子峰，如质子化分子离子峰[$M+1$]$^+$或去质子化分子离子峰[$M–1$]$^+$，就可以测得试样的分子量(除同位素峰和质子化分子离子峰外)，但分子离子峰的强度与分子结构及类型等众多因素有关。例如，当使用硬电离源轰击某些不稳定的化合物时，在质谱图中看不见分子离子峰，而只有碎片离子峰；有些化合物在气化时就被热分解，只能看到热分解产物的质谱图。因此，在识别分子离子峰时，还需采用下述方法进一步加以确认。

(1)分子离子峰必须符合氮律。即在含有 C、N、(O)等的有机化合物中，若有偶数(包括零)个氮原子存在时，其分子离子峰的 m/z 值一定是偶数；若有奇数个氮原子时，其分子离子峰的 m/z 值一定是奇数。这是因为组成有机化合物的主要元素 C、H、O、N、S 及卤素中，只有氮的化合价是奇数(一般是 3)，而质量数是偶数，因此出现氮律。

(2)当化合物中含有氯或溴时，可以利用 M 与 $M+2$ 峰的比例来确认分子离子峰。通常，若分子中含有一个氯原子，则 M 和 $M+2$ 峰强度比为 3∶1，若分子中含有一个溴原子，则 M 和 $M+2$ 峰强度比为 1∶1。

(3)设法提高分子离子峰的强度，注意区别分子离子峰和同位素峰，增加分子离子峰与邻近峰的质量差。通常，降低电子轰击源的电压，碎片峰逐渐减少甚至消失，而分子离子(和同位素)峰的强度增加。

(4)对于那些非挥发或热不稳定的化合物应采用软电离源离解方法，以加大分子离子峰的强度。

10.4.2　分子式的确定

以的部分或整个化学式，利用质谱法确定化合物的分子式有两种方法：用高分辨质谱仪确定分子式和由同位素比求分子式。

1. 用高分辨质谱仪确定分子式

我们知道，即使 ^{12}C 以相对原子质量为 12.000 000 作基准，许多原子的原子量也并非整数。用高分辨质谱仪能够区别质量上只相差千分之几个质量单位的分子。例如,若要区别分子式为 $C_{11}H_{20}N_6O_4$(分子量为 300.154 592)和 $C_{12}H_{20}N_4O_5$(分子量为 300.143 359)的两种化合物,它们的相对分子质量仅相差 0.011 233。此时,若用低分辨质谱仪进行测定,是无法区别它们的。若采用分辨率为 27 000 的质谱仪进行测定,就可将这两种化合物区分开来。

拜诺(Beynon)等根据实验数据,经过精确计算列出了有不同数目 C、H、O 和 N 组成的各种分子式精密分子量表,即拜诺质谱数据表,将高分辨质谱仪测得的精确相对分子质量与拜诺表进行对比,就可以查出可能的分子式范围。同时在结合其他信息,即可从少数可能的分子式中得到最合理的分子式。另外,还可以从 *Merck Index*(第九版)找到所有化合物的精密分子量(具有小数点后六位数字),进一步进行核对。

2. 由同位素比求分子式

拜诺等根据同位素丰度及丰度比规律计算出分子量 500 以下,只含 C、H、N、O 化合物的 $M+2$ 和 $M+1$ 峰与分子离子峰 M 的相对强度,并编制为表格。在求分子式时,只要质谱图上得到的分子离子峰足够强,其高度和 $M+1$、$M+2$ 同位峰的高度都能准确测,计算 $M+1$ 和 $M+2$ 峰相对于 M 峰的百分数后,根据拜诺表,便可确定分子式可能的经验式。例如,如在质量数为 102 处有分子离子峰,$M+1$ 峰和 $M+2$ 峰相对其强度分别为 7.81% 和 0.35%。根据表 10-5 列出的数据,可以得到该化合物的可能分子式有如下三个:$C_6H_2N_2$,C_7H_2O,C_7H_4N。因为其分子量为偶数,依据氮律,可以排除 C_7H_4N 的可能。然后再根据碎裂图形或者其他信息,如红外光谱、核磁共振谱数据等,即可确定该化合物的分子式。

表 10-5　拜诺表中 M=102 部分数据

分子式	$M+1$	$M+2$	分子式	$M+1$	$M+2$
$C_5H_{10}O_2$	5.64	0.53	$C_6H_{14}O$	6.75	0.39
$C_5H_{12}NO$	6.02	0.35	C_7H_2O	7.64	0.45
$C_5H_{14}N_2$	6.39	0.17	C_7H_4N	8.01	0.28
$C_6H_2N_2$	7.28	0.23	C_8H_6	8.74	0.34

为了判断分子中是否含有 S、Br、Cl 等原子,应该注意质谱图上 $\dfrac{I_{M+2}}{I_M}$ 的值。由于拜诺表仅列出了含 C、H、N、O 的化合物,因此,当化合物中含有上述原子时,就从分子量中扣除这些原子具有的质量数,并从同位素离子峰中扣除它们对同位素离子峰的贡献,然后从拜诺表相应的部分找到可能的经验式。

10.4.3　结构鉴定

在用质谱法鉴定纯化合物的结构时，首先应与标准图谱进行对照，以核对该化合物的结构。常用的标准谱图有：

(1) *Registry of Mass Spectral Data*，由 John Wiley 出版，共收集近 2 万张谱图。

(2) *Eight Peak Index of Mass Spectral*，由 Mass Spectral Data Center 出版，收集了近 3 万余张谱图。

(3) 许多现代质谱仪都配有高效计算机程序库搜寻系统。

由于质谱峰的峰高在很大程度上取决于电子束的能量、试样相对于电子束的位置、试样的压力和温度以及质谱仪的总体结构等，因此，虽然可以从质谱数据库中获得各种仪器和不同操作条件下的数据资料，但是一般都是采用在同样的仪器和相同的实验条件下，测定待测化合物和已知标准试样的质谱，然后进行比较的方法进行结构鉴定。

若该化合物为未知物质，则可依照已介绍的质谱法，得到化合物的分子量和分子式后，大致按如下程序解析质谱：

(1) 根据分子式，计算化合物的不饱和度 Ω（参阅有关文献）。

(2) 注意分子离子峰相对于其他峰的强度，以此为化合物的类型提供线索。

(3) 注意分子离子和高质量数碎片离子之间的 m/z 的差值，找到从分子离子脱掉的可能碎片或中性分子（参阅有关专业书籍），以此推测分子的结构和断裂类型。

(4) 注意谱图上存在哪些重要离子（参阅有关专业书籍），特别是奇电子的离子，因为它们的出现常常意味着分子中发生了重排或消去反应，这对推断化合物的结构有着重要的意义。

(5) 若有亚稳峰存在，利用 $m^* = (m_2)_2/m_1$ 的关系式，找到 m_1 和 m_2，并推断出 m_1 到 m_2 的断裂过程。

(6) 按各种可能方式，连接已知的结构碎片及剩余的结构碎片，提出可能的结构式。

(7) 根据质谱或其他数据，排除不可能的结构式，最后确定可能的结构式。

10.4.4　质谱联用技术分析

质谱法是分析和鉴定各种化合物的主要工具，质谱仪能够对单一组分提供高灵敏度和特征的质谱图，但是分析混合物时，因为生成了大量 m/z 不同的碎片离子，使质谱无法得到圆满的解释。为此，化学家们将各种有效的分离手段与质谱仪联用，成为一类新的有效的分析方法，即所谓的联用技术。

1. 气相色谱-质谱联用(GC-MS)

气相色谱与质谱联用(GC-MS)是分析复杂有机化合物和生物化学混合物的最有力的工具之一。色谱技术广泛应用于多组分混合物的分析和分离。将色谱和质谱技术联用,对混合物中微量或痕量组分的定性和定量分析具有重要的意义。就色谱仪和质谱仪而言,两者除工作气压以外,其他性能十分匹配。因此,可以将色谱仪作为质谱仪的前分离装置,质谱仪作为色谱仪的检测器而实现联用。由于色谱仪的出口压力为 1.0325×10^5 Pa(1 atm),流出物必须经过色谱-质谱连接器进行降压后,才能进入质谱仪的离子化室,以满足离子化室的低压要求。

GC-MS 是两种气相分析方法的结合,两者之间有直接连接、分流连接和分子离子器连接三种方式:

(1)直接连接只能用于毛细管气相色谱仪和化学离子化质谱仪的联用。

(2)分流连接器在色谱柱的出口处,对试样气体利用率低,因此,大多数联用仪器采用分子分离器。

(3)分子分离器是一种富集装置,通过分离,使进入质谱仪气流中的样品气体的比例增加,同时维持离子源的真空度。常用的分子分离器有扩散分离器(effusion separator)、半透膜分离器(semipermeable membrane separator)和喷射分离器(jet separator)等类型。

2. 液相色谱-质谱联用(LC-MS)

分离热稳定性差及不易蒸发以及含有非挥发性的样品,常常采用液相色谱法。但由于 LC 分离要使用大量的流动相,因而在进入高真空度的质谱仪之前如何有效地除去流动相而不损失样品,是 LC-MS 技术的难题之一。LC 和 MS 的接口现在广泛使用的是"离子喷雾(ion spray)"和"电喷雾(electrospray)"技术,该技术有效地实现了 LC 和 MS 的连接。

3. 毛细管电泳-质谱联用(CE-MS)

首先报道毛细管电泳与质谱的联用技术是在 1987 年。它将要成为分析大生物聚合物(如蛋白质、多肽以及 DNA 等)的重要工具之一。通过毛细管柱后的流出物直接进入电子喷射离子源,然后进入四极杆质量分析器进行分析。在分析某些试样中也采用连续式快原子轰击源。

4. 质谱-质谱联用(MS-MS)

将质谱与质谱(MS-MS)联用是 20 世纪 70 年代后期出现的一种联用技术,常称多级质谱。它的基本原理是将两个质谱仪串联，第一台质谱仪(MS-Ⅰ)作为混合物试样的分离器，然后用第二台质谱仪(MS-Ⅱ)作为组分的鉴定器。混合物经进样系统进入 MS-Ⅰ 离子源离子后，生成分子离子。如果将 MS-Ⅰ 设置在相应的 m/z 位置上，则只有此质荷比的分子离子可以进入 MS-Ⅱ。在那里进一步碎裂，生成其对应的碎片离子，再用 MS-Ⅱ测定记录，进行鉴定。与色谱-质谱联用比较，质谱-质谱联用有如下特点：

(1)分析速度快。色谱分离式一个组分一个组分地出峰，通常需要数分钟乃至数小时。而质谱作为分离器，是以分子质量大小的瞬时分离为基础，这个分离过程约为十万分之一秒。

(2)能分析分子量大、极性强的物质。因为质谱所需的蒸气压远比气相色谱低。

(3)灵敏度高。在质谱-质谱联用中，可以避免色谱过程中引入的各种干扰，而且质谱的本底噪声也由于 MS-Ⅰ 的选择而被消除，因此有利于提高分析的灵敏度。

串联质谱应用于混合物气体中的痕量成分分析，研究亚稳态离子变迁，工业和天然物质中各种复杂化合物的定性和定量分析，如药物代谢研究、天然物质鉴定、环保分析和法医鉴定等方面的分析工作。

10.4.5　定量分析

质谱法可以定量测定有机分子、生物分子以及无机试样中元素的含量。质谱法早先用于定量测定一种或多种混合物组分，现在则广泛采用色谱法或毛细管电泳分离后，进行定量分析。对某些试样也采用色谱与质谱联用技术，将质谱仪设在合适的 m/z 处，即所谓"选择性离子检测"，记录离子流强度对时间的函数关系。质谱峰的峰面积正比于组分地浓度，可作为定量分析的参数。在这种联用技术中色谱仪是质谱仪的"进样器"，而质谱仪是色谱分析的选择性、改进型"检测器"。

当采用质谱法直接获得被分析物的浓度时，一般用质谱峰的峰高作为定量参数。对于混合物中各组分产生的对应质谱峰，可通过绘制与峰高相对应的浓度校正曲线，即外标法与标准物相对照来进行测定。

在使用低分辨率的质谱仪分析混合物时，由于不能产生单组分的质谱峰，常与紫外-可见吸收光谱法分析相互干扰混合物试样时一样，用解联立方程组的方法进行测定。

一般来说，质谱法进行定量分析时，其相对标准偏差为 2%～10%，分析的准确度主要取决于被测定物质的复杂程度及性质，当然仪器的工作状态是主要的。

10.4.6　生物大分子分析

1. 多肽和蛋白质的质谱分析

1) 多肽和蛋白质的一级结构

蛋白质是生物体中含量最高、功能最重要的一类生物大分子。它存在于所有生物细胞中，约占细胞干质量的 50% 以上。关于它的结构分析当然是生命科学的重要课题，而质谱法在这方面愈来愈显出威力，也愈来愈引起人们的重视。

组成蛋白质的基本单元是氨基酸，虽然蛋白质种类繁多，但是所有蛋白质都是由 20 种基本氨基酸构成的。常见氨基酸的名称及分子量列于表 10-6 中。氨基酸通过肽键(酰胺键)连接起来的化合物称为肽，由多个氨基酸组成的肽则称为多肽(polypeptide)，组成多肽的氨基酸单元称为氨基酸残基。如果组成的氨基酸为数不多时，则也可称为寡肽(oligopeptide)。多肽广泛存在于自然界中，但其中最重要的是作为蛋白质的亚单位存在。

表 10-6　常见氨基酸

序号	中文名称	英文名称及缩写	分子量	残基
1	丙氨酸	Alanine, Ala	89.09	71.07
2	精氨酸	Arginine, Arg	174.20	156.18
3	门冬酰胺	Asparagine, Asn	132.12	114.10
4	门冬氨酸	Aspartic Acid, Asp	133.10	115.08
5	半胱氨酸	Cysteine, Cys	121.15	103.13
6	胱氨酸	Cystine	240.29	222.27
7	谷氨酸	Glutamic Acid, Glu	147.13	129.11
8	谷氨酰胺	Glutamine, Gln	146.15	128.13
9	甘氨酸	Glycine, Gly	75.07	57.03
10	组氨酸	Histidine, His	155.16	137.14
11	亮氨酸	Isoleucine, Ile	131.17	113.15
12	赖氨酸	Lysine, Lys	146.19	128.17
13	甲硫氨酸	Methionine, Mef	149.21	131.19
14	苯丙氨酸	Phenylalanine, Phe	165.19	147.17

续表

序号	中文名称	英文名称及缩写	分子量	残基
15	脯氨酸	Proline, Pro	115.13	97.11
16	丝氨酸	Serine, Ser	105.09	87.08
17	苏氨酸	Threonine, Thr	119.12	101.10
18	色氨酸	Tryptophane, Trp	204.22	186.20
19	酪氨酸	Tyrosine, Tyr	181.19	163.17
20	缬氨酸	Valine, Val	117.15	99.13

　　蛋白质是一条或多条多肽链以特殊方式组合的生物大分子。蛋白质结构非常复杂，主要包括以肽链结构为基础的肽链线型序列，以及由肽链卷曲、折叠而形成的三维结构。前者称为一级结构，后者称为二级、三级或四级结构。目前质谱分析能解决的问题主要是测定蛋白质的一级结构，包括其相对分子质量、肽链中的氨基酸排列顺序以及多肽键或二硫键的数目和位置。

　　虽然用质谱法分析蛋白质的高级结构式可能的，这方面的研究正在展开，由于方法尚不够成熟，所以本章不讨论。

　　2) 多肽和蛋白质的分子量测定

　　1981 年，Barber 等首先提出用 FAB 质谱测定肽的分子量，他们采用双聚焦质谱仪，以甘油为基质，分析一个十一肽 (Met-Lys-bradykinin MR=1318)。质谱中出现准分子离子 $[M+1]^+$ 强峰 $m=1319$。谱中出现的均为单电荷离子，主要包括肽离子、甘油离子和甘油簇离子。测 FAB 谱常用 Ar 作轰击剂，但在某些情况中用氙 Xe 效果更好一点。FAB 质谱法既可测正离子谱也可测负离谱，由于蛋白质和多肽分子中含有多个易质子化的部位，所以一般测取其正离子谱。基质中加入酸可增强 $(M+1)^+$ 离子强度。分析疏水性肽常用极性较小的基质，如 3-硝基苄醇或其辛酯，或 N-甲酰-2-氨基乙醇。测取负离子谱时则采用碱性液体作基质，如三乙醇胺，这样的基质有助于样品分子中酸性部位脱去质子。

　　虽然 FAB 质谱可以分析混合肽，但是必须注意疏水性较强的肽比亲水肽更容易电离，使后者的信号被完全压制而测不出来。所以在进行 FAB 质谱分析之前最好将混合肽用反相 HPLC 分级，虽然每一级仍然是一个肽的混合物，但是不至于在同一流出部分中同时含疏水性肽和亲水性肽 (至少不会含同样大小的这些肽)。

分子量小于 6000 的肽或小蛋白质用 FAB 质谱分析是合适的，但是分子量再大的肽用此技术分析就困难了。更大分子量的多肽和蛋白质可用 MALDI 质谱或 ESI 质谱分析。因此 FAB 质谱只适用于分析酶水解或化学降解的蛋白质或人工合成的寡肽。虽然 FAB 质谱与色谱(HPLC 或毛细管电泳)联用的研究早有报道，但不及下面将要讨论的 ESI-MS 和 HPLC-MS 方便。

用 MALDI-TOF 质谱分析蛋白质最早一例是 Hillen Krapm 等于 1988 年提出来的，他们用紫外激光，以烟酸为基质，在 TOF 质谱仪上测出质量数高达 61000 的蛋白质。MALDI-TOF 质谱的精确度开始时只有 ±0.5%，以后改进到 ±0.1%～±0.2%。曾报道用 355 nm 激光照射芥子酸为基质，用已知分子量的蛋白质为内标，测得 MR<30 000 的蛋白质，精确度达 ±0.01%。MALDI-TOF 质谱以其所测质量上限高、灵敏、迅速(<1 min)而用于蛋白质分析，受到广泛注意。

后来发现 MALDI 也采用红外激光，如用 10.6 nm 的激光照射，并显示出 IR 可能优于 UV 激光。开始采用 MALDI 技术时主要注意测取高质量大分子蛋白质，其实此技术也能很好地用于测定小分子蛋白质。其下限由基质离子簇背景决定，如用芥子酸做基质时下限约为 m/z 1000，用 2,5-二羟基苯甲酸时为 m/z 500。因此，在此下限以上，MALDI 可用于分析大小不同分子量的蛋白质混合物，如酶解蛋白。MALDI 质谱比 FAB 质谱所测上限高、操作迅速方便，并且对亲水多肽峰的压制小。MALDI-TOF 质谱的不足之处是分辨率较低(不能分辨同位素多重峰)，质量精度较低，灵敏度低。但这些缺点已为近年来关于 MALDI-TOF 仪器和机制的研究成果逐步克服。MALDI 与离子回旋共振质谱(傅里叶变换质谱，FT-MS)联用则能更好地解决这些问题。

1988 年，Fenn 等首次成功地用电喷雾(ESI)质谱分析了蛋白质大分子。质谱中出现多电荷离子群，蛋白质样品单电荷分子离子在谱图中未出现，但多电荷离子的表现 m/z 值计算出的分子量大大超过了仪器的可测质量上限。一般来说，在 ESI 条件下，能与多肽或蛋白质分子结合的质子数也就是正电荷数，是由分子中所含碱性氨基酸(Arg、Lgs、His)总数和 N 端氨基决定。电荷数目及分布也受试验条件影响，如溶液的 pH、变性剂的存在、温度等。例如牛细胞色素 C 的 ESI 质谱图中，丰度最大的离子在电喷雾溶液 pH 为 5.2 时带有 10 个正电荷，在 pH 为 2.6 时带有 16 个正电荷。ESI 是由溶液喷射的，所以它与 HPLC 或毛细管电泳(CIE)联用最方便。

ESI 质谱测出的分子量精度较高，原因之一是所测出的数值是各多电荷离子计算出的分子量数值的平均值。雌马肌红蛋白(equine myoglohin)的 ESI 质谱中有

12 个多电荷离子（$13^+\sim24^+$），由它们的质荷比 m/z 值计算出的分子量为 16951.7，而实际值为 170 000，用之分析两种蛋白质软骨素酶 I 和 II（chondroitinase I 和 II）谱图中同位素峰分布清晰可辨，测出的分子量数值与 DNA 法导出的数值最接近，表明其精度优于其他方法，见表 10-7。

表 10-7　雌马肌红蛋白 ESI 质谱离子质荷比及分子量

峰号	质荷比 m/z	电荷数 z	计算分子量
1	707.25	24	16950
2	738.0	23	16951
3	771.5	22	16951
4	808.2	21	16951.2
5	848.5	20	16950
6	893.15	19	16950.85
7	942.75	18	1695.1
8	998.25	17	16953.25
9	1060.7	16	16955.2
10	1131	15	16950
11	1212	14	16954
12	1305	13	16952
			平均 16951.7

2. 核酸的质谱分析

1）核酸的一级结构

核酸（nucleic acid）存在于一切细胞中，是与蛋白质相似的一种生物高分子，不过核酸的构成单位不是氨基酸，而是核苷酸（nucleotide）。核酸分为脱氧核糖核酸（DNA）和核糖核酸（RNA）两大类。DNA 是遗传信息的载体，RNA 则是蛋白质生物合成中起重要作用的物质。所以对于它们结构的分析是生命科学中一个非常重要的课题。近年来发现质谱法是进行核酸一级结构分析的最有力手段。为了讨论核酸结构的质谱分析，有必要简略地说明一下核酸的一级结构。

DNA 由脱氧核糖、碱基（B）及磷酸构成，RNA 则由核糖、碱基、磷酸构成。

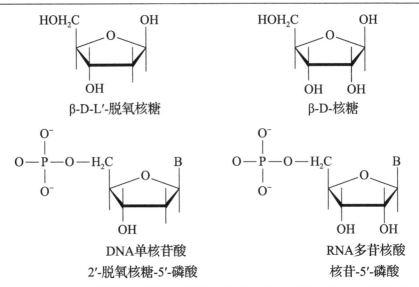

β-D-L′-脱氧核糖　　　　　　　　　β-D-核糖

DNA单核苷酸　　　　　　　　　RNA多苷核酸

2′-脱氧核糖-5′-磷酸　　　　　　　核苷-5′-磷酸

DNA 和 RNA 两类核酸所含的主要碱基(B)都是四种：其中三种两者是相同的，即腺嘌呤(A)、鸟嘌呤(G)和胞嘧啶(C)。另一种在 RNA 为尿嘧啶(U)，在 DNA 则为胸腺嘧啶(T)，即 5-甲基尿嘧啶。

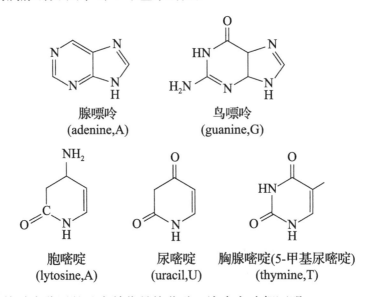

腺嘌呤　　　　　　　　鸟嘌呤
(adenine,A)　　　　　　(guanine,G)

胞嘧啶　　　　　尿嘧啶　　　　　胸腺嘧啶(5-甲基尿嘧啶)
(lytosine,A)　　　(uracil,U)　　　(thymine,T)

构成核酸大分子的基本单位是核苷酸，许多实验都证明 DNA、RNA 都是没有分支的多核苷酸长链。链中每个核苷酸的 5′-磷酸和相邻核苷酸戊糖上的 3′-羟基通过磷酸酯键相连，因此多核苷酸链的连接 3′-5′-磷酸二酯键(用 1′,2′,3′,4′,5′数字作为戊糖中碳原子编号，用 1,2,3,…数字作为碱基杂环上原子编号)。多核苷酸一级结构可表示为：

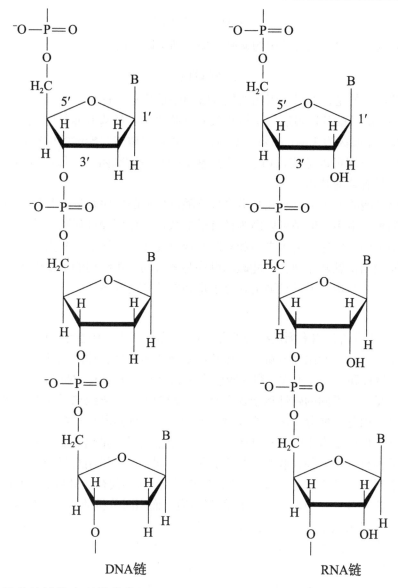

核苷酸的结构也可简化为：

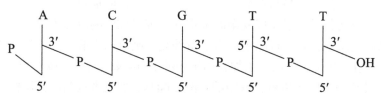

此核酸的核苷酸顺序可表示为：

5′ PAPCPGPTPT3′

如果我们仅仅只关心其中的碱基顺序，则可以写成：

5′ ACGTT3′

需要注意的是，上式所表达的核苷酸顺序是从左至右 5′→3′。

如果多糖核酸片段最后一个核苷酸的戊糖的 C_3'-羟基不再参与磷酸二酯键的构筑，这一端就称为 3 端；如果其 C_5-羟基不再参与磷酸二酯键的构筑就是 C_5'端。多核苷酸的末端可以是核苷(3′或 5′-羟基不带有磷酸基团)也可以是核苷酸(3′或 5′-羟基上带有磷酸基团)。

各核苷酸的分子量以及残基沿多核苷酸链排列的顺序就是核酸的一级结构，核苷酸的种类不多，但是可以因为核苷酸的数目、比例和排列顺序的不同而构成多种结构不同的核酸。由于戊糖和磷酸两成分在核酸主链上不断重复出现，各核酸所不同的知识碱基序列，因此碱基顺序是核酸的一级结构的重要内容，用质谱法测核酸一级结构，也只是测定其分子量和碱基排列顺序。

2) 核酸分子量的测定

MALDI 质谱曾用来测定核酸的分子量，但比它用于测定蛋白质要困难一些。测定核酸时，其信噪比和分辨率一般比测定蛋白质时低，原因包括核酸分子带有磷酸基，极性和电负性不大，容易吸收大量碱金属离子如 K^+，Na^+等，使核酸形成多种分子量大小不同的碱性离子加合物。它们的存在，导致离子速度空间和能量分散，从而引起核酸分子离子峰变宽，不容易准确测定其质量数。此外，核酸分子本身所带的碱基有很强的紫外吸收，使分子接受了过量辐射能而易于破裂。这与蛋白质需借助强紫外吸收基质帮助其解吸不同，因此沿用解吸蛋白质一类基质和激光剂量，将起不到好效果。所以在 20 世纪 90 年代初，MALDI-TOF 质谱已成功地分析了分子量为数十万(10^5)的蛋白质，而当时分析的核酸只是含 4~6 个碱基，分子量为数千(10^3)的低级寡核苷酸。近年来，由于有关 MALDI 基质的研究、样品制备技术的研究和电离机理的研究以及质谱仪功能改进取得了进展以后，才为 MALDI 质谱用于分析核酸一级结构带来了希望。

如上所述 MALDI 质谱用于分析核酸的困扰问题之一是基质或试样溶液中存在的痕量碱金属盐，极易与核酸分子离子形成钾或钠的加合离子。由于加合程度参差不一，致使分子离子变成复杂的多重峰，难以准确测定分子离子的相对质量数。后来研究发现：若在样品中混入过量铵盐，则可以克服这种干扰，因为大量铵离子的存在，几乎全部取代了加合离子中的 K^+和 Na^+ 而成为铵加合离子。其中 NH_4^+极易转移一个质子给核苷酸中的磷酸二酯基，使后者成为游离磷酸基，而铵离子本身则转变为氨分子逸去。于是加合离子干扰消失，质谱中呈现出相应的尖锐单峰：

$$NH_4^+ \cdot O{-}PO(OR)_2^{\pm n} \longrightarrow NH_3 + HO{-}PO(OR)_2^{\pm n}$$

常用的铵盐为柠檬酸氢二铵或酒石酸二铵等。

MALDI 质谱测核酸分子量的另一个困扰问题是分子离子峰强度往往很不够，特别是长链多核苷酸更是如此，以致测不准分子量。分子离子较弱的原因是由于分子离子不稳定，发生了裂解。核酸分子中所含碱基不同，其分子稳定性不同，因而 MALDI 质谱中分子离子度也不一样。一般说来，含胸腺嘧啶(T)的核苷酸离子稳定性较高，丰度较强，含其他碱基(A,C,G)的较弱。分子离子较弱的原因是由于分子离子发生了裂解。经研究证明，核酸裂解过程中首先发生碱基质子化，随后 *N*-苷键断裂失去碱基，同时磷酸二酯键的 3′-C—O 键断裂。

DNA 是随着碱基离去而裂解。碱基脱去的一个可能机理是 1,2-反式消除反应，接着骨架裂解发生在核糖中的 5′位或 3′位：

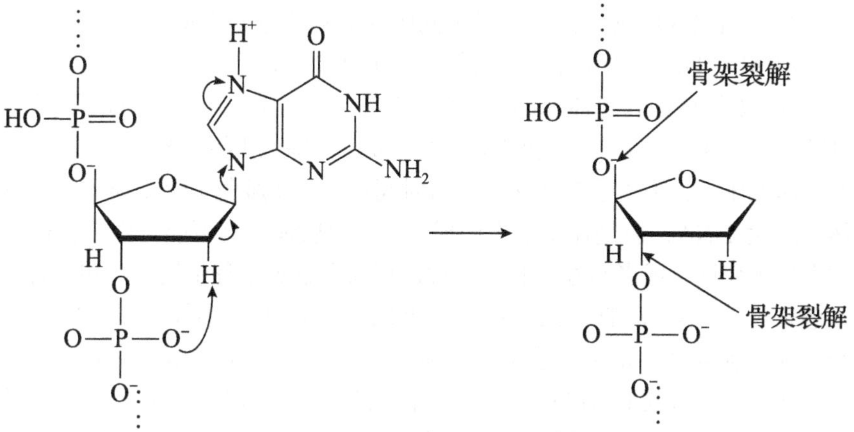

由于碱基质子化是 DNA 分子离子裂解失去碱基过程中必需的第一步反应，所以碱基对质子的亲和力是影响 DNA 分子离子磷酸二酯骨架稳定性和该离子强度的重要因素。在气相中各碱基核苷与质子的亲和力是：

胸腺嘧啶脱氧核苷(dT)为 224.4 kcal[①]/mol；

腺嘌呤脱氧核苷(dA)为 233.6 kcal/mol；

胞嘧啶脱氧核苷(dC)为 233.2 kcal/mol；

鸟嘌呤脱氧核苷(dG)为 234.4 kcal/mol。

可见胸腺嘧啶脱氧核苷与质子的亲和力最低，比其他三种脱氧核苷的质子亲和力要低 8～10 kcal/mol，所以胸腺嘧啶相对说来是最不容易质子化的。含这种碱基的脱氧核苷相对来说最稳定，最不易失去碱基而发生骨架裂解，RNA 的分子离子一般较 DNA 稳定，这是因为 RNA 分子内核糖环中的 2′-羟基的致稳效应。它使

---

① 1 kcal=4.1868 kJ

得脱氧核酸中那样的 1,2-反式消除反应不能发生。了解了核酸质谱裂解的这些机理以后,就有可能通过化学修饰来抑制分子离子的裂解,从而提高它们的稳定性,增强它们在质谱中的丰度。例如,7-重氮嘌呤核苷酸分子离子比为修饰的相应的核苷酸有较大的稳定性。又如将腺嘌呤和鸟嘌呤中 7 位的 N 原子换成 C 原子,它们对质子的亲和力就会下降,因此分子离子的稳定性也就增加。

　　MALDI 质谱中分子离子峰弱的另一个原因是样品在探头上解吸效率和电离效率不高。为了提高 DNA 解吸效率,一般需选择合适的基质。常用的基质为羟基芳香羧酸,如 3,5-二羟基苯甲酸、3,5-二甲氧基-4-羟基肉桂酸(芥子酸)、3-羟基吡啶、3-羟基-4-甲氧基甲醛/甲基水杨酸、2-氨基苯甲酸/烟酸等。曾有人从 46 种基质中筛选出 3-羟基吡啶-2-羧酸为分析 DNA 的最佳基质,曾用它分析了含 10～67 个碱基的单股寡核苷酸,激光波长为 353 nm 或 266 nm,分子离子强度高,裂解碎片裂解少。也有人建议用 2,4,6-三羟基苯乙酮做基质。总之,到目前为止,基质的选择尚无固定的原则可循,需视不同的样品对象选择合适基质。

　　迄今用 MALDI 质谱分析出最大分子的 DNA 是含 500 个碱基对的双股核酸DNA,用 PCR 扩增的吞噬体基因组,分子量为 15×10^4,用的基质是 3-羟基-2-羧酸和吡啶-2-羧酸的混合物,激光波长为 266 nm,加速电压为 45 keV,由于采用了加大的加速电压,分子离子在加速区停留时间短,从而避免了分子离子的裂解。样品虽然是双股 DNA,但是在质谱中出现的却是单股体,这可能是由于在样品制备过程中发生了变性,或者是在质朴离子源内探头上解吸过程中转变为单股体。

　　一般来说,MALDI-TOF 质谱的分辨率低,分析 DNA 有困难,特别不利于测序分析。为了提高其分辨率,曾采用"延迟萃取技术"(delayed extraction)。用这种技术在 1.3 m 反射式 MALDI-TOF 质谱仪上分析了含 12 个碱基的寡核苷酸,分辨率达到了 7500。将 MALDI 离子源与傅里叶变换质谱联用(FT-MS),可提高分析 DNA 的分辨率。

　　正如 MALDI 质谱一样,ESI 质谱用于分析寡核苷酸不及用于分析蛋白质顺利,也同样是两个原因,其一是碱金属离子加合物的干扰;其二是分子离子易裂解,以致强度很弱。采用加入铵盐置换的办法来消除 K^+ 或 Na^+ 加合离子。将寡核苷酸样品自含乙酸铵的乙醇溶液中沉淀析出,或者在样品中加入氨水溶液。若不用铵置换处理,则可观察到 ESI 质谱几乎所有磷酸二酯基都结合有一个 Na^+。用铵盐处理后,甚至含高达 48 个碱基的寡核苷酸中观察不到含 Na^+ 的加合离子。配有 ESI 电离源的傅里叶变换质谱仪可用于 DNA 分析。

　　虽然 ESI 所产生的多电荷离子可以扩展质谱的可测质量限度,有利于测定生物大分子的分子量,但是多电荷离子不利于离子的结构测定。曾借调控样品溶液pH 或在其中加入有机酸、有机碱来抑制多电荷离子的形成。也曾发现用混合溶剂,如咪唑、六氢吡啶和乙酸溶于乙腈-水中作为样品溶剂即可抑制钾、钠加合离子的形成，又可减少多电荷程度。

用 ESI-FT 质谱可准确测定长链 DNA 的分子量，如测定双股 64 体 DNA，分子量为 39 000，误差≤0.5。用 ESI-FT-MS 测得核苷酸分子量可高达 108 000。

3. 糖类的质谱分析

生物学家曾经长期认为糖类的生物功能只是为生物抗体提供能源。维持生命而已。但是近年分子生物学、细胞生物学和生物化学等的发展，揭示了许多重要的生物活性物质含有糖成分。糖链上结合蛋白质、脂质及磷酸酯等成为一类"糖复合物"，如血浆、酶、激素及细胞外膜中均含有糖蛋白，某些抗菌素、毒素、凝集素等含有糖的复合物。糖复合物作为信息分子对于细胞的识别、增生、分异以及维持生物体免疫系统、生殖系统、神经系统和新陈代谢平衡都具有重要作用，同时有些寡糖盒多糖具有增强免疫力，抗辐射，抗肿瘤活性，可作为药物应用。于是糖类遂成为继蛋白质和核酸之后又一类为人们所重视的生物大分子。生物学界在探索生物活性分子的结构与功能的研究中，迫切要求解决测定糖的结构，糖的结构比蛋白质和核酸要复杂得多。寡糖和多糖的糖链是由含多元羟基的环状己糖或戊糖通过苷健连接而成。各羟基在环上有顺反异构，各单糖分子上有五个手性碳，连接的位置和构型多种多样。例如，三个相同的氨基酸只能构成一种形式的三肽，而三个己糖能构成 176 种异构体，可以想象寡糖和多糖结构的复杂性，测定它们的难度有多大。测定糖类结构包括这些内容：①分子量；②糖链中糖残基的种类和数量；③糖残基结合的位置——连接点；④构型。

关于测定寡糖和多糖的结构，传统的化学和生化方法是用酸全部水解后，经纸色谱或薄层色谱与标准样品对照 Rf 值鉴定单糖成分，并用气相色谱法测出各糖的相对含量。用过碘酸氧化、Smith 降解等确定糖的连接点，然后用酶降解，逐步测出糖链顺序，用光散射法或凝胶渗透色谱法测出多糖的平均分子量。这样的测定程度既繁复又费时，工作量很大，分析精度不高，所需样品量大，并且分析结果没有全部解决糖的结构问题。于是人们转而向仪器分析求助采用各种波谱分析法。在这些波谱法中，NMR 法在解决糖的立体化学方面起着重要作用，特别是用高分辨超导核磁共振谱。但是多糖核磁共振谱的解析非常困难，因为信号峰重叠严重，并且这个方法的灵敏度不高，进行多核磁共振分析往往需要毫克数量的样品，不适合机体内痕量糖复合物的分析。而质谱法则是解决糖结构的有效手段。

前面提到的 FAB，ESI 和 MALDI 软电离技术适合于分析高极性、难挥发、热不稳定的糖类样品，TOF-MS 和 FT-MS 则是大分子糖类分子量的最佳选择，比光散射法或凝胶渗透法精度高很多，特别是在 LC-MS 和 MS-MS 对于分析糖复合物或多糖降解后的混合物中单糖和寡糖糖残基的鉴定和序列测定中。是不是质谱法已全面和彻底地解决了糖的结构分析问题呢？当然不是。在连接点的确定和测序中，质量数相同的异构体的区分，特别是糖的立体化学结构等的质谱法尚待研究完善。

　　糖蛋白或其他糖复合物都含寡糖链，多糖也是由寡糖重复单位聚合而成，所以解决寡糖的结构式解决糖复合物和多糖结构的关键。MALDI-TOF-MS 用于测定寡糖分子量是好的，但它产生的碎片离子较少，提供的结构信息不多。近来用源后衰技术来弥补此缺点，用于测寡糖结构。但是最有效的方法还是 MALDI-FT-MS-MS 法。举例如下：

　　用波长为 337 nm 的氮激光，2,5-二羟基苯甲酸于乙醇 (50 mg/mL) 为基质。取自人乳中分得的两种寡糖 (Ⅰ) 和 (Ⅱ) 作样品，溶于甲醇中 (1 mg/mL) 取 1 μL 糖样液滴在 MALDI 离子源探头尖端，用于燥热空气流吹干，加入 1 μL 0.01 mol/L NaCl 溶液以增强信号强度，然后将 1 μL 基质滴入探头尖端。将探头深入离子源，按常规操作 FTMS 仪进行测试。

第11章 气相色谱-质谱联用技术

11.1 概 述

气质联用仪是分析仪器中较早实现联用技术的仪器,自 1957 年 J. C. Holmes 和 F. A. Morrell 首次实现气相色谱和质谱联用以后,这一技术得到了长足的发展。在所有联用技术中气质联用(GC-MS)发展最完善,应用最广泛。目前从事有机物分析的实验室几乎都把 GC-MS 作为主要的定性确认手段之一,同时 GC-MS 也被用于定量分析。另一方面,目前市售的有机质谱仪,不论是磁质谱、四极杆质谱、离子阱质谱还是飞行时间质谱(TOF)、傅里叶变换质谱(FTMS)等均能和气相色谱联用。还有一些其他的气相色谱和质谱连接的方式,如气相色谱-燃烧炉-同位素比质谱等。GC-MS 已经成为分析复杂混合物最为有效的手段之一。

11.2 仪器构成及原理

11.2.1 仪器基本构成

气相色谱仪,通过对待检测混合物中组分有不同保留性能的气相色谱柱,使各组分分离,依次导入检测器,以得到各组分的检测信号。按照导入检测器的先后次序,经过对比,可以区别出是什么组分,根据峰高度或峰面积可以计算出各组分含量(图 11-1)。通常采用的检测器有热导检测器、火焰离子化检测器、氮

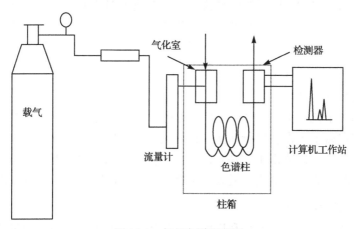

图 11-1 气相色谱流程图

离子化检测器、超声波检测器、光离子化检测器、电子捕获检测器、火焰光度检测器、电化学检测器、质谱检测器等。

1. 气相色谱仪的组成

气相色谱仪的基本构造有两部分，即分析单元和显示单元。前者主要包括气源及控制计量装置、进样装置、恒温器和色谱柱。后者主要包括检定器和自动记录仪。色谱柱(包括固定相)和检定器是气相色谱仪的核心部件。气相色谱仪主要由以下六大系统组成：

(1)载气系统。气相色谱仪中的气路是一个载气连续运行的密闭管路系统。整个载气系统要求载气纯净、密闭性好、流速稳定及流速测量准确。

(2)进样系统。进样就是把气体或液体样品速而定量地加到色谱柱上端。

(3)分离系统。分离系统的核心是色谱柱，它的作用是将多组分样品分离为单个组分。色谱柱分为填充柱和毛细管柱两类。

(4)检测系统。检测器的作用是把被色谱柱分离的样品组分根据其特性和含量转化成电信号，经放大后，由记录仪记录成色谱图。

(5)信号记录或计算机数据处理系统。目前气相色谱仪主要采用色谱数据工作站。色谱数据工作站记录色谱图，并能在同一张记录纸上打印出处理后的结果，如保留时间、被测组分质量分数等。

(6)温度控制系统。用于控制和测量色谱柱、检测器、气化室温度，是气相色谱仪的重要组成部分。

2. 气相色谱常见检测器

1)热导检测器

热导检测器(TCD)属于浓度型检测器，即检测器的响应值与组分在载气中的浓度成正比。它的基本原理是基于不同物质具有不同的热导系数，几乎对所有的物质都有响应，是目前应用最广泛的通用型检测器。由于在检测过程中样品不被破坏，因此可用于制备和其他联用鉴定技术。

2)氢火焰离子化检测器

氢火焰离子化检测器(FID)利用有机物在氢火焰的作用下化学电离而形成离子流，借测定离子流强度进行检测。该检测器灵敏度高、线性范围宽、操作条件不苛刻、噪声小、死体积小，是有机化合物检测常用的检测器。但是检测时样品被破坏，一般只能检测那些在氢火焰中燃烧产生大量碳正离子的有机化合物。

3)电子捕获检测器

电子捕获检测器(ECD)是利用电负性物质捕获电子的能力，通过测定电子流进行检测的。ECD 具有灵敏度高、选择性好的特点。它是一种专属型检测器，是目前分析痕量电负性有机化合物最有效的检测器，元素的电负性越强，检测器灵敏度越高，对含卤素、硫、氧、羰基、氨基等的化合物有很高的响应。电子捕获检测器已广泛应用于有机氯和有机磷农药残留量、金属配合物、金属有机多卤或多硫化合物等的分析测定。它可用氮气或氩气作载气，最常用的是高纯氮。

4) 火焰光度检测器

火焰光度检测器(FPD)对含硫和含磷的化合物有比较高的灵敏度和选择性。其检测原理是，当含磷和含硫物质在富氢火焰中燃烧时，分别发射具有特征的光谱，透过干涉滤光片，用光电倍增管测量特征光的强度。

5) 质谱检测器

质谱检测器(MSD)是一种质量型、通用型检测器，其原理与质谱相同。它不仅能给出一般 GC 检测器所能获得的色谱图(总离子流色谱图或重建离子流色谱图)，而且能够给出每个色谱峰所对应的质谱图。通过计算机对标准谱库的自动检索，可提供化合物分析结构的信息，故是 GC 定性分析的有效工具。常被称为色谱-质谱联用(GC-MS)分析，是将色谱的高分离能力与质谱的结构鉴定能力结合在一起。

11.2.2 质谱仪简介

质谱仪一般由真空系统、进样系统、离子源、质量分析器和计算机控制与数据处理系统(工作站)等部分组成。见图 11-2。

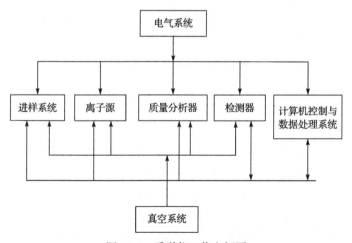

图 11-2 质谱仪工作方框图

1. 真空系统

质谱仪的离子源、质量分析器和检测器必须在高真空状态下工作，以减少本底的干扰,避免发生不必要的离子-分子反应。离子源的真空度应达 $10^{-4}\sim10^{-3}$ Pa,质量分析器和检测器的真空度应达 $10^{-5}\sim10^{-4}$Pa 以上。

质谱仪的高真空系统一般是由机械泵和涡轮分子泵串联组成。机械泵作为前级泵将真空系统抽到 $10^{-2}\sim10^{-1}$ Pa,然后再由涡轮分子泵继续抽到高真空。在与色谱联用的质谱仪中,离子源是通过"接口"直接与色谱仪连接,色谱的流动相可能会有一部分或全部进入离子源。为此,与色谱联用的质谱仪的离子源所使用的高真空泵的抽速应足够大,以保证色谱的流动相进入离子源后能及时、迅速地被抽走,保证离子源的高真空度。

2. 进样系统

色谱-质谱联用仪的接口和色谱仪组成了质谱的进样系统。样品由色谱进样器进入色谱仪,经色谱柱分离出的各个组分依次通过接口进入质谱仪的离子源。通常色谱柱的出口端近似为大气压力,这与质谱仪中的高度真空状态是不相容的,接口技术要解决的关键问题就是实现从气相色谱仪的大气压工作条件向质谱仪的高真空工作条件的切换和匹配。接口要把气相色谱柱流出物中的载气尽可能除去,而保留或浓缩各待测组分,使近似于大气压的气流转变成适合离子化装置的粗真空,把待测组分从气相色谱仪传输到质谱仪,并协调色谱仪和质谱计的工作流量。

根据质谱仪的工作特点,色谱-质谱联用仪进样系统的接口应满足以下三个条件:①接口的存在不能破坏离子源的高真空,也不应影响色谱峰峰型,即不应造成色谱峰纵向展宽;②在接口处应能使载气(即流动相)尽可能少地进入质谱系统,而经色谱分离后的各组分应尽可能多地进入质谱仪的离子源;③接口的存在不应使色谱分离后各组分的组成和结构发生任何改变。

1)直接导入型接口

目前,市售气相色谱-质谱联用仪多采用直接导入型接口(direct coupling)。下面简单介绍这种接口。

内径在 $0.25\sim0.32$ mm 的毛细管色谱柱的载气流量在 $1\sim2$ mL/min。毛细管柱通过一根金属毛细管直接引入质谱仪的离子源。这种方式是迄今为止最常用的一种技术。其基本原理见图 11-3。毛细管柱沿图中箭头方向插入直至有 $1\sim2$ mm 的色谱柱伸出该金属毛细管。载气和待测物一起从气相色谱柱流出立即进入离子源的作用场。由于载气氦气是惰性气体,不发生电离,而待测物却会形成带电粒子。待测物带电粒子在电场作用下加速向质量分析器运动,而载气却由于不受电场影响,被真空泵抽走。接口的实际作用是支撑插入毛细管,使其准确定位。另一个作用是保持温度,使色谱柱流出物始终不产生冷凝。

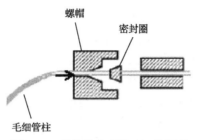

图 11-3　直接导入型接口工作原理

使用这种接口的载气限于氦气或氢气。当气相色谱仪出口的载气流量高于 2 mL/min 时，质谱仪的检测灵敏度会下降。一般使用这种接口，气相色谱仪的流量在 0.7~1.0 mL/min。色谱柱的最大流速受质谱仪真空泵流量的限制。最高工作温度和最高柱温接近。接口组件结构简单，容易维护。传输率可达 100%，这种连接方法一般都使质谱仪接口紧靠气相色谱仪的侧面。这种接口应用较为广泛。

2）开口分流型接口

色谱柱洗脱物的一部分被送入质谱仪，这样的接口称为分流型接口。在多种分流型接口中开口分流型接口（open-split coupling）最为常用。该接口是放空一部分色谱流出物，让另一部分进入质谱仪，通过不断流入清洗氦气，将多余流出物带走。此法样品利用率低。

3）喷射式分子分离器接口

常用的喷射式分子分离器接口工作原理是根据气体在喷射过程中不同质量的分子都以超音速的同样速度运动，不同质量的分子具有不同的动量。动量大的分子易保持沿喷射方向运动，而动量小的易于偏离喷射方向，被真空泵抽走。分子量较小的载气在喷射过程中偏离接收口，分子量较大的待测物浓缩后进入接收口。喷射式分子分离器具有体积小、热解和记忆效应较小、待测物在分离器中停留时间短等优点。这种接口适用于各种流量的气相色谱柱，从填充柱到大孔径毛细管柱。主要的缺点是对易挥发的化合物的传输率不够高。

3. 离子源

离子源的作用是将被分析的样品分子电离成带电的离子，并使这些离子在离子光学系统的作用下，会聚成有一定几何形状和一定能量的离子束，然后进入质量分析器被分离。离子源的结构和性能与质谱仪的灵敏度和分辨率有密切的关系。样品分子电离的难易与其分子组成和结构有关。有机质谱仪常用的离子源有电子轰击电离源（EI）、化学电离源（CI）和解吸化学电离源（DCI）、场致电离源（FI）和场解吸电离源（FD）、快原子轰击电离源（FAB）和离子轰击电离源（IB）、激光解吸电离源（LD）等。在此，只对电子轰击电离源作一介绍。

电子轰击电离源(EI)是有机质谱仪中应用最多、最广泛的离子源，也是色谱-质谱联用仪，特别是气相色谱-质谱联用仪中应用最多的离子源。所有的有机质谱仪几乎都配有电子轰击电离源。图 11-4 电子轰击电离源的示意图。从热灯丝发射的电子被加速通过电离盒，射向阳极(trap)，此阳极用来测量电子流强度。通常所用的电子流强度为 50～250 μA。改变灯丝与电离盒之间的电位，可以改变电离电压(即电子能量)。当电子能量较小(即电离电压较小，如 7～14 eV)时，电离盒内产生的离子主要是分子离子。当加大电子能量(如电离电压加大到 50～100 eV，常用 70 eV)，产生的分子离子由于带有多余的能量，会部分断裂(电子轰击分子产生分子离子后多余的一部分能量会使分子离子产生断裂)，成为碎片离子。可以使用降低电子能量的方法来简化质谱图。但电子能量太低，电离效率也降低，产生的分子离子将很少，使检测灵敏度大大降低。所以现有的标准电子轰击电离谱图(EI 谱图)都是用 70 eV 电子能量得到的。因此在用计算机用标准谱图进行检索时，电离电压必须使用 70 eV。

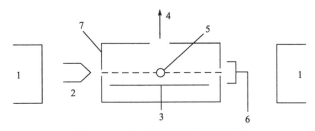

图 11-4　电子轰击电离源示意图

1-源磁铁；2-灯丝；3-推斥极；4-离子束；5-样品入口；6-阳极；7-电离盒

电子轰击电离的特点是稳定，操作方便，电子流强度可精密控制，电离效率高，结构简单，温控方便，所形成的离子具有较窄的动能分散，所得到的质谱图是特征的，重现性好。因此，目前绝大部分有机化合物的标准质谱图都是采用电子轰击电离源得到的。

另外，为了增强电子轰击离子源的抗污染性，电子轰击离子源需要采用惰性材料。如 Agilent 公司的 5973 系列产品，采用铜金属材料的离子源，大大增强了离子源的惰性，提高了其抗污染能力，同时也大大降低离子源的清洗频率。

电子轰击电离源要求被测有机样品必须能气化，不能气化或者气化时发生分解的有机化合物样品不能使用电子轰击源电离。正因如此，气相色谱所分析的有机化合物样品必须是气化的，气相色谱-质谱联用仪使用电子轰击电离源是最为合适的。

EI 源的特点：

(1)电离效率高，灵敏度高，稳定，操作方便，结构简单，控温方便。

(2)图谱具有特征性，化合物分子碎裂大，能提供较多信息，对化合物的鉴别和结构解析十分有利。应用最广，标准质谱图基本都是采用 EI 源得到的。

(3)所得分子离子峰不强，有时不能识别。EI 源的电子能量增加，碎片离子增加。

本法不适合于高分子量和热不稳定的化合物。

4. 质量分析器

质量分析器是质谱仪的核心，是它将离子源产生的离子按其质量和电荷比(m/z，m 为离子的质量数，z 为离子携带的电荷数)的不同、在空间的位置、时间的先后或轨道的稳定与否进行分离，以便得到按质荷比(m/z)大小顺序排列而成的质谱图。质谱仪中常见的质量分析器有磁质量分析器、四极杆质量分析器(四极杆滤质器)、飞行时间质量分析器、离子阱质量分析器和离子回旋共振质量分析器。其中磁质量分析器为静态质量分析器，其他为动态质量分析器。根据所用的质量分析器不同，相应的质谱仪分别称为磁质谱仪、四极杆质谱仪、飞行时间质谱仪、离子阱质谱仪和离子回旋共振质谱仪。由于质量分析器仅是将离子源产生的离子按其质荷比进行分离，而不与色谱仪器直接连接，直接与色谱仪器连接的是离子源。因此，各种质量分析器的质谱仪原则上都可通过"接口"与色谱仪器联用。目前与色谱仪器联用最多的是四极杆质谱仪、离子阱质谱仪和飞行时间质谱仪。下面就四极杆质量分析器作一简单介绍。

传统的四极杆质量分析器是由四根笔直的金属或表面镀有金属的极棒与轴线平行并等距离地置悬构成，棒的理想表面为双曲面。整体式的四极杆设计可使四极杆具有永久的空间结构，真正做到理想的双曲面结构。

如图 11-5，在 x 与 y 各两支电极上分别加上 $\pm(U+V\cos2\pi ft)$ 的高频电压(V 为电压幅值，U 为直流分量，$U/V=0.16784$，f 为频率，t 为时间)，离子从离子源出来后沿着与 x，y 方向垂直的 z 方向进入四极杆的高频电场中。这时，只有质荷比(m/z)满足式(11-1)的离子才能通过四极杆到达检测器：

$$\frac{m}{z} = \frac{0.136V}{r_0^2 f} \tag{11-1}$$

式中，r_0 为场半径，cm。

其他离子则撞到四根电极上而被"过滤"掉。当改变高频电压的幅值(V)或者频率(f)，则用 V 或 f 扫描时，不同质荷比的离子可陆续通过四极杆而被检测器检测。

四极杆质量分析器具有质量轻、体积小、造价低廉等优点，因此发展很快。近年来四极杆质量分析器的分辨率和质量范围都有很大提高，使得目前的色谱-质谱联用仪中的质谱仪大部分采用了四极杆质量分析器。

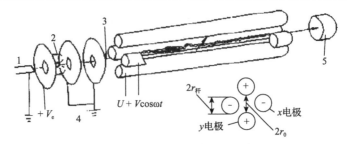

图 11-5　四极杆质量分析器示意图

1-阴极；2-电子；3-离子；4-离子源；5-检测器

现代新型的四极杆质量分析器的设计也有了一些改变，如安捷伦公司 5975C 的四极杆是由一块整体式镀金石英四极组成，所有关键的空间尺寸都可以保持恒定而稳定，避免了传统的圆柱形钼杆设计带来的误差。整体式四极杆的镀金层的表面极其平滑，保证了四极电场的均一性；金具有出色的导电性，而没有一般金属四极杆常见的氧化问题。5975C 气-质具有质量轴稳定性及同位素比例的测量精确性，在整个质量范围内保证分辨率的同时提供最大的传输效率，质量轴在 48 小时稳定在 0.01 u。

5. 检测器

质谱仪常用的检测器有直接电检测器、电子倍增器、闪烁检测器和微通道板等，在色谱-质谱联用仪中目前使用最多的是电子倍增检测器。下面对几种检测器的工作原理作一简单介绍。

1)直接电检测器

直接电检测器是用平板电极或者法拉第圆筒接收由质量分析器出来的离子流，然后有直接放大器或者静电计放大器进行放大，而后记录。

2)电子倍增器

电子倍增器运用质量分析器出来的离子轰击电子倍增管的印记表面，使其发射出二次电子，再用二次电子依次轰击一系列电极，使二次电子获得不断倍增，最后由阳极接受电子流，使其离子束信号得到放大。系列电极数目可多到十几级。通常电子倍增器有 14 级倍增器电极，可大大提高检测灵敏度。

3)闪烁检测器

由质量分析器出来的高速离子打击闪烁体使其发光，然后用光电倍增管检测闪烁体发出的光，这样可将离子束信号放大。

4)微通道板

微通道板是 20 世纪 70 年代发展起来的检测器，它是由大量微型通道管(管径约 20 μm，长约 1 mm)组成的。微通道管是有高铅玻璃制成，具有较高的二次电子发射率。每一个微通道管相当于一个通道型连续电子倍增器。整个微通道板则相当于若干个这种电子倍增器并联，每块板的增益为 10^4。欲获得更高的增益，可将微通道板串联使用。

6. 计算机系统

现代质谱仪都配有完善的计算机系统，它不仅能快速准确地采集数据和处理数据，而且能监控质谱仪各单位的工作状态，实现质谱仪的全自动操作，并能代替人工进行化合物的定性和定量分析。色谱-质谱联用仪配有的计算机还可以控制色谱和借口的操作。下面对质谱仪的计算机系统的功能作一简单介绍。

1) 数据的采集和简化

一个被测化合物可能有数百个质谱峰，若每个峰采数 15~20 次，则每次扫描采数的总量在 2000 次以上，这些数据是在 1 s 到数秒内采集到的，必须在很短的时间内把这些数据收集起来，并进行运算和简化，最后变成峰位(时间)和峰强数据储存起来。经过简化每个峰由两个数据——峰位(时间)和峰强表示。

2) 质量数的转换

质量数的转换就是把获得的峰位(时间)谱转换为质量谱(即质量数-峰强关系图)。对于低分辨质谱仪先用参考样(根据所需质量范围选用全氟异丁胺、全氟煤油、碘化铯等物质作为参考样)作出质量内标，而后用指数内插及外推法，将峰位(时间)转换成质量数(当 $z=1$ 时，即单电荷离子，质荷比即为质量数)。在作高分辨质谱图时，未知样和参考样同时进样，未知样的谱峰夹在参考样的谱峰中间，并能很好地分开。按内插和外推法用参考样的精确质量数计算出未知样的精确质量数。

3) 扣除本底或相邻组分的干扰

利用"差谱"技术将样品谱图中的本底谱图或干扰组分的谱图扣除，得到所需组分的纯质朴图，以便于解析。

4) 谱峰强度归一化

把谱图中所有峰的强度对最强峰(基峰)的相对百分数列成数据表或给出棒图(质谱图)，也可将全部离子强度之和作为 100，每一谱峰强度用总离子强度的百分数表示。归一化后，有利于和标准谱图比较，便于谱图解析。

5) 标出高分辨率质谱的元素组成

对于含碳、氢、氧、氮、硫和卤素的有机化合物，计算机可以给出高分辨率质谱的精确质量测量值，按该精确质量计算得到的差值最小的元素组成，测量值和元素组成计算值之差。

6) 用总离子流对质谱峰强度进行修正

色谱分离后的组分在流出过程中浓度在不断变化,质谱峰的相对强度在扫描时间内也会变化,为纠正这种失真,计算机系统可以根据总离子流的变化(反映样品浓度的变化)自动对质谱峰强度进行校正。

7) 谱图的累加、平均

使用直接进样或场解吸电离时,有机化合物的混合物样品蒸发会有先后的差别,样品的蒸发量也在变化。为观察杂质的存在情况,有时需要给出量的估计。计算机系统可按选定的扫描次数把多次扫描的质谱图累加,并按扫描次数平均。这样可以有效提高仪器的信噪比,也就提高了仪器的灵敏度。同时从杂质谱峰的离子强度也可估计杂质的量。

8) 输出质量色谱图

计算机系统将每次扫描所得质谱峰的离子流全部加和,以总离子流(TIC)输出,称为总离子流色谱图或质量色谱图。根据需要,可按扣除指定的质谱峰,输出单一质谱峰的离子流图,称为质量碎片色谱图。

9) 单离子检测和多离子检测

在质谱仪的质量扫描过程中,由计算机系统控制扫描电压"跳变",实现一次扫描中采集一个指定质荷比的离子或多个指定质荷比的离子的检测方法称为单离子检测(single ion monitoring,SIM)或多离子检测(multiple ion monitoring,MIM)。单离子检测的灵敏度比全扫描检测可以高 2~3 个数量级。单离子检测和多离子检测主要用于定量分析和高灵敏度检出某一指定化合物的分析。

10) 谱图检索

利用计算机能够存储大量已知化合物的标准谱图,这些标准谱图绝大多数是用电子轰击电离源、70 eV 电子束轰击已知化合物样品,在双聚焦质谱仪上作出的。因此,为了能利用这些标准谱图去检索预测样品,预测样品也必须用电子轰击电离源在 70 eV 电子束下轰击电离,这时得到的质谱图才能与已知标准谱图比对。计算机可按一定程序比对两张谱图(预测样品谱图与标准谱图),并根据峰位和峰强度比对结果计算出相似性指数,最后根据比对结果给出相似性指数排在前列(即较为相似)的几个化合物的名称、分子量、分子式、结构式和相似性指数。可以根据样品的其他已知信息(物理的和化学的)从检索给出的这些化合物中最后确定待测样品的分子式和结构式。在这里特别要注意的是相似指数最高的并不一定就是最终确定的分析结果。目前通用的质谱谱库有标准谱图 10 万多张,此外还有一些专用谱库,如农药谱库,可用于一些特有类型化合物的检索,谱图检索现已成为气相色谱-质谱联用仪主要定性的手段。

11.2.3　工作原理

气质联用法是将气-液色谱和质谱的特点结合起来的一种用于确定测试样品中不同物质的定性定量分析方法，其具有气相色谱的高分辨率和质谱的高灵敏度。气相色谱将混合物中的组分按时间分离开来，而质谱则提供确认每个组分结构的信息。气相色谱和质谱由接口相连。气质联用法广泛应用于药品检测、环境分析、火灾调查、炸药成分研究、生物样品中药物与代谢产物定性定量分析及未知样品成分的确定。气质联用法也被用于机场安检中，用于行李中或随身携带物品的检测。

气质联用仪系统一般由图 11-6 所示的部分组成。

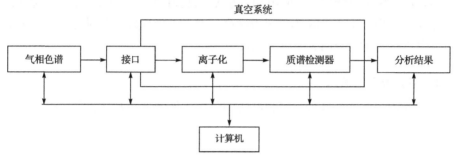

图 11-6　气质联用仪组成框图

气质联用仪根据其要完成的工作被设计成不同的类型和大小。由于在现代质谱仪中最常用的质量分析器是四极杆型的，所以，在本章中将主要介绍这种将不同质量离子碎片分离的方法。

11.3　实　验　技　术

11.3.1　实验方法的选择

总离子流色谱法(total ionization chromatography，TIC)类似于 GC 图谱，见图 11-7，用于定性定量分析。其中，全扫描是对指定质量范围内的离子全部扫描

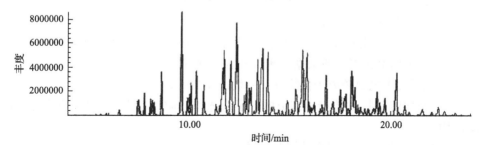

图 11-7　总离子流图

并记录，得到的是正常的质谱图，这种质谱图可以提供未知物的分子量和结构信息，可以进行谱库检索。

选择性离子监测(selected ion monitoring，SIM)或选择离子储存(selected ion storage，SIS)是对选定的某个或数个特征质量峰进行单离子或多离子检测，获得这些离子流强度随时间的变化曲线。其检测灵敏度较总离子流检测高 2~3 个数量级。

SIM 或 SIS 是对选定的一个或多个离子、一定质量段的离子或多个质量段的离子进行跳跃式扫描，只记录特征的、感兴趣的离子，不相关的、干扰离子均被排除。采用 SIS 方式，通过选择性的储存并检测化合物的特性离子片段或离子束，可大大提高检测的灵敏度。在很多干扰离子存在时，利用正常扫描方式得到的信号可能很小，噪声可能很大，但用 SIS 方式，只选择特征离子，噪声会变得很小，信噪比大大提高。由于 SIS 不仅灵敏度高，而且选择性好，在对复杂体系中某一微量成分进行定量分析时，常常采用此方式。

11.3.2　实验条件的选择

气质联用法实验条件的选择包括气相色谱条件的选择和质谱仪条件的选择两个部分。

1. 气相色谱实验条件的选择

气质联用法中常用的色谱柱是非极性质谱专用毛细管色谱柱，如 DB-1MS、DB-5MS 等，这类色谱柱柱性能稳定，固定液流失小，最高使用温度较高。色谱柱的长度有 30 m、60 m 和 100 m，可根据待测样品组成的复杂性来选择。一般选用薄液膜厚度及小口径毛细管柱，如常用的色谱柱为 HP-5MS 30 m×0.25 mm×0.25 μm 毛细柱，其中 30 m 表示柱长，0.25 mm 表示柱内径，0.25 μm 表示固定液液膜厚度。

色谱实验条件的选择主要包括进样口温度、柱温、进样量、分流比等。

2. 质谱条件的选择

(1)接口(传输线)温度：100~350℃，一般与柱温程序升温最高温度相当，但要比色谱柱最高使用温度低 10~20℃。

(2)灯丝延迟：指进样后灯丝开启的时间，可有效地保护灯丝，延长使用寿命。可根据使用的溶剂选择，或根据待测组分出峰时间选择。

(3)电子轰击电离源离子化能量：一般选择 70 eV。

(4)质量数范围：根据待测组分的分子量选择，确保待测组分的分子量在质量数范围内。

(5)离子源温度：根据样品情况选择。

3. 实验影响因素

(1)质谱仪要在高真空条件下运行,所以,必须保证整个系统不漏气。在实验开始前要检查质谱系统真空状况,还要检查质谱系统中氧气和水分含量情况,如超出正常范围,则质谱仪不能正常工作。

(2)为保证整个系统的清洁,要及时更换进样隔垫和衬管中的玻璃棉。

(3)色谱柱在长期使用后柱效会有所下降,此时峰的峰型及分离效果会变差,要及时对色谱柱进行处理或更换。处理的方法是将色谱柱的柱头截下 2 cm 左右,色谱柱截短后要及时在系统中更改柱长数据,以锁定保留时间。

(4)要及时更换载气过滤器,确保载气中的氧气、水分被除去。

(5)选择合适的分流比,尽量减小分流歧视。

4. 对被测样品的一般要求

(1)样品中的待测组分应具有热稳定性,易热分解样品不适合进行气质联用分析。

(2)样品中待测组分应为挥发性或半挥发性物质,不挥发物质不能进行气质联用分析。样品中待测组分的沸点在 450℃以下时,才考虑采用气质联用分析。

(3)样品应为溶解于有机溶剂中的均一溶液,固体或黏稠状半固体不能直接进行气质联用分析,可经样品制备后再行分析。

11.3.3　结果分析

测定结束后,将得到 TIC 谱图(总离子流图),应用 GC-MS 专业分析软件对 TIC 谱图进行鉴定和定量分析。成分鉴定根据 GC-MS 联用测定所得到的质谱信息,应用 GC-MS 随机附带的质谱数据库(如 NIST 147 等)进行检索,通过与标准谱图对照以及质谱碎片峰的分析,确定每一个成分的化学结构。按峰面积归一法进行半定量分析,分别求得各组成化合物的相对含量,如图 11-8 所示。

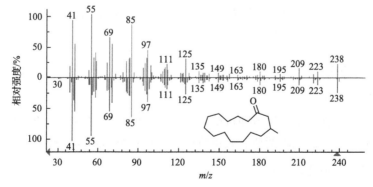

图 11-8　实测质谱图(上)与标准质谱图(下)的比对及结果

质谱图为带正电荷的离子碎片质荷比与其相对强度之间关系的棒图。质谱图中最强峰称为基峰,其强度规定为100%,其他峰以此峰为准,确定其相对强度。

质谱图可提供有关分子结构的许多信息,定性能力强。计算机谱图检索是以质谱图检定化合物及确定结构最为快捷、直观的方法。这些标准谱图绝大多数是用电子轰击离子源在70 eV电子束轰击,于双聚焦质谱仪(或四极杆质谱仪)上作出的。被测有机化合物试样的质谱图是在同样条件下得到,然后用计算机按一定的程序与计算机内存标准谱图对比,计算出它们的相似性指数(或称匹配度),给出几组较相似的有机化合物名称、分子量、分子式或结构式等,并提供试样谱和标准谱的比较谱图。

在相同的色谱和质谱条件下,结合质谱图和色谱图先确定标准物质色谱峰的保留时间,再对样品中待测组分进行检测,若样品中的全部组分已经确定且达到了完全的分离,组分色谱峰的保留时间可作为定性的依据。

根据总离子流图和 SIM(或 SIS)图,以标准曲线为基础,采用外标法或内标法对待测组分进行定量分析。

11.4　实　验　步　骤

11.4.1　样品制备方法的一般要求

(1)液液萃取法。测定水中有机化合物时,可采用一种和水不相溶的有机溶剂进行液液萃取,经浓缩干燥后进样分析。

(2)固相萃取法。测定水中有机化合物时,可采用固相萃取法富集浓缩待测组分,经有机溶剂洗脱后进样分析。

(3)固相微萃取法。测定水中微量有机化合物时,可采用固相微萃取法富集待测组分,富集后直接进样分析。

(4)气体样品可直接进样分析。

(5)固体样品可采用微波萃取、索氏提取、超声提取、快速溶剂提取等方法提取,经柱层析净化、浓缩后进样分析。

11.4.2　测试操作

1)仪器的调谐

分别对仪器进行手动调节和自动调节,调节的参数主要包括 RF 调节、校准气调节、电子倍增器电压调节、质量数校准及质量分析器功能校准等。

2)仪器分析条件的确定

根据所分析样品的沸点及其他物化性质,建立分析方法。例如,如果分析邻苯二甲酸酯类化合物，其分析条件如下：柱箱的升温程序为初始温度 50℃，维持 2 min，以 6℃/min 的速率升至 150℃，维持 1 min，再以 5℃/min 的速率升至 280℃，维持 3 min。进样口温度为 280℃；分流比 20∶1；传输线温度设为 270℃；质谱电离源为电子轰击(EI)电离源，电离源温度 150℃；离子阱温度为 150℃，四极杆质量分析器温度 150℃；质谱分析的质量数为 45～300 u。

3)有机化合物样品中组分的定性分析

用微量注射器移取适当体积的样品注射入气相色谱进样口。根据总离子流图对其中每个组分通过谱库检索进行定性分析。

11.4.3 仪器操作注意事项及维护

(1)每次开机后请先确认一下真空泵工作正常，以确保仪器正常工作，发现有故障，应停机检查。

(2)实验前先检查系统是否漏气，要确保实验在系统完全不漏气的情况下进行。

(3)进样时要使针头垂直插入进样口，小心不要把进样针弯折。

(4)进样量不宜过多，要有合适的分流比。

(5)当操作者错误操作或其他干扰引起计算机错误时，可重新启动计算机，但无须关电源。

11.5 应 用

顶空固相微萃取-气质联用法分析水样中的土味素和霉味素

1. 绘制 GC/MS 标准曲线

准确配制 MIB(霉味素)、GEO(土味素)标准系列溶液：0 ng/L、5 ng/L、10 ng/L、25 ng/L、35 ng/L、50 ng/L、100 ng/L，通过 SPME-GC/MS 分析，以 MIB、GEO 与内标物 IPMP 的峰面积比 A/A_i 对目标物的浓度 C 绘制标准曲线。

2. SPME-GC/MS 分析条件

1)内标物及用量

选用 2-异丙基-3-甲氧基吡嗪(2-isopropyl-3-methoxypyrazine, IPMP)(浓度为 1 μg/mL)作为内标物质，其用量为 1 μL 内标物/25 mL 水样。

2)SPME 条件

顶空萃取法：于 40 mL 棕色萃取瓶内加入 25 mL 水样、1 μL 的 IPMP 内标液和 7 g 的 NaCl，试样于 65℃恒温下快速搅拌、萃取 30 min。萃取头在使用前需预先在 260℃活化 30 min。

3)GC 条件

色谱柱：CP SIL-1CB，0.25 mm×0.25 μm×30 m；

载气：He(纯度≥99.999%)，流速：1 mL/min；

进样口温度：250℃；

解析温度：250℃；

解析时间：3 min；

程序升温：60℃(1 min)，15℃/min 升温至 250℃(1 min)。

4)MS 条件

采用选择离子扫描(SIS)，选择的离子见表 11-1 所示。

表 11-1　MS 条件

化合物	保留时间/min	特征离子/(m/z)
IPMP	5.7	124，137，152
MIB	6.8	95，107，135
GEO	9.0	97，112，125，149

11.6　思　考　题

(1)气质联用法的基本原理与气相色谱法有什么不同之处？

(2)气质联用法如何实现对组分的定性分析？

(3)举例说明气质联用法在仪器分析领域的广泛应用。

第12章　液相色谱-质谱联用技术

12.1　概　　述

LC-MS联用的研究起步于20世纪70年代。多数质谱仪对样品纯度要求较高，具有很好的定性能力；色谱是一种很好的分离手段，可以将复杂的混合物中的各个组分分离开，但它的定性、定结构的能力较差。将色谱和质谱联用能够使色谱和质谱的优缺点得到互补，充分发挥色谱法高分离效率和质谱法定性专属性的能力。在色谱联用仪中，气相色谱-质谱(GC-MS)联用仪是最早开发的色谱联用仪器，但在自然界和人工合成的化合物中，不挥发或热不稳定的化合物约占80%，只能用液相色谱分离。液相色谱-质谱联用(LC-MS)比气相色谱-质谱联用困难得多，主要是因为液相色谱的流动相是液体，如果让液相色谱的流动相直接进入质谱，则将严重破坏质谱系统的真空，也将干扰被测样品的质谱分析。因此，液相色谱-质谱联用技术的发展比较慢。

进入20世纪90年代，液相色谱-质谱联用(LC-MS)技术的发展最为引人注目。这是因为LC-MS中的MS应是"软的"多级质谱(MS^n)。由于LC-MS提供的样品经常是不挥发的及热不稳定的，所以必须找到在低浓度条件下把分析物传输到气相中去的方法。此外，不稳定的分子需要在一定条件下电离，即应避免附加大量内能("软电离")，否则会产生过量的离子碎片和失去分子量信息。而20世纪90年代发展的大气压下的液相色谱和质谱的联用接口[电喷雾接口(ESI)和大气压下电离接口(APCI)]正是两种"软电离"的接口，并且在很大程度上解决了使用LC-MS时对液相色谱流动相的限制(如对纯水和流速的限制)，灵敏度也得到很大提高。采用软电离技术，主要产生的是"拟"分子离子峰，进一步使用多级质谱，可以很好地对未知化合物的结构进行研究。利用MS-MS进行选择反应检测(SRM)具有很高的选择性，因而具有很高的定量灵敏度和可靠性。目前这一技术也成为发达国家药物质控的热门手段。除液相色谱和四极杆质谱的联用之外，利用大气压下的接口，液相色谱和最新发展的正交飞行时间质谱和离子阱质谱也实现了成功联用。不仅如此，基质辅助飞行时间质谱联用不仅能对色谱流出组分进行高灵敏度检测，而且能进行准确的分子量测定，从而可以直接给出化合物的分子式。液相色谱-离子阱质谱联用(如LCQ)可以容易地进行多级质谱测定，从而确定其分子量和相关的结构信息，因此，液相色谱和质谱的成功联用不仅可以解决色谱难以解决的化合物的定性问题，而且也将为质谱的分析提供极大的方便和灵活性，为质谱提供更加广阔的应用前景，为复杂样品的分析提供强有力的手段。

LC-MS 的出现使生物学家能够在分子水平上进行蛋白质、多肽、核酸的分子量确认，氨基酸和碱基对的序列测定及翻译后的修饰工作等揭示生物结构与功能的研究，而这些在以前都是难以实现的；利用电喷雾(ESI)可以产生多电荷电子的特点，大大扩展了质谱的分子量测定范围，对分析多官能团的大分子特别有利。在医学方面，LC-MS 可用于跟踪化学反应，选择最佳合成条件，研究反应历程。法医科学上，LC-MS 用于麻醉剂、兴奋剂、利尿剂、可卡因等违禁成分的分析研究。而 LC-MS 在食品中的致香剂、添加剂、致癌物质分析和检测及包装物残留分析等方面的应用已有多篇文献报道。在环境保护方面，LC-MS 有更广泛的应用，如废水分析、空气污染物的分析、农药分析、原油和燃料分析、复杂土壤样品分析等。

近年来，由于液相色谱-质谱-质谱(LC-MS-MS)联用新技术的不断完善，LC-MS 已成为现代分析手段中必不可少的组成部分。由于大气压电离的成功应用以及质谱本身的发展，液相色谱与质谱的联用，特别是与串联质谱(MS-MS)的联用得到了极大的重视和发展。LC 与高选择性、高灵敏度的 MS-MS 结合，可对复杂样品进行实时分析，即使在 LC 难分离的情况下，只要通过 MS1 和 MS2 对目标化合物进行中性碎片扫描，则可发现并突出混合物中目标化合物，显著提高信噪比。

12.2　仪器构成及原理

12.2.1　仪器基本构成

液相色谱或质谱仪器类型很多，用途不同，但多数仪器的组成结构基本相同。它们是液相色谱系统、质谱系统及数据处理系统等。以 LC-MS(四极杆)联用仪器为例，其主要的构成如图 12-1 所示。只要采用适当的连接方式，将色谱柱出口和

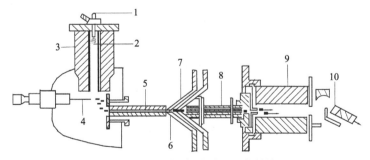

图 12-1　液相色谱-质谱的基本结构

1-液相入口；2-雾化喷口；3-离子源；4-高压放电针；5-毛细管；6-CID 区；
7-锥形分析器；8-八极杆；9-四极杆；10-高能倍增器电极(HED)检测器

质谱进样口连接起来,即可成为液相色谱和质谱联用的系统。去掉连接件,将色谱柱接回到色谱检测器,仍是可独立使用的液相色谱和质谱仪。

在专用型液相色谱-质谱联用商品仪器尚未普及时,一些实验室使用的联用系统都是这样构成的。如今已经有许多配置不同、性能各异的专用型液相色谱-质谱联用仪器,供不同用途选择。不同厂家各种型号的 LC-MS 联用仪器多达几十种,有小型台式的液相色谱-单四极杆(single quadrupole)质谱或三重四极杆(triple quadrupole)质谱联用仪,液相色谱-离子阱(ion traps)质谱联用仪,液相色谱-飞行时间(time of flight,TOF)质谱联用仪(LC-TOF)以及液相色谱-扇形磁场(magnetic sector)质谱联用仪等。

1. 高效液相系统

高效液相色谱仪一般包括四个部分:高压输液系统、进样系统、分离系统和检测系统。此外,还可以根据一些特殊的要求,配备一些附属装置,如梯度洗脱、自动进样及数据处理装置等,见图 12-2。

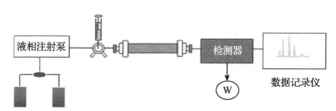

图 12-2 HPLC 流程图

高效液相色谱系统是构成液质联用仪的重要组成部分,这部分可以参考有关液相色谱部分的具体内容。由于要与质谱联用,其在流动相组成、色谱条件等方面与常规的液相色谱之间存在着一定的不同。在液质联用过程中,为了加快样品的分析过程,在液相上通常采用了梯度程序洗脱过程,通常的液质联用中配置了二元泵或四元泵系统。

色谱柱是实现样品分离的重要部件,在液质联用中的选择根据使用方法、离子源的种类等所选择色谱柱也有一定的区别。对于分析型的液相色谱,如果质谱选择了 ESI 源,建议使用内径小于 4.6 mm 的微径柱,如果质谱选择了大气压化学电离(APCI)源,建议使用内径为 4.6 mm 的色谱柱。

2. 质谱系统

液质联用仪是实现样品液相分离并检测过程的仪器,无论液质联用仪的类型如何变化,构成质谱系统的 5 个基本组成部分皆是相同的,它们是接口、电离源、真空系统、检测系统及数据处理系统。

　　电离源是将引入的样品转化为正或负离子，并使之加速，聚焦为离子束的装置。由于离子化所需的能量随分子不同差异很大，因此，对于不同的分子应选择不同的离解方法。

　　根据样品离子化方式和电离源能量高低，通常可将电离源分为：

　　(1)硬源。离子化能量高，伴有化学键的断裂，谱图复杂，可得到分子官能团的信息，如电子轰击、快原子轰击。

　　(2)软源。离子化能量低，产生的碎片少，谱图简单，可得到分子量信息，如化学电离源、场电离源、场解吸电离源、激光解吸电离源、电喷雾电离源、大气压化学(热喷雾)电离源。

　　质谱仪中所有部分均要处高度真空的条件下(10^{-6}～10^{-4} Pa)，其作用是减少离子碰撞损失。真空度过低，将会引起如下现象：大量氧会烧坏离子源灯丝；引起其他分子离子反应，使质谱图复杂化；干扰离子源正常调节；用作加速离子的几千伏高压会引起放电。

　　液相色谱-质谱联用质量分析器的作用就是将不同离子碎片按质荷比 m/z 分开，将相同 m/z 的离子聚集在一起，组成质谱。质量分析器类型：磁分析器、飞行时间、四极杆、离子捕获等。

3. 液相色谱-质谱联用技术

1)液相色谱-离子阱质谱联用技术

　　离子阱为一个离子存储装置，主要由一个环电极和置于电极前后两段的两个端帽(endcap)电极构成(图 12-3)。三个电极的内表面呈近似双曲线型。处在端帽电极中心的小孔允许离子进出该阱。一定固有频率的射频电压施加于环(电极)上，电压(0～12000 V)回路接地点为端帽电极(0～20 V)，这样就在环电极和端帽电极之间建立了一个高频(电)势差，形成了一个四极场。依靠这个具有不同水平的 Rf 值的四极场，离子阱可以在一个特定的质量范围内俘获并稳定一定数量的离子。四极场可以看做一个三维的"槽"或是一个"伪势阱"(离子阱由此而得名)。这个势阱的"深度"与粒子质量的大小、射频电压高低有关，在仪器实际设计中，势场要能在足够宽的质量范围内对离子产生作用力，这样仪器才可以进行质谱的全扫描并同时兼顾足够的灵敏度。

　　另一路射频辅助电压被施加在离子阱的出口端帽电极上，这个附加电压在扫描的不同阶段，即前体离子的分离、碎片化和质量分析阶段，可用于不同的目的。

　　由于 LC/Trap 的离子不是产生于阱内而是来自于阱外，这样就需要一个机制来解释为什么它们可以被离子阱产生的伪势阱所俘获。实际上离子阱的设计无须其他手段，被聚焦的外部离子可以容易地通过第一个端帽"滚入"另一个阱内四极场产生的伪势阱中，并且由于能量守恒规律它们要持续"上下滚动"或者有另

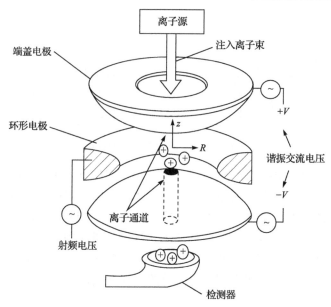

图 12-3　LC-MS(离子阱)联用仪器结构示意图

一个端帽逸出离子阱。由于这个原因和其他原因，阱内设计了碰撞气体(He)，碰撞气体(又称阻尼气体)分子的存在是非常必要的，因为它可以吸收离子束的能量，并导致一定份额的进入阱内的离子的驻留。其他影响阱俘获效率的参数有：进入阱内的离子束的能量，离子的质量及其 m/z，势阱的深度以及 RF 在离子注入点上的实际位相。各种离子的俘获率可以不尽相同，对于 m/z 500(单电荷)的离子而言，当阱内的操作压力 0.1 Pa(10^{-6} bar)时，其俘获率应为 5%左右。

　　由于离子阱是一个(离子)存储装置，因此它可以在一个我们所希望的时间范围内积累信号。如果进入阱内的离子信号较强，累积时间可以短到 1 ms，但在痕量物质的注入实验中，它可以增加到 1 s。质谱和质谱-质谱测定中，典型的累积时间(accumulation time)设置为 0.01~200 ms。通过变化累积时间，离子阱分析器的动态质量范围可以获得很大的发展。

　　如图 12-4 中所示的 1~4 个分立事件被连接成为一个连续事件时就构成了一个扫描连续过程。这个连续过程的示意图总结了主 RF 电压(primary RF，施加在环电极和两个端帽电极之间)和辅助 RF 电压施加的时间协同(注意图中采样锥孔含有"开启"和"关闭"两个动作)，表明了振动和清除(displacement)以及质谱的最终产生。

　　离子阱的质谱过程发生时，首先是离子被充入离子阱，这是通过降低施加在采样锥孔上的排斥电压，让离子束通过来实现；进入阱内的离子被施加了低四级振幅的射频场俘获。经一定的设置时间的累积后，采样锥孔的排斥电压升高，以

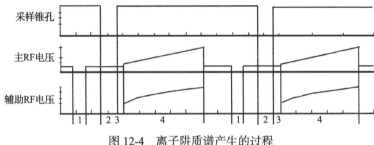

图 12-4　离子阱质谱产生的过程

组织后续离子进入阱内。累积的离子被阱内浴气(He)通过碰撞而"冷却",以确保离子"云"定位(驻留)于阱中心一定的空间范围内。扫描开始后,四极和二极的势场增加,离子按质量增加的顺序通过出口端帽被"逐出"离子阱。扫描结束,四极场将低到零以清除残留在阱内的离子。然后,阱回到初始状态,采样锥孔设置为允许离子进入并累积的"开启"状态,新的循环(cycle)开始。

描述的离子稳定区域可以用一个简单的方程来表达,即

$$q = \frac{4zV_{RF}}{mr_0^2 W^2} \tag{12-1}$$

式中, q 表达的稳定性与射频频率(W)、射频电压(V_{RF})、离子质量(m)、离子电荷(z)及离子阱的曲率半径(r_0)有关。通常仪器操作中 r_0 为常数,因此,由此方程可以看出,稳定性因离子的质量、电荷及所施加的射频频率和电压而变化。

由上可见有四种途径来扩展阱的质量范围。升高环电极上的 RF 电压,降低射频频率 W,减小阱的尺寸 r_0。既然 q 正比于 V/m,那么如果质荷比增加到 4000 而保持 V 的最大值为 20 kV,则 q 值会降低一半。

被俘获于阱内的离子会在径向(radial)和轴向(axial)上经历周期性的运动。沿端帽方向的运动是第一位重要的,因为它是离子进入阱内和逸出阱外的方向。产生势阱的四极场会使离子产生谐振,这一主要的势场分量可以被认为是离子的"长期频率"(也可以认为是在特定条件下特定离子的固有频率)。离子谐振的实际频率将主要由离子的 m/z 和 RF 的驱动水平决定。

较低的 m/z 值产生较高的长期频率;可以同时被势阱俘获的离子质量范围可由一个稳定图来说明。稳定图是一个二维图,它表明了在什么样的特定势场内(包括 RF 分量和施加在环电极和端帽之间的直流分量),一个特定 m/z 的离子的稳定与否。如图中的直线所标明的,如果以单一 RF 模式工作,随着 RF 驱动水平的增加,给定质量的离子在图上的相应稳定点将向右移动。较大质量的离子位于较小质量离子的左边,即 $M_2 > M_1$。对于稳定区域内的任何一个给定点,某一离子会处在一个不同深度的势阱中,因而有一个特定的长期频率(动态固有频率);好比改变一个钟摆的长度可以改变它的摆动周期一样。这样一个比喻可以使得离子在阱

内的运动模型变得形象直观。

从稳定图可以得出一个重要的推论，即截止质量的存在。图示表明沿着曲线 $q=1$ 为一个离子能量稳定区域边界。如果一个离子接近了稳定区域的边界（$q=0$ 或 $q=1$），离子的运动轨迹将变得不稳定，因而会沿轴向离开离子阱。这意味着有一个最低的稳定质量和所有较低的不稳定质量共存于场内，于是同时存储于阱内离子的质量范围就有一个下限，即截止（cut-off）质量。截止质量取决于环电极上的 RF 水平，同时也发现截止质量就是长期频率（secular frequency）接近 RF 驱动频率的一半时该离子的质量。

理论上，可被存储的离子质量范围没有上限，但由于热力学上的原因，对于实际使用而言还是存在一个上限，这个上限大约是截止质量的 20～30 倍；超过此上限的离子不能被 RF 场俘获。

Mathieu 稳定图可以帮助我们去理解离子阱的工作参数的意义，质谱的应用者应当对其有所了解。

离子阱的分辨率取决于扫描范围和扫描速度，当扫描为每秒几百个重量单位时，分辨率将小于四极杆质谱。但是如果以低扫描速度对很小的质量范围进行扫描时，则分辨率可以增加。比如扫描范围为 10 时，分辨率可以达到 5000，这个分辨率足以测定一个小分子肽的多电荷峰。

与四极杆质谱相比，由于在一定的分辨率要求下其扫描速度较慢，离子阱在相同时间下、相同的扫描质量范围内可采集到的数据点较少，因此它的定量精度比串级四极杆要差。这就是在定量测定为主的工作中优先考虑采用串级四极质谱的原因。

用离子阱隔离一个感兴趣的特定离子的方法是，增加 RF 电压以消除较低的质量数，调整端帽电极的电压以消除较高的质量数，这样就在一定质量范围内把特定一个或一些特定质量的离子驻留在阱中。

驻留于阱中的离子在增加 RF 电压的作用下，以一种摇动（shaking）的方式被破裂，然后被扫描得到它的二级质谱。由于每一个离子都有其自身的共振频率，所以产物离子不会被进一步破裂，导致有限但简明的质谱信息。为了得到更为丰富的质谱信息，发展了所谓"宽带活化"（wide band activation）技术，此技术可用于建立离子阱的质谱库，但应用此技术得到的质谱与四极杆和三级四极杆所得到的质谱有所不同。

离子阱的分辨率和状态取决于阱内离子的电荷密度，如果同一时间内阱内的离子过多，阱内的电场会扭曲，同时离子之间的碰撞会发生，导致不希望有的离子破裂或化学反应。在这种情况下会出现分辨率的下降、质量精度的下降和动态范围的下降，此时意味着阱内已经接近或达到了空间电荷极限（space charge limit）。因此在实际仪器设计中，一般都有累积时间（accumulation time）和阱内清除的编程功能。

2) 液相色谱-飞行时间质谱联用技术

20 世纪 40 年代末期，出现了飞行时间质谱(time-of-flight mass spectrometry，TOF MS) 技术，但直到 90 年代这个技术的应用一直没有得到很大的发展。近年来 TOF 技术的发展包括正交加速(orthogonal acceleration)、离子反射加速器 (reflectron) 等显著地改善了 TOF 的分辨能力。高速模数转换器(analogue-digital converter，ADC)数据采集系统可以获得更高的质量精度和更宽的动态范围。经过改进的质谱使用简单，加上为人们所熟悉的 ESI、APCI 等接口技术的结合，使得 TOF 成为一种具有高分辨能力的、既可用小分子又可用于大分子化合物的质谱联用技术。

目前应用于 TOF 质谱的接口主要为 API 及 APCI。

质谱样品的导入方式与其他液质联用仪器的相同。图 12-5 为一典型的 ESI 接口和正交加速飞行时间质谱联用的结构示意图。经 ESI 接口离子化的样品进入质谱的第一级真空，离子通过一个锥孔(skimmer)后进入第二级真空，并被第一个八极杆聚焦。八极杆是一套平行安装的金属杆，其上施加的射频电压形成一个射频静电场，可以使一定质量以上的离子进入八极杆开放的中心，同时达到聚焦的目的。通过第一个八极杆的离子已经进入第三级真空，此时真空度已经很高，致使离子之间的碰撞已经很少发生。如图 12-5 所示，通过第一个八极杆的离子立即进入第二个八极杆，此时它们已经处在第四级真空中。第二个四极杆施加频率为 5 MHz 的射频电压并含有直流电压分量用于加速离子。采用 5 MHz 的射频可以保证通过的离子质量范围 m/z 100～3000。

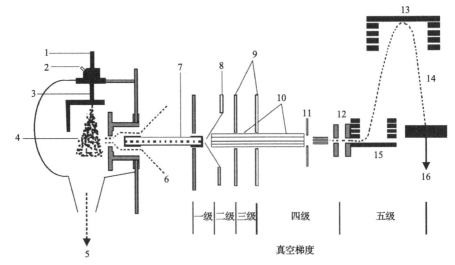

图 12-5　LC-TOF 的结构示意图

1-HPLC 入口；2-喷雾器入口；3-喷口；4-分析物离子；5-废液；6-加热氮气；7-毛细管；8-锥；9-真空墙；10-八极杆；11-聚焦透镜；12-狭缝；13-离子镜；14-飞行管；15-离子脉冲器；16-信号

在第四级真空下，离子束离开第二个八极杆进入离子束修整光路。修整（shaping）功能由一个聚焦透镜和一个直流四极杆来完成，使得离子束在进入飞行时间质谱的分析器之前得到最佳的平行性和尺寸。离子束越平行，分辨能力越好。

在离子被修整为一个平行的离子束后，进入第四级真空和最后一级真空，在此处飞行时间质谱开始。由于每一个离子的质量分布是依其飞行时间而定的，自此阶段的背景气体压力必须是很低的。任何离子与残存背景分子的碰撞将改变离子的飞行时间，并影响它们的质量分布的准确性。

在飞行时间质量分析器中，接近平行的离子束进入离子脉冲发生器。离子脉冲发生器为一叠平板，除背板外，这些平板中心有孔。离子由第一个平板和背板之间的边缘进入这一组平板。背板上施加高电压以启动离子飞行进入检测器，同时也加速离子使其通过脉冲发生器。

离子离开离子脉冲发生器，通过一个长度约为 1 m 的飞行管飞行。飞行管的另一端为一个两段的离子反射镜，它们改变离子的运动方向，使其再回到离子脉冲发生器。两段离子反射镜有两个不同的电场梯度，一个在离子反射镜截面的开始处，另一个在离子反射镜的较深部位。这样一种设计改善了离子在检测器上的时间聚焦。由于离子在进入脉冲发生器时带有一定的水平动量，它们在飞行过程中除垂直的飞行外，还将继续以水平方向飞行。这样它们就不会被反射回到离子脉冲发生器，而是到达了检测器。

A. 飞行时间公式

每一个特定质量的离子有一个特定的飞行时间（飞行时间质谱必须满足的要求）。飞行时间由施加高电压脉冲于离子脉冲发生器的背板时开始，到离子撞击检测器为止。飞行时间取决于离子加速能量 E、离子飞行距离 d 以及离子质量 m（或质荷比 m/z）。有两个众所周知的简单公式可用于飞行时间质谱。其一为动能公式：

$$E = \frac{1}{2}mv^2 \ 或 \ m = 2E/v^2, v = (2E/m)^{1/2} \tag{12-2}$$

这个公式说明，在飞行时间质谱过程中较小质量的离子在时间上先到达检测器，而测定时间要远比测定速度容易。

第二个公式是人们熟知的速度、时间和距离的关系式

$$v = d/t$$

结合第一个公式和第二个公式，得

$$m = (2E/d^2)t^2 \tag{12-3}$$

这样就给出了一个基本的飞行时间的关系式。对于一个给定的能量 E 和距离

d，质量正比于离子飞行时间的平方。在正交飞行时间质谱的设计中，许多努力用于保持施加于离子能量的恒定和离子飞行距离的恒定，以便准确地测量飞行时间并给出准确的质量。因为式中的 E 和 d 为常数，上式又可以写成

$$m = At^2 \tag{12-4}$$

这是一个理想方程，可以确定离子的飞行时间和它的质量之间的关系。由于是平方的关系，如果被观察到的飞行时间加倍，所得的质量数将增加 4 倍。实际上，从电子控制送出一个起始脉冲到高电压存在于离子脉冲器背板，总会有一个时间延迟。同时由离子到达离子检测器的前部表面到离子被采集电路调制成为数字信号也会发生一定的延迟，尽管延迟非常短，但很重要。因为真实飞行时间无法测量，所以有必要通过减去总的延迟时间 t_0，校正被测量的时间 t_m，并重新表示为

$$t = t_m - t_0$$

通过这个校正，用于实际测量的公式变为

$$m = A(t_m - t_0)^2 \tag{12-5}$$

B. 质量校正

为了将测量到的飞行时间转换为相对应的质量，A 和 t_0 的值必须加以测定并实施校正。可以通过测定一组已知精确质量的化合物溶用于校正。测定的结果及校正见表 12-1。既然 m 和 t_m 对于一定质量范围内的质谱来说是已知的，计算机将由此计算并确定 A 和 t_0。此时运用非线性回归确定 A 和 t_0，以便校正公式，对于溶液中的 7 个给定质量尽可能地匹配。

表 12-1　TOF 的质量校正

校正化合物质量/u	飞行时间/μs	校正化合物质量/u	飞行时间/μs
118.0863	20.79841	1521.971	71.45758
322.0481	33.53829	2121.933	84.14302
622.029	46.12659	2721.895	95.13425
922.0098	55.88826		

虽然这个初始的 A 和 t_0 测定是高度精确的，但对于飞行时间质谱的分析仍嫌不足，需要第二个校正步骤。所以在系数 A 和 t_0 被测定之后，要将质量的实际值与计算值加以比较，典型的误差为百万分之几。由于这些误差较小并且在一段时间内是稳定的，所以有条件进行第二轮校正，以实现更好的质量精度。这一轮的校正将使用一个公式，在全部质量范围内进行。该校正方程为一个高阶多元方程，作为飞行时间质谱校正的一部分存储于仪器中。如果不考虑其他的仪器因素，在

这两步校正之后，存留的典型误差值在整个质量范围内为 10^{-6} 或更低。

C. 参比质谱校正

精确的质量校正是得到一张精确质谱的第一步。当质量精度误差要求低于 $3×10^{-6}$ 时，任何微小的变化施加给离子都会引起可观的质量漂移。因此，可以使用参比质量校正来消除这些影响因素，此时要将一个或一个以上质量已知的化合物与样品仪器导入离子源。仪器软件持续地以已知参比物的质量来校正被测定的未知物的质量。为了导入参比物质，在 ESI 源中可以增加第二个喷雾装置，第二个喷雾装置与参比物质的传输系统相连接并可以由工作站软件控制。

质谱仪器软件中含有一个可编辑表格，可输入参比物的准确质量。在每一张质谱由质量分析器的采集过程中，这些已知的质量数可以识别，从而使 A 和 t_0 值被重新优化。每一张存储的质谱都有自己的 A 和 t_0 值，因而最小的仪器变化都可以得到控制，因为每一张质谱都可以根据这些值和校正方程（前述的高阶多元方程）加以校正。

为了测定两个未知数，A 和 t_0，参比物质必须含有至少 2 个已知质量的成分。为了很好地得到 A 和 t_0，至少有一个参照物要有较低的质量而另一个要有较高的质量。对于最好的结果，低质量的和高质量的范围之间要包括操作者感兴趣的离子。在 LC-TOF MS 中，参比质量校正运算需要一个 m/z 等于或小于 330 的离子（如 $m/z=300$），则另一个离子的 m/z 至少要比低质量数大 500。

D. TOF 的测量循环

TOF 的测量不能由施加在脉冲发生器上的一个脉冲所产生的离子来完成，而是许多脉冲产生的离子信号总和。当一个高压施加在离子脉冲发生器上时，产生一张新的（原始）质谱，作为暂态值（transient）被数据采集系统记录下来。这个暂态值累加到先前的暂态值，直到预定的测量数完成。一般而言，质谱分析要求有一定的扫描速度（质谱数目），因此在数据传输到控制计算机并记录到硬盘时，可以有 10 000 张质谱被累加。如果仪器配置中使用了高速色谱，被累加的暂态值可以减少一些，以便加快扫描速度。

测定的质量范围限定了脉冲发生器的触发次数和记录到的暂态值数目。一旦脉冲发生器被触发，它要一直等到最后一个离子到达倍增器方才进行第二次触发。否则，第二次触发中产生的轻离子将会在第一次触发中的重离子之前到达倍增器，并产生质谱的错误重叠。

表 12-2 举例表明了几种离子大概的飞行时间和可能的暂态值，它是由 2 m 的飞行距离和 6500 V 的飞行电压计算得到的。在此条件下，m/z 3200 的离子大约有 100 μs 的飞行时间（2 m）。由于两次暂态值之间基本上没有延迟，m/z 3200 离子会得到 10 000 暂态值的记录。对于较小的质量范围，脉冲发生器可以在更高的速度被触发，如表中的 m/z 800（m/z 3200 的 1/4）飞行时间则缩短为 50 μs，因而它可以

在 m/z 800 的质量范围内得到 20 000 个暂态值的记录。相反,当飞行时间为 141 μs 时,m/z 为 6400 的离子只能得到 7070 个暂态值的记录。

表 12-2　几种离子飞行时间和暂态值

m/z	飞行时间/μs	暂态值
800	50	20 000
3200	100	10 000
6400	141	7 070

E. 质量精度的理论限制和实际限制

无论数据采集系统使用的是 TDC(时间转换)还是 ADC(模数转换)技术,累加的信号到达时间取决于各个单独的暂态值的(分布)重心。尽管如此,TDC 技术设计核心在于测定每一个离子的到达时间,表现到达时间必须是暂态值加和的总体平均值。下面将讨论影响暂态值测定精度的一些限制因素。

(1)离子统计(ion statistics)。第一个理论上的限制由被测定离子的数目和它们的时间分布而产生。如果分布较窄,分布较好,质量分布重心或平均值可以精确地测定,则测定结果偏差可做如下描述:

$$\sigma = \frac{10^6}{2.4R \cdot n^{1/2}} \tag{12-6}$$

式中,σ 为所得测定结果的标准偏差;R 为质谱分辨率;n 为检测到的离子个数。如果希望在 95%的置信度下,2σ 为 3×10^{-6},那么在分辨率为 10000 时,所需的离子数目为 1000 个。在一个以质量重心表达的质谱中,为了增加离子个数,一般是由分析软件在一个色谱流出峰的特定宽度上进行平均化处理。应当注意的是,尽管 TOF 具有快速扫描的潜力,由于减少扫描时间会减少暂态值的数量,从而会减少精确质量测定所需的离子数目。扫描速度和质量测定的精确程度仍然是相互矛盾的,所以最精确的测定仍应该在较慢的扫描速度下完成。

(2)化学背景。化学背景是影响质量测定精度的另一个重要因素。尽管 TOF 的高分辨本领有助于减少背景在样品信号上的叠加机会,TOF 的质量测定中即使是一个很小的未加分离的杂质都会引起测定质量的漂移。以下这个简单的计算可以衡量它的影响程度:

$$\Delta_{\text{obs}} = \frac{\Delta_{\text{contaminant}} \cdot A_{\text{contaminant}}}{A_{\text{contaminant}} + A_{\text{sample}}} \tag{12-7}$$

式中,Δ_{obs} 为观察到的漂移,ppm;$\Delta_{\text{contaminant}}$ 为样品离子和背景干扰离子的质量差;$A_{\text{contaminant}}$ 和 A_{sample} 分别为干扰离子和样品离子的峰高或峰面积;如果 TOF 的分辨

率为 10 000,样品干扰离子的质量差为 50×10^{-6},二者的相对峰高为 10∶1(样品∶干扰),观察到的质量漂移将是 $50 \times 1/(10+1)$,大约是 5×10^{-6}。

如同其他的质谱技术一样,化学背景物质离子对于精密测定质量的影响也只能通过使用高纯度溶剂、加强仪器的密封性和经常保持仪器的清洁来控制。

F. 动态范围

动态范围(dynamic range)可以不同的方式来衡量。对质谱学而言,最为准确的定义应当在所谓"扫描内"(in-scan)。这是指在一个单一质谱中的动态范围,可以定义为最大 m/z 和最小 m/z 有价值质谱峰的信号丰度比。即便是定义为"扫描内"动态范围,上下限也必须加以定义。此时,要做理论和实际的考虑。

理论上讲一个离子的检测是可能的,但实际上化学背景在大多数情况下都会使这一个离子的检测变得模糊不清。实际的限定依赖于实际应用,如当仪器用于精密质量测定时,动态范围的下限将由最小样品量来决定,使用最小样品量进行测定时精密测定必需的。

为确定最小样品量,离子统计(ion statistics)的限定要加以考虑。假定精度要求为 5×10^{-6},基于单一未平均化处理质谱的测定置信度为 67%,校正误差则为 1×10^{-6}。那么,$1\sigma = 4 \times 10^{-6}$。如果仪器的分辨率为 10000,则此时测定必要的离子数目为 200 个。这个计算方法来自离子统计和分辨率,与采集技术无关。这种计算首先要假定仪器有足够的灵敏度(信噪比),以便测定不受背景干扰的影响。

为了确认最好的质量测定的精度,采集系统方式也是一件要考虑的事情。对于 TDC 系统,给定质量离子的每个暂态值的一个离子,理论上讲有限定。对于 ADC 系统,则依赖于检测器的增益,在单一暂态值中一个给定质量的许多离子可以被精确地测量。LC-TOF MS 中自动调谐(auto-tune)软件的目标检测器增益为平均 5 点的离子响应。在一个暂态值中 ADC 可以有 8 比特(bit)或 255 点,因而高达 50 个的给定质量离子可以得到测定。

就实际测定而言,TDC 和 ADC 技术精确测定质量的上限都有一定的限制。对于 TDC 而言,在每一个暂态值中一个离子被测定的水平远未达到之前,可观的质量漂移就已经出现了。死时间(dead time)校正运算可以补偿这个漂移,但这个只能在达到理论极限的一定份额时有作用,典型值在 0.2～0.5 离子/暂态值。无论是 TDC 还是 ADC 技术,当测量在色谱峰的上升和下降阶段进行时,都需要考虑安全性缓冲,这是因为色谱峰可能上升到饱和,此时即便采用 10 000 暂态值的平均值,最终的质量测定也只能达到应有的水平的 50%。表 12-3 总结了理论和实践的动态范围限制,这些限制是针对 TOF 质谱所采用的 ADC 和 TDC 技术,针对单一质谱的扫描内(ion-scan)的动态范围所总结出的。

表 12-3　单一质谱扫描的动态范围

参数		LC-TOF	假设的 TDC 系统
理论限定	每张质谱的最小可检出离子数	1	1
	每张质谱的最大可检出离子数	50	1
	每张质谱的最大可检出(×10000 暂态值)	500 000	100 000
	动态范围	500 000	10 000
实际限定(在达到精密质量时)	每张质谱的最小可检出离子数	200	200
	每张质谱的最小可检出离子数	25	0.1~0.25
	每个暂态值的上限(×10000 暂态值)	250 000	1000~2500
	动态范围	1250	10~25

3)电喷雾电离接口与质谱联机

配套的电喷雾电离(ESI)接口主要由两个功能部分组成:接口本身以及由气体加热、真空度指示、附加机械泵开关组成的控制单元。较新的设计中,接口操作包含在系统的整体控制之内。ESI 接口的结构如图 12-6 所示。

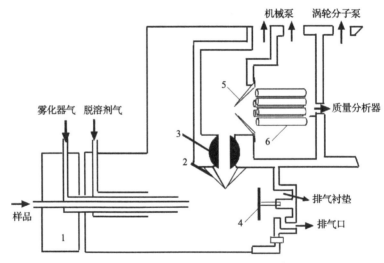

图 12-6　HP1100LC-MSD ESI 接口示意图

1-探头；2-取样锥孔；3-隔离阀；4-可清洗挡板；5-萃取锥孔；6-透镜

如图 12-6 所示的接口主要由大气压离子化室和离子聚集透镜组件构成。喷口(nebulizing needle)一般由双层同心管组成,外层通入氮气作为喷雾气体,内层输送流动相及样品溶液。某些接口还增加了"套气"(sheath gas)设计,其主要作用为改善喷雾条件以提高离子化效率。例如采用六氟化硫为套气,使用水溶液做负离子测定时可以有效地减少喷口放电。

离子化室和聚焦单元之间由一根内径为 0.5 mm 的带惰性金属(金或铂)包头的玻璃毛细管相通(也有采用金属毛细管的)。它的主要作用为形成离子化室和聚焦单元的真空差,造成聚焦单元对离子化室的负压,传输由离子化室形成的离子进入聚焦单元并隔离加在毛细管入口处的 3~8 kV 的高电压。此高电压的极性可通过化学工作站方便地切换以造成不同的离子化模式,适应不同的需要。离子聚焦部分一般由两个锥形分离器(skimmer)和静电透镜(electrostatic lens)组成,并可以施加不同的调谐电压。

较新的接口设计采用六极杆或八极杆作为离子导向器(ion guide)或离子聚焦手段,取代或部分取代了原先的锥形分离器和静电透镜组件。六极杆或八极杆被供给大约 5 MHz 的射频电压以有效地提高离子传输效率(>90%)灵敏度有了较大幅度的提高。

ESI 接口在不同的设计中一般都有 2~3 个不同的真空室,由附加的机械泵抽气形成。第一个真空度为 200~400 Pa(2~3 Torr),第二个约为 20~40 Pa(0.1~0.2 Torr),这两个区域与喷雾室的常压及质谱离子源的真空(前级 10^{-4} Pa;后级 10^{-6} Pa)形成真空梯度并保证稳定的离子传输。接口中设有两路氮气,一路为不加热的喷雾气,另一路为加热的干燥气,有时也因不同的输气方式被称为气帘(curtain gas)或浴气(bath gas)。其作用是使液滴进一步分散以加速溶剂的蒸发;形成气帘阻挡中性分子进入玻璃毛细管,有利于被分析物离子与溶剂的分离;减少由于溶剂快速蒸发和气溶胶快速扩散所促进的分子-离子聚合作用。

以一定流速进入喷口的样品溶液及液相色谱流动相,经喷雾作用被分散成直径约为 1~3 μm 的细小液滴。在喷口和毛细管入口之间设置的几千伏特的高压电的作用下,这些液滴由于表面电荷的不均匀分布和静电引力而被破碎成为更细小的液滴。在加热的干燥氮气的作用下,液滴中的溶剂被快速的蒸发,直至表面电荷增大到库仑排斥力大于表面张力而爆裂,产生带电的子液滴。子液滴中的溶剂继续蒸发引起再次爆裂。此过程循环往复直至液滴表面形成很强的电场,而将离子由液滴表面排入气相中。至此,离子化过程宣告完成(有关离子化的机制在本章的稍后部分有较详细的讨论)。

进入气相的离子在高电场和真空梯度的作用下进入玻璃毛细管,经聚焦单元聚焦,被送入质谱离子源进行质谱分析。

在没有干燥气体设置的接口中,如上离子化过程也可进行,但流量必须限制在数 μL/min,以保证足够的离子化效率。如接口具备干燥气体设置,则此流量可大到数百 μL/min 乃至 1000 μL/min 以上,这样的流量可满足常规液相色谱柱良好分离的要求,实现与质谱的在线联机操作。

毛细管出口与第一级分离器之间的真空区的气压取决于机械泵的抽速及由处在常压下的离子化室进入毛细管的气体流量。该区的气压为数百帕,且比较稳定,是一个理想的分子离子碰撞解离区。改变施加在毛细管出口和锥形分离器之间的电压可以方便地控制碰撞能量,从而得到不同丰度的碎片离子。CID 电压通常设置为 50~400 V,这样的电压设置对大多数化合物可以产生丰度较高的碎片。

生物大分子(如蛋白质、聚合物)的分子量测定一直是质谱测定中的一个难题,原因是质谱的质量范围有限(约 2000 u)。同时,易碎、不挥发的大分子也很难转变为气相中的离子并由 GC-MS 加以测定。近二十年的研究已经开发出了若干接口技术,可用于测定生物大分子的相对分子质量,ESI 即为其中的一种。

电喷雾过程中,诸如多肽和蛋白质类的大分子可获得高达数百个的质子加成(正电荷)而形成稳定多重电荷离子(multiple-charged ion),这样就使得单电荷质量范围为 1000~2000 u 的质谱仪可以测定高达几十万的分子量。关于电喷雾质谱对蛋白质的质量测定范围,各生产厂家和文献历来众说纷纭,此处应加以强调的是测定范围取决于蛋白质表面的可能进行加成质子的位点(碱性氨基酸残基),位点越多,质量测定范围越大。多重电荷离子峰在质谱图上表现为接近高斯分布的一组峰,用这些峰的电荷数及质荷比(m/z)作联立方程求解,可以相当准确地计算出生物大分子的分子量。

LC-MS 仪器的工作站中一般都有一个被称为三维反卷积(3-dimension deconvolution)的计算程序,其典型计算方法包括如下几个公式。

(1)令 $m_1=(M+n_1-x)/n_1$,$m_1=(M+n_2-x)/n_2$,式中,m 为离子的质荷比,$m_1<m_2$;n 为离子电荷数,$n_1>n_2$;x 为离子化过程中的加成质量(如加氢时 $x=1.008$);M 为化合物的分子量。

(2)计算离子的电荷数:$n_2=(m_1-x)/(m_2-m_1)$,$n_1=n_2+1$。

(3)计算化合物的分子量:$M=n_2(m_2-x)$。

计算实例(低分辨率测定):测定两个多电荷离子的质荷比为 $m_1=694.0$,$m_2=867.3$,$x=1.008$

$$M=n_1(694-1.008)=692.992n_1$$
$$M=n_2(867.3-1.008)=866.292n_2$$
$$692.992n_1=866.292n_2$$
$$n_1=n_2+1$$
$$692.992(n_2+1)=866.292n_2$$
$$692.992=173.3\,n_2,\quad n_2=4,\quad n_1=n_2+1=5$$
$$M=692.992n_1=3464.96$$
$$M=866.292\,n_2=3465.17$$

自 Aleksandrov 等的早期工作把电喷雾过程描述为"大气压环境下从溶液中萃取离子",常常把电喷雾电离归诸去除溶剂的机理,这与 FAB、SIMS、MALDI

等"解吸方法"形成鲜明的对比。尽管 ESI 是从溶剂中移出离子，但大量的证据表明从 ESI 质谱图观察到的离子与液相中存在的离子是不一样的，有关这个题目以后再作讨论。Fenn 建议把不同的离子产生过程分类为"场解"技术和"能量突爆"技术，也许这是较好的分类方法。

电喷雾电离和大气压化学电离共用一个真空接口，就可以把离子引入到质谱离子源的高真空区域。这个接口通常被叫作大气压电离(API)接口。虽然可以设计各种各样的接口，但 API 接口还是有几个共同之处。API 接口的硬件可大致分为两部分：大气压区和真空接口，ESI 和 APCI 在大气压区域的组件各自独立但可以互换。

电喷雾电离的基本过程可简述如下：在管内含有极性溶剂的毛细管末端加上高电压，可以产生微小液滴的气溶胶喷雾，在喷雾过程中还常被辅以雾化气或超声雾化气装置。为了克服液体膨胀吸热而产生的簇离子，还常常同时使用干燥的浴气或加热区溶剂等方法。通过取样小孔或气液分离器将小液滴引入真空系统，真空接口还包括差既真空系统和离子聚焦系统，保证最大的离子传输率。真空系统中的碰撞诱导解离(CID)，一方面可以克服溶剂簇离子，另一方面可以提供具体结构特征的碎片离子信息。

电喷雾过程实质上是电泳过程。也就是说，通过高压电场可以分离溶液中正离子和负离子(图 12-7)，例如在正离子模式下，电喷雾电离针相对真空取样小孔保持很高的正电位，负电荷离子被吸引到针的另一端，在半月形的液体表面聚集着大量的正电荷离子。液体表面的正电荷离子之间相互排斥，并从针尖处的液体表面扩展出去，当静电场力与液体的表面张力保持平衡时，液体表面锥体的半顶角为 49.3°，在 G. Taylor 的研究工作中称之为"Taylor 锥体"。随着小液滴的变小，电场强度逐渐加强，过剩的正电荷克服表面张力形成小液滴，最终从 Taylor 锥体的尖端溅射出来。

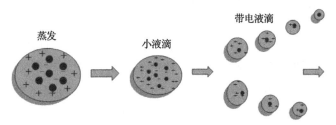

图 12-7 ESI 源内的电荷分离以及小液滴分裂过程

如果将电喷雾电离看成是电泳机理，像水这样的极性或导电性的溶剂似乎更适合电喷雾，然而水的表面张力很大，会带来另外的问题，为了使纯水产生电喷雾就必须要提供很高的喷雾电压。还有，当电喷雾电离带有极高的负电压(负离子电离模式) 时, 就会产生一个特别麻烦的问题, 因为那时它就会发射电子。尽管 APCI 的电离机理是产生电晕放电, 但是 ESI 源内的放电反而会抑制离子的生成, 甚至会毁坏离子源内的元件。如果使用具有俘获电子作用的鞘流气 (比如 O_2 或 FS_6), 也可以减弱负离子电离模式中的放电现象。

D. P. H. Smith 提出的公式可以解释影响电喷雾过程的几个参数。发生电喷雾的高电压 V_{on} (kV) 与电喷雾针的半径 r (μm)、溶剂的表面张力 γ (N/m) 有关, 还与喷雾针尖和反相电极 (取样真空小孔) 的距离 d (mm) 有关:

$$V_{on} \approx 0.2\sqrt{r\gamma}\ln\left(\frac{4000d}{r}\right) \tag{12-8}$$

若使用甲醇作溶剂 ($\gamma=0.0226$ N/m), 喷雾毛细管半径为 50 μm, 喷雾针尖与反相电极之间的距离是 5 mm, 则可能发生电喷雾的电压为 1.27 kV, 如果换成水, 则发生电喷雾的电压就要上升到 2.29 kV。

解决电晕放电的另一种途径是减小喷雾针的直径。在上面的纯水实验中, 将喷雾针的直径由 50 μm 减到 10 μm, 喷雾电压就可从 2.29 kV 降至 1.3 kV。降低喷雾电压也是电喷雾技术所具备的几个优点之一。

有趣的是喷雾电压并不需要直接施加喷雾针上, 在 JEOL 公司的设计中, 高电压并不是直接加在喷雾针上, 而是加到了带有雾化气装置的金属套管上。Analytics of Branford 公司设计使用带有金属端头的玻璃毛细管, 允许喷雾针的电压接地, 而在毛细管接口的入口处施加了一个负高压。这样做可以避免电流通过 LC 或注射泵的导电溶液引发漏电问题, 但它并不减小针尖放电的可能性。最近, Wang 和 Hackett 报告了使用圆柱形电容器可以在无电离电压的针尖处产生气溶胶喷雾, 从而能够诱导电荷的分离。Hirabayashi 及其合作者还证实了使用喷气速率达 1 马赫 (1 马赫=340 m/s) 的高流速喷射溶液也可产生带电离子, 不需要施加任何电压; 摩擦生电也许是使它电离的原因。

处在正电压的喷雾针喷出的气溶胶小液滴携带有过量的正电荷, 随着溶剂的挥发和小液滴的缩小, 表面电荷与表面积的比值就会变大, 直到电荷排斥力足以克服表面张力, 使小液滴发生溅射, 此时电荷排斥等于表面张力并服从瑞利 (Rayleigh) 稳定限, 可用公式表述如下:

$$q_{Ry} = 8\pi(\varepsilon_0\gamma R^3)^{\frac{1}{2}} \tag{12-9}$$

式中, q 为小液滴电荷数; R 为小液滴的半径; ε_0 为真空介电常数; γ 为表面张力。

带电小液滴通过发射出细小低束来降低 "库仑力", 随着溶剂的不断挥发, 小液滴又会重新达到瑞利 (Rayleigh) 稳定限, 然后又会进一步不断发射出更小的小液滴。由于较大的小液滴是通过不断分裂形成较小的小液滴束，这个过程被 Kebarle 等命名为"不均匀裂解"或"小液滴喷射裂解"。

4) 大气压化学电离接口与质谱联机

APCI 接口的结构见图 12-8。

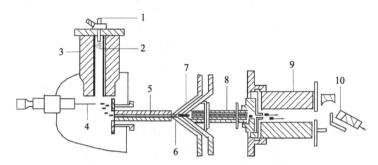

图 12-8　HP1100 LC-MSD APCI 接口示意图

1-液相入口；2-雾化喷口；3-APCI 蒸发器；4-电晕放电针；5-毛细管；6-CID 区；
7-锥形分离器；8-八极杆；9-四极杆；10-HED 检测器

APCI 接口的构成与 ESI 接口的区别在于：

(1) 增加了一根电晕放电针，并将其对共地点的电压设置为 $\pm(1200\sim 2000)$ V，其功能为发射自由电子并启动后续的离子化过程。

(2) 对喷雾气体加热，同时也加大了干燥气体的可加热范围。由于对喷雾气体的加热以及 APCI 的离子化过程对流动相组成依赖较小，故 APCI 操作中可采用组成较为简单的、含水较多的流动相。

关于 APCI 接口工作原理可作如下简述：

放电针所产生的自由电子首先轰击空气中 O_2、N_2、H_2O 产生如 O_2^+、N_2^+、NO^+、H_2^+O 等初级离子，再由这些初级离子与样品分子进行质子或电子交换而使其离子化并进入气相。

A. 注入方式

以注射器泵推动一支钢化玻璃注射器将样品溶液连续注入离子化室。这种方式在仪器调机时被广泛使用，也可在测定化合物纯品的质谱时使用。由于它的连续进样方式，可以得到稳定的多电荷离子，故多在蛋白质和肽类的分析中采用。注入方式进样所得到的在正常情况下为一大小恒定的信号输出，总离子流图 (TIC) 表现上为一条直线，样品纯度低时，由于无法扣除流动相背景，不能获得纯净的质谱图。

B. 流动注射分析(FIA)方式

流动注射可用注射器泵串接一个六通阀或以 HPLC 泵配合进样器来进行。FIA 可快速地获得样品的质谱信息，在样品预测试中很实用。由于没有柱分离损失，可获得较高的样品利用率。同时由于 TIC 中样品峰的显现,可以方便地对流动相含有的本底进行扣除,获得较干净的质谱图。由于没有柱分离,FIA 方式对样品的杂质本底仍无法扣除。

C. 与 HPLC 联机实用方式

联机采用"泵—分离柱—ESI 接口"的串接方式,有时也在分离柱的出口处接入一个 T 形三通,将一端接住紫外检测器,或将紫外检测器与质谱串接,可同时获得紫外信号(UV 检测器)或紫外光谱(DAD 检测器)。当 HPLC 得流动相组成不适合 ESI 的离子化条件时,也可在此三通处接入另一台泵,加入某些溶剂或一定量的助剂作柱后补偿或修饰。例如在蛋白质分离及质谱检测中广泛使用的"TFA-fix"技术。HPLC-ESI-MS 联机要求液相泵的流量很稳定,因此要采用流量脉动较小的 HPLC 泵系统或采用有效办法消除脉动。

理论上讲,LC-MS 分析中流动相的组成可以在 100%的水到 100%的有机溶剂范围内变化。但在离子化过程中,大量水的存在由于其所需较大的气化热,而使得脱溶剂困难,从而会大幅度地降低离子化效率,因此实际操作中要尽可能地优先考虑使用较高比例的有机溶剂。

确定流动相的组成及溶解样品所用的溶剂时要考虑如下几个方面的问题:

(1)离子在溶液中的预形成。当被分析物分子是可以明确定义的酸或碱时,可根据所采用的测定模式 ESI(+)或 ESI(−),在样品溶液和流动相中加入一定比例(0.1%~0.01%)的有机酸或碱,以促使离子在溶液中的预形成。被分析物分子固有的酸碱性和有机溶剂的质子自递作用可用来预测和解释离子的预形成。离子预形成的一般原则相应的测定模式为:①酸性化合物+有机碱(三乙胺),采用 ESI(−)测定;②碱性化合物+有机酸(乙酸)→M^+,采用 ESI(+)测定;③酸性或碱性化合物+两性溶剂(水,甲醇)→M^+或 M^-。

(2)流动相的选择。诸如乙腈、甲醇、水以及乙酸、甲酸及其铵盐缓冲液是最为常用的流动相,原因是它们具有:①显著的质子自递作用,有利于离子在流动相中的预形成;②适中的介电常数,避免喷口放电;③强挥发性,易脱去,不易形成溶剂加成物。

乙腈在 APCI 分析中优先被考虑使用,原因是它有较强的电子交换作用。

(3)难挥发盐组成的缓冲液。难挥发盐的缓冲液,如磷酸盐的缓冲液不易在 ESI 和 APCI 操作中使用,尤其是在较高浓度下更不能使用。在蛋白质和肽类的液相分离中经常使用的三氟乙酸(离子对试剂)对离子化有严重的抑制,要以柱后补偿(通常使用异丙醇)的方法抵消其影响方可获得较高的离子化效率。

(4)分子的加成作用。在选择流动相时也要考虑到某些离子对被分析分子的加成作用,如$[M+H]^+$、$[M+Na]^+$、$[M+NH_4]^+$等。作为$[M+H]^+$出现的准分子离子峰是一个质子加成产物,对绝大多数化合物的离子形成都是必要的;$[M+Na]^+$峰的出现对某些特定的化合物是很难避免的；$[M+NH_4]^+$ 则是大多数情况下由人为加入而产生。对以上所述及的做到心中有数即可，因为至少目前对离子的加成的认识尚处在经验阶段。加成离子的产生对有些碎片较少的化合物可以起到增加质谱特征性的作用，但同时也使得一些化合物的质谱数据的使用变得复杂，如蛋白质和肽类的质谱识别和分子量计算，可谓利弊兼得。

APCI 的离子化作用可以有三种理论阐述，它们分别为：经典意义的 APCI(classical APCI)、离子蒸发(ion evaporation)和摩擦电 APCI(triboelectric APCI)。

a)经典 APCI

由电晕放电针阐述的电子轰击空气中主要组分 N_2、O_2、H_2O 以及溶剂分子得到初级离子 N_2^+、O_2^+、H_2O^+ 和 $CH_3OH_2^+$ 等。再由这些初级离子与被分析物分子进行电子或质子交换产生出被分析物的分子离子。交换反应的通式可写为：

质子交换 $RH^+ + T \longrightarrow TH^+ + R$ 或 $R^- + TH \longrightarrow T^- + RH$

电子交换 $R^+ + T \longrightarrow T^+ + R$ 或 $R^- + T \longrightarrow T^- + R$

实际上，质子交换是分别以水合质子或质子化的水簇状物形式进行的：

$$H_3O^+(H_2O)_n + T \longrightarrow TH^+(H_2O)_m + (n-m-1)H_2O$$

绝大部分的 $TH^+(H_2O)_m$ 中的水在进入质谱的质量分析器之前被辅助气体或一定程度的真空"剥离"成为 TH^+。但也有某些稳定的生成物会出现在质谱中如 $CH_3OH_2^+$(m/z 33)，$CH_3OH_2^+ \cdot H_2O$ (m/z 51)，$CH_3OH_2^+ \cdot (CH_3OH)_n$ (m/z 65,97,129,$\cdots$)。

经典 APCI 离子化机制适合于低到中等极性的化合物。

b)离子蒸发

离子蒸发机制适合于大部分的 ESI 过程，同时也会出现在 APCI 过程中。这个机制适合大部分 APCI 分析中的强极性分子和那些可在溶剂中预先形成的离子以及离子化合物。

在 ESI 质谱分析中流量的选择对色谱分离效果和离子化效率而言常常是相互矛盾的。一般而言，流动相流速越大，离子化效率越低；而一定内径的 HPLC 柱又要求适当的流速方可保证分离效率。因此流量的选择往往只能是色谱分离效果和 ESI 离子化效率的兼顾。为获得较好的柱上分离和较高的离子化效率，在实际操作中最好采用 1~2 mm 内径的液相柱，用 300~500 μL/min 的流速进行分离测定。如果不得不在大流量下分离，则可采用柱后分流，但这样会牺牲样品利用率。采用<1 mm 内径的色谱柱也是流量匹配中的一个选择，随着此类色谱柱价格的降低，它已经变为一个实际可用的办法。

ESI 和 APCI 质谱的调机所用的标准化合物一般为厂商提供的配置在混合溶剂中的小肽类分子，并选定几个在通常操作条件下可产生的、稳定的单电荷离子推荐使用。较新型的几种商品仪器化学站中安装有自动调机程序,早期的为手动调整。调机时首先确定要使用的质量范围,以便在调机时有意识地照顾这个范围(或小或大)。同时,最好根据被分析化合物的预试确定接口和质谱的各项参数的设置并最好在此条件下再次进行调机。

调机时的参数设置要以得到尽可能高的调机离子的信号(灵敏度)和最窄的峰宽(分辨率)为目标,也要同时兼顾灵敏度和信噪比。

调机中优化的主要参数为聚焦组建的电压设置,即两级锥形分离器和静电透镜上的电压设置以及 CID 的电压设置。有时也要对接口的各个高压设置进行调整。聚焦组建中的六极杆或八极杆的参数设置一般为不可调。

5) 液相色谱-三级四极杆质谱-质谱联用技术

多级质谱包括通常所说的二级质谱和离子阱技术的所谓 n 级质谱。多级质谱的排列可以是空间上的(如三级四极杆),也可以是时间上的(如离子阱)。

多级质谱的碰撞区中一般要导入惰性气体(He 或 Ar),碰撞发生在惰性气体原子(分子)和母体离子之间。碰撞过程中部分母体离子的能量转化为内能,单一或多次碰撞的结果产生了不稳定的激发态离子。不稳定的激发态离子分解成为一定数量的产物离子,此即所谓碰撞诱导解离(collision-induced dissociation,CID)。此过程中发生的其他解离方式可能还会有母体离子的表面诱导解离(surface-induced dissociation,SID)、黑体红外辐射解离(black-body infrared radiative dissociation,BIRD)以及电子捕获诱导解离(electron-capture-induced dissociation,ECD)。

串级质谱用于分子结构测定工作最初是由 Beynon 及其同事开始的。早期的仪器配置方式包括多个扇形磁场及其他的混合配置,如扇形磁场和四极杆的配置。但这些配置方法在技术上较复杂且费用高。20 世纪 70 年代,Yostand Enke 完成第一个三级四极杆的配置,90 年代第三种配置四极杆-离子阱配置出现。这些配置比扇形磁场仪器便宜,很快被商品化并进入市场。

傅里叶转换离子回旋共振仪(Fourier-transform ion cyclotron resonance,FTICR)也可以认为是一种捕捉(trapping)形成的质谱方法,这样的仪器可以在粒子被捕捉的情况下进行离子质量分析。FTICR 表现出很好的离子共振特性和质量精度,同时也附带了氢共振(HR)作用。

随着 ECD、BIRD 以及"稳定去共振辐射技术"(sustained off-resonance irradiation,SORI)在质谱仪器技术中的引进,会进一步发展这些仪器技术的MS-MS 功能,在不久的将来可能成为生物化学实验室的主流技术。但价格仍然是该技术发展的一个限制因素。

为了扬长避短,多级质谱还发展出了不同类型质量分析器的混合配置方法,可以统称为杂化质谱(hybird),如磁质谱-飞行时间质谱(EBE-TOF),它使用了双聚焦磁质谱为一级质谱,正交放置的 TOF 为二级质谱。其后又出现了四极杆和飞行时间质谱的混合配置，即 Q-TOF。Q-TOF 的配置由于可以接受的价格和技术上的日臻成熟，其销量增长得较快。

单级四极杆液质联机出现之后，其他使用 ESI 和 APCI 为接口的仪器配置技术也纷纷出现，并在世界各主要仪器生产厂家的努力下推出了多种商品仪器。

目前行销于分析仪器市场的各种较成熟配置的仪器主要有：

(1) 三级四极杆液相色谱-质谱-质谱(LC-MS-MS)；

(2) 液相色谱-离子阱质谱(LC-Trap)；

(3) 液相色谱-飞行时间质谱(LC-TOF)；

(4) 液相色谱-四极杆-飞行时间质谱联用仪(LC-Q-TOF)。

这些仪器技术的出现是在现有仪器技术的基础上对液质联用技术的进一步发展和完善，也是生产和科研的切实需要。这其中，三级四极杆和离子阱类仪器在科研和关乎人类生活、身体健康的领域如化学物质残留检测中起到了重要的、广泛的作用。

串联质谱早已用于气相色谱-质谱-质谱技术中，曾经在分子结构的测定和其他相关工作中发挥了重要的作用。液相色谱-质谱-质谱技术的出现则是近年的事情，其发展为液质技术的特定优势及其广泛的分析对象所推动。

由于液质技术中大量的流动相及其中难以避免的各类杂质/基质进入接口，一经离子化，势必进入质量分析器并造成大量的化学噪声。目前所面临的化学残留物的检测经常是在 $10^{-9} \sim 10^{-6}$ mg/kg 级的水平上进行，光谱纯度级别的溶剂、试剂都无法保证噪声水平低到可以接受的程度；同时许多研究工作和检测工作往往是在复杂的生物学基质(如血液、尿液、动物可食用组织、含复杂植物成分的中成药及保健食品等)中进行，如果以化学和物理方法将样品纯化到完全满意的程度，要花费大量的人力和物力，因此对样品前处理要求较低的质谱-质谱技术就显得十分实用。

目前得到广泛应用的液相色谱-质谱-质谱技术主要为三级四极杆质谱和离子阱技术，本节主要对此两种技术及其应用特点进行讨论。

1) 三级四极杆液相色谱-质谱-质谱

质谱-质谱的设计思想是在线(on-line)得到使用者感兴趣的某一前体离子(precursor ion)的再次碎裂图谱(二级质谱)，从而由它的特征图谱(特征开裂方式)得到比一级质谱(分子离子峰+碎片峰)更为详尽的结构信息。同时二级质谱的获得可以锁定于感兴趣的目标离子，从而排除不希望存在的杂质离子，因此大大地降低了化学噪声和生物学基质的干扰，后者的实用性更为显著一些。

2) 三级四极杆质谱-质谱的特点

三级四极杆质谱-质谱为三级四极杆式构造(图 12-9)，一个四极杆用于质量分离，另一个四极杆用于质谱检测。两个四极杆之间设计为碰撞室，故称为三级四极质谱。与单级四极杆质谱比较，串级四极杆的优势在于它操作模式的灵活性和良好的信噪比。一般的三级四极杆仪器都具备若干操作模式，例如，选定若干离子的采集模式(SIR)；对多个前体离子中的若干子离子进行二级质谱分析过程的多重反应控制(MRM)；寻找一个特定碎片离子的母离子的模式(parent)；寻找某一个特定(母)离子的子离子模式。这些功能都是通过两个四极杆扫描切换和参数的改变来实现的，在应用中可以根据不同的需要加以变化。其中 SIR 对于在复杂生物学基质下的目标残留物的检测中可以有效地使用；它类似于气相色谱-质谱联用仪中的 SIM，由于将扫描时间集中地使用在几个或几十个离子的扫描上而不是分散于一定的质量范围内，所以可以获得比后者高许多的灵敏度。寻找某一个特定的母离子的子离子模式(daughter)是二级质谱最为常用的功能，用于确认化合物的归属及结构研究。其他模式如离子的中性丢失的研究也可以在这类仪器上实现。这些功能在分析化学面临着大量复杂样品基质的今天，就更加突显了它的作用。与单级四极杆相比，三级四极杆仪器对样品的纯化要求比较低，可以适当地简化前处理步骤，缩短分析时间。

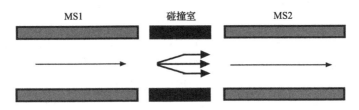

图 12-9　三级四极杆质谱过程示意图

与离子阱相比，串级四极杆的另一个优点是它的扫描速度快。三级四极杆既可以用作串级质谱也可以用作单级四极质谱，功能模式可以快速切换，获得的灵敏度较高，其信号强度的重现性优于离子阱质谱。

三级四极杆仪器的几种工作模式：

A. 子离子质谱模式(daughter ion spectrum)

子离子质谱模式是质谱-质谱测定最为常见的扫描模式，在此模式操作中，MS1(第一级四极杆)为静态(static)，即仅允许母离子通过；碰撞池对母离子进行碰撞并且允许由此产生的所有离子通过，MS2 在规定的质量范围内进行质量扫描，所得结果即为一个典型的二级质谱图。这种模式可以用于结构的推导(elucidation)。例如肽类化合物的系列测定；也用于为其他的测定模式建立方法，即首先在子离子的质谱扫描中获得稳定的某个特定子离子产生的条件，并以此条件用于后续的测定中(如多重反应控制，MRM)。这步工作在保证复杂生物学基质中的精密定量测定时尤为重要。除此之外对某些化合物，一个合适的定量测定所用离子的选择往往要经过许多参数的优化，例如干燥气体的温度、聚焦部件施加的电压乃至采集模式等。

B. 母离子质谱模式(parent ion spectrum)

母离子质谱模式用于寻找一个特定碎片离子的母离子(或分子离子)，运行此模式时 MS2 设定于某一个碎片离子质量，如利血平的碎片 m/z 195，MS1 则在一个预期的质量范围内进行扫描，如该化合物确实为利血平，则此时 MS2 中会有碎片离子 m/z 195 通过，MS1 中扫描到 m/z 609(M+1)即可被"判定"为 m/z 195 的母离子。碎片离子为使用者感兴趣的离子，以其质量数作为仪器设定。MS1 的扫描质量范围，根据有关信息测定，一无所知的情况下采用宽范围设定，已知大概范围的情况下尽量采用窄范围设定，以求提高测定的信噪比。

C. 多反应控制模式(multiple reaction monitoring，MRM)

多反应控制模式多用于"脏"样品，可对某个或某几个(10 个为一般商品仪器的设置)母离子到子离子的控制。它可以对一个样品中的若干化合物进行筛选分析，也可以进行多个组分地同时定量分析。操作此模式时，两个四极杆均固定于一个特定的质量数，如进行利血平的筛选分析，MS1 设置为 m/z 609(M+1)，MS2 为 m/z 195。MRM 模式不会产生一张质谱，仅能产生一个单离子色谱图。由于提高了目标离子的驻留时间(dwell time)，它可以获得高得多的灵敏度(×100)，如单级四极杆仪器中的 SIM(selected ion mode)模式。

D. 恒定中性数据丢失质谱(constant neutral loss spectrum)

恒定中性丢失模式用于对分子中的一个中性基团或碎片的丢失的考察。操作此模式时，MS1 和 MS2 均被扫描，当 MS1 传输一个特定的母离子时，MS2 用于考察该母离子是否丢失了特定质量的碎片。此种模式对于享有共同开裂方式的一类化合物(如糖皮质激素)的分析有一定的便利。

12.2.2　工作原理

HPLC-MS 是利用液相色谱作为质谱的进样系统，使复杂的化学组分得到分离；利用质谱作为检测器进行定量和定性分析。

1. 高效液相色谱法的基本原理

色谱法作为一种分离分析方法，其最大的特点在于能将一个复杂的混合物分离为各个有关的组成，然后一个个地检测出来。那么究竟这一过程是怎么发生的呢？是什么原因促使不同物质得以分离，一般而言，色谱过程中不同组分在相对运动、不相混溶的两相间进行交换，相对静止的一相称为固定相，另一相对运动的相称流动相，利用吸附、分配、离子交换、亲和力或分子大小等性质的微小差别，经过连续多次在两相间的质量交换，使不同组分得到分离。根据填充材料和分离原理的不同，液相色谱法主要可分为吸附色谱、分配色谱、凝胶色谱、离子色谱四大类。

2. 质谱法的基本原理

质谱法主要是通过对样品离子的质荷比的分析来实现对样品进行定性和定量的一种分析方法。样品进入质谱仪，在质谱仪离子源中，化合物被离子轰击，电离成分子离子和碎片离子，这些离子在质量分析器中，按质荷比大小顺序分开，经电子倍增器检测，即可得到化合物的质谱图，一般质谱图的横坐标是质荷比，纵坐标为离子的强度。离子的绝对强度取决于样品量和仪器的灵敏度；离子的相对强度和样品分子结构有关。同一样品，在一定的电离条件下得到的质谱图是相同的，这是质谱图进行有机物定性分析的基础。GC-MS 由于在 EI 电离方式下，任何公司生产的仪器都可以获得很好的质谱图重现，因此其具有了标准的图谱库，方便科研工作者的使用。液质联用仪常用电离源有大气压化学电离和电喷雾电离源，则得不到可供检索的标准质谱图，不能进行库检索定性，只能提供分子量信息，可通过采用串联质谱仪获得碎片信息，用来推断化合物结构。高分辨质谱仪，可以精确测定分子离子或碎片离子的质量，依靠计算机可以计算出化合物的组成式，对化合物的定性很有帮助。

12.2.3 液相色谱-质谱联用技术特点

质谱分析是先将物质离子化，变为气态离子混合物，并按离子的质荷比分离，然后测量各种离子谱峰的强度而实现分析目的的一种分析方法。它不仅弥补了 GC-MS 的不足之处，还具有以下几个方面的优点：

(1)广适性检测器，MS 几乎可以检测所有的化合物，比较容易地解决了分析热不稳定化合物的难题；

(2)分离能力强，即使在色谱上没有完全分离开，但通过 MS 的特征离子质量色谱图也能分别画出它们各自的色谱图来进行定性定量，可以给出每一个组分的丰富的结构信息和分子量，并且定量结构十分可靠；

(3)检测限低，MS 具备高灵敏度，它可以在 $<10^{-12}$ g 水平下检测样品，通过选择离子检测方式，其检测能力还可以提高一个数量级以上，特别是对那些没有 UV 吸收的样品，用 MS 检测更是得心应手；

(4)可以让科学家从分子水平上研究生命科学；

(5)质谱引导的自动纯化，以质谱给馏分收集器提供触发信号，可以大大提高制备系统的性能，克服了传统 UV 制备中很多问题。

12.3　实　验　技　术

12.3.1　影响质谱出峰及分析物检测灵敏度的因素

与 LC-MS 不同，LC-MS 对标准材料需要较长时间的优化，许多参数要进行调整，以从很少量的珍贵样品获得最佳谱图。值得注意的是，几个不同参数可以影响 LC-MS 分析的出峰情况及灵敏度，分析者常采用一次仅调整一个参数或者使用统计方法如单纯形法进行优化。以 TSP LC-MS 为例，影响质谱出峰及分析物检测灵敏度的因素有溶剂系统、电离(电解质为媒介的，放电，热丝)、进样杆和离子源温度、极性(正、负离子)、排斥极位置及电压或碎片化电极、共洗脱色谱峰等。

12.3.2　接口选择

ESI 和 APCI 在实际应用中表现出它们各自的优势和弱点。这使得 ESI 和 APCI 成为两个相互补充的分析手段。概括地说，ESI 适合于中等极性到强极性的化合物分子，特别是那些在溶液中能预先形成离子的化合物和可以获得多个质子的大分子(蛋白质)。只要有相对强的极性，ESI 对小分子的分析常常可以得到满意的结果。

APCI 不适合可带有多个电荷的大分子，它的优势在于非极性或中等极性的小分子的分析。表 12-4 从不同的方面对二者进行了比较，可以帮助我们针对不同的样品、不同的分析目的选用这两种接口。

表 12-4　ESI 和 APCI 的比较

比较项目	ESI	APCI
可分析样品	蛋白质、肽类、低聚核苷酸；儿茶酚胺、季铵盐等；杂原子化合物如氨基甲酸酯等；可用热喷雾分析的化合物	非极性/中等极性的小分子，如脂肪酸，邻苯二甲酸等；含杂原子化合物如氨基甲酸酯、脲等；可用热喷雾、粒子束技术分析的化合物
不能分析样品	极端非极性样品	非挥发性样品；热稳定性差的样品
基质和流动相的影响	对样品的基质和流动相组成比 APCI 更敏感；对挥发性很强的缓冲液也要求使用较低的浓度；出现 Na^+、K^+、Cl^-、CF_3COO^- 等离子的加成	对样品的基质和流动相组成的敏感程度比 ESI 小；可以使用稍高浓度的挥发性强的缓冲液；有机溶剂的种类和溶剂分子的加成影响离子化效果和产物
溶剂	溶剂 pH 对在溶剂中形成离子的分析物有重大的影响；溶剂 pH 的调整会加强在溶液中非离子化分析物的离子化效率	溶剂选择非常重要并影响离子化过程；溶剂 pH 对离子化效率有一定的影响
流动相流速	在低流速($<100~\mu L$)下工作良好；高流速下($>750~\mu L$)比 APCI 差	在低流速($<100~\mu L$)下工作不好；高流速下($>750~\mu L$)好于 ESI
碎片的产生	CID 对大部分的极性和中等极性化合物可产生显著的碎片	比 ESI 更为有效并常有脱水峰出现

12.3.3　正、负离子模式的选择

一般的商品仪器中，ESI 和 APCI 接口都有正负离子测定模式可供选择。选择的一般性原则为：

(1)正离子模式。适合于碱性样品，如含有赖氨酸、精氨酸和组氨酸的肽类。可用乙酸，pH=3～4 或甲酸，pH=2～3 对样品加以酸化。如果样品的 pK 是已知的，则 pH 要至少低于 pK 2 个单位。

(2)负离子模式。适合于酸性样品，如含有谷氨酸和天冬氨酸的肽类可用氨水或三乙胺对样品进行碱化。pH 要至少高于 pK 2 个单位。

样品中含有仲氨基或叔氨基时刻优先考虑使用正离子模式，如果样品中含有较多的强负电性基团，如含氯、含溴和多个羟基时可尝试使用负离子模式。有些酸碱性并不明确的化合物则要进行预试方可决定，此时也可优先选用 APCI(+)进行测定。

12.3.4　流动相和流量的选择

对大多数 LC-MS 系统所使用的溶剂和缓冲剂是有限制的。表 12-5 汇编了与 TSP 有关的资料，这些限制也适用于其他接口。

表 12-5　对 TSP 适用和不适用的溶剂和缓冲剂

适用于 TSP 的溶剂	一般不适用于 LC-MS 的溶剂
极性：水、甲醇、乙腈、正或异丙醇 非极性：乙酸铵、甲酸胺、乙酸、氨水、三乙胺、二乙胺、三氟乙酸、一些离子对试剂，如十六烷基三甲基氢氧化铵、氢氧化四丁铵等	磷酸、矿物酸、一般的不挥发性缓冲剂(如磷酸钾等)、高氯酸/高氯酸盐

ESI 和 APCI 分析常用的流动相为甲醇、乙腈、水和它们不同比例的混合物以及一些易挥发盐的缓冲盐，如甲酸铵、乙酸铵等。HPLC 分析中常用磷酸缓冲液，但 LC/MS 接口应避免进入不挥发的缓冲液，避免含磷和氯的缓冲液，含钠和钾的成分必须<1 mmol/L(盐分太高会抑制离子源的信号和堵塞喷雾针及污染仪器)，含甲酸(或乙酸)<2%，含三氟乙酸≤0.5%，含三乙胺<1%，含醋酸铵<10^{-5} mmol/L。

流量的大小对 LC-MS 成功的联机分析十分重要。要从所用柱子的内径、柱分离效果、流动相的组成等不同角度加以通盘考虑。即使是有气体辅助设置的 ESI 和 APCI 接口也仍是在较小的流量下可获得较高的离子化效率，所以在条件允许的情况下最好采用内径小的柱子。从保证良好分离的角度考虑，0.3 mm 内径的液相柱在 10 μL/min 左右的流量下可得到良好分离，1.0 mm 的内径，要求 30～60 μL/min 的流量，2.1 mm 的内径要求 200～500 μL/min 的流量，而 4.6 mm 内径则

在＞700 μL/min 的流量下方可保证其分离度。采用 2.1 mm 内径的柱子，用 300～400 μL/min 的流量，流动相中有机溶剂比例较高时，可以保证良好的分离及纳克 (ng)级的质谱检出。这在一般的样品分析中是一个比较实用的选择。

同样流量下的流动注射分析比柱分离联用可得到更强的响应值，由于没有色谱柱洗脱损失所致。流动注射得到的全质谱常常混有不属于被测定化合物的离子，在使用流动注射时要予以注意。实际工作中可根据样品的纯度灵活地选用流动注射或柱分离方式。

12.3.5 辅助气体流量和温度的选择

雾化气对流出液形成喷雾有影响，干燥气影响喷雾去溶剂效果，碰撞气影响二级质谱的产生。操作中温度的选择和优化主要是指接口的干燥气体而言，一般情况下选择干燥气温度高于分析物的沸点 20℃左右即可。对热不稳定性化合物，要选用更低的温度以避免显著的分解。选用干燥气温度和流量大小时还要考虑流动相的组成，有机溶剂比例高时可采用适当低的温度和小一点的流量。此外，干燥气体的加热设定温度比干燥气体毛细管入口周围的实际温度往往要低一些，这在温度设定时也要考虑到。

12.3.6 系统背景的消除

GC-MS 相比，LC-MS 的系统噪声要大得多，它产生于大量的溶剂及样品基质直接导入离子化室造成的化学噪声及在高电场中的化合物的复杂行为所产生的电噪声。这些噪声常常会淹没信号，以至于有时在总离子流(TIC)图上无法看到峰的出现。消除系统噪声在 LC-MS 分析中不是一件容易的事情，要从以下几个方面入手。

(1)有机溶剂和水。市售的溶剂如甲醇、乙腈等色谱纯度时为最好，但它们在产生中所控制的主要指标为 200 nm 附近的紫外吸收。对一些在 ESI 条件下产生很强信号的杂质并没有加以控制，例如，无论是国产还是进口试剂中经常发现很强的增塑剂(邻苯二甲酸酯)信号 m/z 149、m/z 315、m/z 391 等，造成很高的背景。由于目前尚无"电喷雾纯"的溶剂上市，需要自己设法加以控制。

(2)样品的纯化。血样、尿样、动物组织样品中含有大量的生物基质，它们对噪声的贡献在所有分析方法中都是同样存在的。因此 LC-MS 分析中大量的工作仍是样品的前处理，本节的稍后部分将介绍一些较新的样品制备技术。采用样品溶液直接进样进行 LC-MS 测定并不一定是个好主意。简单的固相萃取或液-液萃取即可将样品溶液中的大部分杂质除掉，既保护了分离柱又降低了背景。

(3)系统清洗。大多数的"脏"样品对输液管路、喷口、毛细管入口及入口金属环等部件的污染是很严重的，尤其是蛋白质。控制进样量和经常清洗这些部件是十分必要的。色谱柱的冲洗比在 HPLC 分析中要更认真、更频繁。输液管路最好用聚四氟乙烯管或无色聚醚醚酮(PEEK)。不锈钢毛细管会吸附样品并造成碱金属离子污染问题(过度加成)。

(4)氮气纯度。市售的钢瓶装普通氮气(99.9%)及制氮机生产的氮气都要通过分子筛和活性炭净化管再使其进入接口。有条件的话可用顶空(headspace)液氮罐为氮气源。

12.3.7　柱后补偿技术

柱后补偿技术或柱后修饰(post-column modification)，在液相分离和离子化要求的条件相互矛盾时常被使用。其作用为：

(1)调整 pH，以优化正、负离子化的条件，达到尽可能高的离子化效率；

(2)加入异丙醇可加速含水多的流动相的脱溶剂过程；

(3)对一些没有或仅有弱的离子化位置的分子可在柱后加入乙酸铵(50 μmol/L)，加强正离子化效率；

(4)应用"TFA-fix"技术解决三氟乙酸对(蛋白质)信号的压抑作用；

(5)在毛细电泳与 ESI 接口联用时，用来增加流量；

(6)利用柱后三通分流；

(7)加入衍生化试剂，做柱后衍生化。

12.4　实　验　步　骤

12.4.1　样品制备

LC-MS 的失败常常是由于样品的预处理不当，导致样品信号抑制或共存物的干扰。尤其是用 ESI/MS 直接进样时，应除去样品中浓度较高的盐及其他干扰成分，防止污染仪器，降低分析背景，排除对分析结果的干扰。从 ESI 电离的过程分析：ESI 电荷是在液滴的表面，样品与杂质在液滴表面存在竞争，不挥发物(如磷酸盐等)妨碍带电液滴表面挥发，大量杂质妨碍带电样品离子进入气相状态，增加电荷中和的可能。复杂样品，如天然产物(中药、动物、植物等)的粗提物、生物体液(如血浆等)"脏"的样品，更应注重样品的预处理。样品预处理的具体方法、步骤，视样品的性质而异。此外只能简述一些常用的方法。

1)超滤

采用超滤膜过滤器，截留相对分子质量从 $3 \times 10^{-3} \sim 1000 \times 10^{-3}$ 的均有商品供应。超滤器根据分子量大小选择性保留或通过溶液中的成分。低分子量化合物存在于滤液中，而高分子量化合物留在滤器上。这种方法简便，快捷，易于实现自动化。经超滤制备出来的样品通常即可进行 LC/MS 分析。

在药物动力学或代谢物研究中，如超滤制备样品，可选择滤器，其截留分子量为 1000～3000，以降低分子量的药物或代谢物从血浆中分离出来。通常将 1～5 mL 样品用等体积的 50%乙腈水溶液稀释以减低样品与底物的结合，混匀后，将混合物移至超滤管，离心 15～30 min(4000 g)，取滤液直接进行 LC/MS 分析或冻干后，用 HPLC 流动相溶解进行测定。

2) 溶剂提取

待测成分自水相提取至有机相是常用的方法之一。这个方法的优点是应用范围广；溶剂、pH、离子对试剂等均可选择，以利提取；可浓集待测成分。缺点是耗时；有时回收率较低。

3) 固相萃取

固相萃取(SPE)利用小柱(C_{18})选择性保留待测成分而使干扰物流出；或反之待测成分流出而干扰物被小柱保留，从而达到纯化样品的目的。用 SPE 技术可除去杂质和盐，浓集待测成分，有机相或水相变换，小柱上衍生化等，因而应用日广。

可供选用的小柱，非极性固定相有 C_{18}、C_8、C_4、苯基等；极性固定相有氰基、硅胶、氨基丙基等，此外，还可以选用离子交换剂作固定相。

以常用的 C_{18} 小柱为例，SPE 的操作步骤通常为：①用乙腈或甲醇洗涤小柱；②用缓冲溶液(pH 应调节至能使待测成分成中性而是干扰成分为离子)5～10 mL 处理小柱；③将样品慢慢加在小柱上；④用上述缓冲溶液洗涤小柱，约需溶液 5～10 mL 以除去干扰物；⑤用 80%乙腈或甲醇的水溶液 5～10 mL 洗脱待测成分；⑥浓缩(冻干、蒸发)，溶于少量适量溶剂后即可进行分析。

4) 柱切换(LC/LC)

将样品注入预柱，使待测成分与干扰物分离；由切换阀将待测成分转入分析柱，进行分离分析。

用柱切换技术可在线纯化和浓集样品，便于自动化，减少样品损失，缩短分析时间，结果再现性较好。缺点是需复杂的色谱系统。

柱切换方式有以下几种：①中心切割(取中间一定保留时间的成分转移至分析柱)；②反冲(待测组分在预柱柱头浓集，反冲至分析柱)；③前沿切割(较早流出的成分转移至分析柱)；④末端切割(最后流出的成分输入分析柱)。

12.4.2　测试操作

1. 仪器工作状态检查(看仪器是否正常)

双击 "Quantum Tune" 图标打开工作界面，在快捷工具 "Display Instrument

Status"下面的"Vacuum"栏里检查仪器各运行状态,条件合格后方能进行后面的测试操作,其中最重要的几个参数应满足:前级泵压力在 0.9～2.0 Torr 范围内,离子规压力<5.0×10⁻⁶ Torr,分子涡轮泵的速率为 750 Hz 或 749 Hz、温度≤46℃、功率<80 W。

2. 直接进样测定操作步骤

(1)样品准备:称取 1 mg 左右的待测样品,配制成 1～10 μg/mL 的溶液(溶剂可采用甲醇、乙腈或异丙醇),用 250 μL 进样器吸取约 200 μL 试样溶液后装入质谱仪注射泵,连接好进样管路。

(2)测试条件设置:打开"Compound Optimization Workspace"菜单窗口,单击"Define Scan"快捷按钮,在"Optimize Compound Dependent Devices"对话框里将下列参数分别设置为:电喷雾电压设为 4000(正离子)或 3000(负离子),鞘气压力设为 5～10,离子吹扫气压力和辅助气压力均设为 0,离子传输毛细管温度设为 270℃,毛细管直流偏电压和透镜偏离电压以仪器自动赋值为准。

(3)一级质谱全扫描:打开注射泵开始进样(流量设置为 5.0 μL/min),切换到"Instrument Method Development Workspace"窗口,在"Full Scan"对话框里选中 Q1MS 或 Q3MS,根据目标质量数值选择扫描的质量数范围,单击"Apply"按钮,然后在"Acquire Data"对话框里输入数据的名称和存放位置,单击"Start"按钮开始采集数据。

(4)二级质谱扫描:切换"MS/MS"对话框,选中"Product",在"Parent Mass"栏里输入目标质量数值,单击"Apply"按钮,开始采集目标分子的二级质谱图。

(5)数据处理:单击"Acquire Data"对话框里的"Stop"按钮,停止采集数据,接着停止进样和质谱扫描,然后单击"View"按钮切换到数据处理窗口,选择输出总离子流图、一级全扫描质谱图和二级质谱图。

3. LC 进样分析操作步骤

在软件"Xcalibur"主页面下进行操作:

(1)样品准备:称取待测样品不超过 1 mg,配制成 0.01～0.1 μg/mL 的溶液(溶液可采用甲醇、乙腈或异丙醇),装入样品瓶后放进自动进样器,记下样品瓶的位置。

(2)仪器工作状态检查:打开"Xcalibur"主页面,在主页左边的栏目里查看各系统的工作状态,确保各系统处于"Ready to Download"、"Xcalibur"状态。

(3)测试方法建立:单击"Instrument Setup"图标进入系统设置页面,首先打开"Surveyor LC Pump"窗口,在"General"标签各栏目里输入各溶剂的名称及所在位置、对色谱柱进行有关说明,然后切换到"Gradient Program"标签,对梯度洗脱的条件进行设置;然后转换到"TSQ Quantum"窗口,对质谱测试条件进行设置；最后切换到 "Surveyor PDA" 窗口，在 "Run Length" 栏输入与梯度洗脱相同的时间值，在 "Spectra" 栏里，将扫描范围设置成 200～800 nm，扫描波长递增率设为 5 nm，然后根据情况在 "Channels" 栏选择 1～3 个波长进行扫描检测；保存上述设定的测试条件，即为下面进行检测的方法。

(4)样品分析与测试：单击 "Sequence Setup" 图标进入进样程序设置页面，分别在 "Sample Type"（样品类型）、"File Name"（数据结果名称）、"Sample ID"（样品编号）、"Path"（数据结果保存路径）、"Inst. Meth"（采用的测试方法）和 "Position"（样品瓶在自动进样器中的位置编号）等栏目下设置好参数，单击 "Run Sample" 快捷按钮，进样检测。

(5)数据处理系统理：分析检测完毕，切换到数据处理窗口，调出保存的数据结果，选择输出 PDA 色谱图和相应的质谱图。

12.4.3　仪器操作注意事项及维护

(1)溶解样品尽量避免使用 DMF、DMSO、DCSO 等黏性比较大的溶剂，否则溶剂峰不容易清洗，影响以后测试效果。

(2)开检测器之前先要检查仪器状态，状态正常时可以开，否则要对问题进行排查，直至状态正常才可以进行测试。

12.5　应　　用

12.5.1　定性分析

目前，许多剂量小、药效强的药物及其代谢产物为极性强、难挥发的化合物，而且药物随着生物技术的发展，极性较强的生物活性化合物如多肽和高分子量的蛋白质将占有越来越重要的地位。因此液相色谱-质谱(LC-MS)作为一种灵敏度和高选择性的方法来分析上述化合物，将在药学研究领域起着重要的作用。LC-MS-MS 联用时一门新兴的分离检测技术，近来发展极为迅速，它在生命科学、环境科学、法医学、商检、天然产物、化工等领域得到了广泛应用。

LC-MS 联用技术集 LC 的高分离能力与 MS 的高灵敏度、极强的定性专属性于一体，已成为包括药物代谢与药物动力学研究、药物合成中微量杂质和降解产物的分析鉴定、组合化学高通量分析以及天然产物筛选等在内的现代药学研究领域最重要的分析工具之一。应用 LC-MS 联用技术有如下特点。

(1)获得复杂混合物中单一成分的质谱图，大大混合物的分离和鉴定。

(2)同时对各物质含量进行准确测定。

LC-MS 虽然有足够的灵敏度，但遇到 LC 难以分离的组分，其应用受到限制。使 LC-MS-MS 可以克服背景干扰，通过 MS-MS 的 SRM 或 MRM，提高信噪比。

因此对复杂样品仍可达到很高的灵敏度。LC-MS-MS 对生物样品的提取、纯化和浓缩等前处理过程没有严格要求，以液液萃取法(LIE)，但是比较费时。在线萃取技术在省时和省力方面显出相对大的优越性，现有的在线萃取技术，如在线固相萃取、柱切换、固相微萃取(SPME)、多元 LC 系统等。在线萃取技术使得 LC-MS-MS 优点更加明显，它可以实现微量、高通量样品分析。

各种软离子化技术，特别是电喷雾(ESP)、离子喷雾(ISP)、大气压化学电离(APCI)的引入，是的 LC-MS 对高极性化合物的分析具独特优势，在药物化学等研究中发挥着日趋重要的作用，在很大程度上代替了气相色谱-质谱(GC-MS)联用技术，简化了样品处理过程。

1. 小分子化合物

乙酰左卡尼汀(acetyl-L-carnitine)是一种天然存在的类维生素类物质，其主要功能是促进脂类代谢，临床上用来治疗和预防老年性痴呆其结构式如图 12-10。

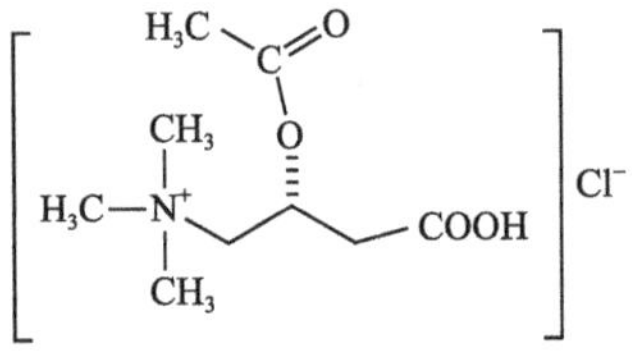

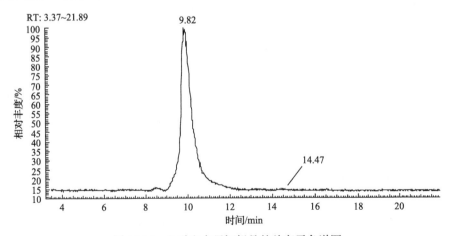

图 12-10　乙酰左卡尼汀

在制备乙酰左卡尼汀过程中易产生杂质，本节以乙酰左卡尼汀为例，利用液相色谱-质谱联用技术对在制备过程中的副产物进行分析鉴定。

总离子色谱图、待测组分的一级质谱图和每个组分的质谱图，并对每个组分峰的质谱图进行分析。乙酰左卡尼汀粗品的总离子色谱图如图 12-11 所示。

图 12-11　乙酰左卡尼汀粗品的总离子色谱图

液相色谱条件：色谱柱，μBondapak NH₂(300 mm×3.9 mm)；流动相，乙腈-水(65∶35)，用甲酸调节 pH 3～4；流速，1 mL/min；柱后分流比为 3∶1；柱温 30℃。

保留时间为 9.82 min 的色谱峰的 ESI⁺-MS 图如图 12-12，主要的准分子离子峰为 204。其二级质谱图如图 12-13。

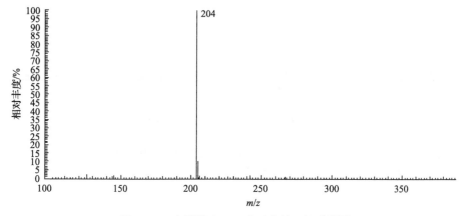

图 12-12　色谱峰(t_R=9.82)对应的一级质谱图

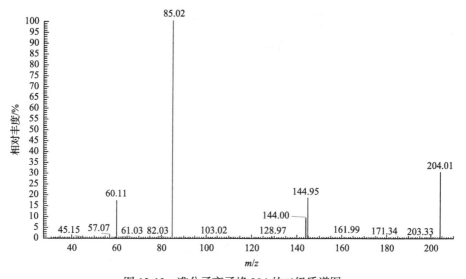

图 12-13　准分子离子峰 204 的二级质谱图

分析准分子离子峰 204 的二级质谱图，主要产生 m/z 145、140、85 和 60 四个碎片离子峰。经分析其即为目标产物乙酰左卡尼汀。

分析液质联用图时发现，在保留时间为 14.47 min 时，出现明显的一个副产物，其一级质谱图如图 12-14。

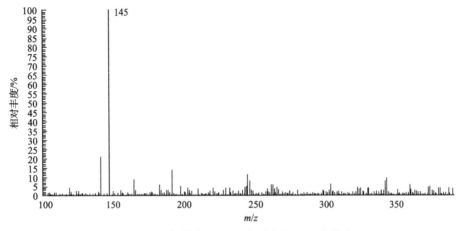

图 12-14　色谱峰(t_R=14.47)对应的一级质谱图

分析准分子离子峰 144 的二级质谱图(图 12-15)，主要产生 m/z 85、57 和 43 三个碎片离子峰。经分析其可能结构为：

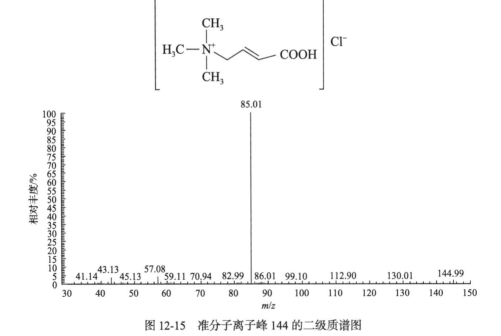

图 12-15　准分子离子峰 144 的二级质谱图

2. 生物大分子

肽类和蛋白质中含有数量不等的质子化的位置，这些质子化位置一般是分子中赖氨酸(Lys)、精氨酸(Arg)和组氨酸(His)残基所贡献的碱性位点。天然蛋白质和肽类中平均每 10 个氨基酸中就有一个碱性氨基酸，平均每 1000 u 可加成 1 个质子。在酸性条件下，由于这些位置的质子化，可使得肽类和蛋白质产生多个带有不同数量电荷的离子。ESI-MS 分析中这些离子沿着质量数轴表现为不同丰度的分布，这个分布在正常情况下应接近正态分布。离子所带的最高电荷数一般随着相对分子质量的增加而增大，但也同分子的构象和测定条件有密切的关系。表 12-6 列出几种蛋白质的多电荷离子数据。

表 12-6　几种蛋白质的多重电荷数

化合物	分子量	浓度/(μmol/L)	电荷数	质量范围(m/z)
胰岛素(牛)	5730	1.7	4~6	950~1450
细胞色素(马心脏)	12400	1.35	12~21	550~1100
溶菌酶(鸡蛋)	14300	0.35	10~13	1100~1500
肌红蛋白(马骨骼肌)	17000	29.5	16~27	600~1100
α-糜蛋白酶原 A(牛胰岛)	25700	19.0	17~22	1100~1500
乙醇脱氢(马肝脏)	39800	12.5	32~46	800~1300
α-淀粉酶(细菌)	54700	1.8	35~58	880~1500
伴清蛋白	76000	0.22	49~64	1200~1500

随着电荷的减少由低丰度再向高丰度变化。但在实际测定中，许多结果并不如此理想。如果丰度随着电荷的减少由高向低一味地变小或相反，其结果尚可用于分子量的计算。如果丰度在每一对离子间出现间隔性的高低变化则要重新优化试验条件。

对于大分子，反卷积计算需要有至少 4 个以上的多电荷方能保证其准确，同时要注意其他加成离子(如钠离子)对计算的影响。

蛋白质由于环境 pH 的变化、加热等因素会出现构象上的改变。许多方法可在溶液中用于蛋白的这一变性行为研究，如酸碱滴定、光度、荧光以及核磁共振等方法。

12.5.2　定量分析

1. 定量分析的评价

任何一种仪器技术，都必须同时具备定性分析和定量分析的功能，方可被认为是一种完整的分析技术，LC-MS 也是一样。目前的仪器设计所达到的重现性和线性范围指标可以满足一般的定量分析的精度要求。

(1)重现性：利血平纯品 10 pg，以 FIA 方式在 1 h 内连续 40 次进样，SIM 模式采集,以峰面积进行定量,所得峰面积的百分标准偏差为:外标法 SD<1.35%,内标法 SD<0.84%。

(2)线性范围:咖啡因 10~50 mg,SIM 模式采集,采集离子:m/z 195,C_{18} 反相柱分离,水-乙腈(85:15),0~8 mL/min,$r=0.985$。

2. 定量分析的实例

以辛伐他汀为例,进行定量分析。辛伐他汀为甲基羟戊二酰辅酶 A(HMG-CoA)还原酶抑制剂,临床上可用于冠心病和高胆固醇血症的治疗或辅助治疗。辛伐他汀及具有较强的副作用,其药物代谢动力学的研究及临床用药都需要进行测定和监控。由于辛伐他汀的血药浓度较低(2~4 ng/mL),需采用高灵敏度的测定方法。已报道的辛伐他汀的方法有荧光检测的 HPLC 方法(衍生化),GC-MS 负 CI 方法和 GC-MS-MS 方法。

本节作者及同事以 HPLC-MS 建立了辛伐他汀血浆浓度的定量方法,该方法以 C_8 硅胶固相萃取柱为主要分离手段,以辛伐他汀的同系物洛伐他丁为内标,萃取液浓缩后进样分析,检测极限可达 0.3 ng/mL 血浆(>2 倍噪声),在 0.3~20 ng/μL 的浓度范围内内标校正曲线具有良好的线性关系($r=0.997$)。

由以上数据可看出,LC-MS 的定量精度与 GC-MS 的基本相当。当然,非定量方法的评价由于不同的对象和不同的样品基质很难做出一个具有概括性的结论,因此上述例子只能作为一般性参考。

与 GC-MS 相比,LC-MS 定量在于它的分析速度和相对简单的前处理。这表现在:①大多数样品无须衍生化;②液相柱的样品出峰时间较短,一般可以调整几分钟,而 GC-MS 分析中仅溶剂延迟时间就要 1 min 左右,如果是单一组分或 2~3 个组分的同时定量,则一个样品的 LC-MS 定量分析可以再几分钟内完成,这比较适合于进行批量样品的分析的实验室。

LC-MS 定量中要解决的主要问题仍是化学基质和生物学基质的干扰,这也是所有定量和定性分析中,在提高精确度和灵敏度时所面临的共同课题。

化学基质和生物学家基质的干扰在 LC-MS 定量分析中可以体现为两个方面:即未知基质对被分析组分离子化效率的影响和在低分辨率仪器上相同质量数共存干扰离子的不可分辨。前者是主要的,经常碰到的,后者则出现得较少。由于化学基质和内源性的生物学基质对于被测定化合物来说可能是数十倍甚至更高的量,其干扰的严重程度是不言而喻的,子低浓度组分的分析中常常是导致定量误差的主要因素。化学基质和生物学基质对定量分析影响只能通过采用选择性更好的萃取方法和更好的柱上分离来缩小,达到尽可能好的程度。

来源于不同人或动物的样品(血样、尿样),其基质的种类和量都会有不同。来源于同一个人或动物的,但处于不同时间段的样品,其基质的种类和量也会有或多或少的变化，要根据定量测定的不同目的和具体要求对具体样品的生物学基质的影响作出评价。如果是单纯的含量测定，基质的影响主要体现在批间差、日间差上。如果是与其他研究相关的定量，如历时较长的药代动力学试验中所涉及的定量测定，则会对试验的整体结论产生重要的影响。此时要对基质和离子化效率的关系作全面的考察和评价，对它的影响做到心中有数，以便得到准确、可靠地试验结果。

在采用内标方法测定时要注意基质对被测定组分和内标物的离子化影响的区别，尤其是内标物和被测定物的化学性质有一定差别时，基质的影响往往是不同的。

化学基质的影响主要体现在缓冲液的种类、浓度以及溶剂的纯度上。此时要特别注意难挥发盐（如磷酸盐）的累积效应（指难挥发盐在喷口和其他附件上的沉积）。具体操作中要注意离子化区的电流变化，一旦发现较大的电流波动要及时调整或更换缓冲液。

就仪器配置而言，APCI-MS-MS 更为适合小分子化合物的定量分析。原因是：

（1）APCI 接口一般为加热喷雾方式，适合大流量和广泛种类的溶剂，有利于降低样品中的中性分子杂质的干扰；

（2）MS-MS 配置有较高的选择性，可以有效地抑制基质的影响。

12.6　思　考　题

（1）简述液质联用仪的主要组成部分及其功能。

（2）简述 ESI 离子源的原理及特点，并与 APCI 离子源比较。

（3）作为反相色谱的流动相的溶剂主要有哪些？溶剂的极性对样品保留时间的影响？

（4）说明 ESI 离子源生成的离子常见形式（分别在正离子模式和负离子模式条件下）及在 ESI 离子源条件下，液相流动相的配制应注意哪些问题。

参 考 文 献

蔡亚岐, 等. 2009. 色谱在环境分析中的应用. 北京: 化学工业出版社.

陈立仁, 蒋生祥, 刘霞, 等. 2001. 高效液相色谱基础与实践. 北京: 科学出版社.

陈培榕, 李景虹, 邓勃. 2006. 现代仪器分析实验与技术. 北京: 清华大学出版社.

陈颖. 2006. 催化氧化淀粉的结构及其胶粘性能. 福州: 福建师范大学硕士论文.

成跃祖. 1993. 凝胶渗透色谱法的进展及其应用. 北京: 中国石化出版社.

傅若农. 2005. 色谱分析概率. 第 2 版. 北京: 化学工业出版社.

关恒. 2006. 大庆油田三类油层聚驱的适应性研究. 大庆: 大庆石油学院硕士论文.

李冰, 陆文伟. 2017. 电感耦合等离子体质谱分析技术. 北京: 中国质检出版社.

李发美, 等. 1999. 医药高效液相色谱技术. 北京: 人民卫生出版社.

刘虎威. 2007. 气相色谱方法及应用. 北京: 化学工业出版社.

刘兴训. 2011. 淀粉及淀粉基材料的热降解性能研究. 广州: 华南理工大学博士论文.

刘宇. 2010. 仪器分析. 天津: 天津出版社.

施良和. 1980. 凝胶色谱法. 北京: 科学出版社.

孙毓庆, 胡玉筑. 2007. 液相色谱溶剂系统的选择与优化. 北京: 化学工业出版社.

汪正范, 杨树民, 吴侔天, 等. 2001. 色谱联用技术. 北京: 化学工业出版社.

汪正范. 2007. 色谱定性与定量. 北京: 化学工业出版社.

王萍萍. 2009. 110 kV 交联聚乙烯超净电缆料关键问题的研究. 哈尔滨: 哈尔滨理工大学硕士论文.

王瑞芬. 2006. 现代色谱分析法的应用. 北京: 冶金工业出版社.

王世宇. 2010. 低温煤焦油化学破乳脱水机理的基础研究. 北京: 煤炭科学研究总院硕士论文.

王永华. 2006. 气相色谱分析. 北京: 科学出版社.

王玉枝. 2008. 色谱分析. 北京: 中国纺织出版社.

王正萍, 周雯. 2002. 环境有机污染物监测分析. 北京: 化学工业出版社.

严拯宇. 2009. 仪器分析. 南京: 东南大学出版社.

杨万龙, 李文友. 2008. 仪器分析实验. 北京: 科学出版社.

于世林. 2000. 高效液相色谱方法及应用. 北京: 化学工业出版社.

张廉奉. 2009. 气相色谱原理及应用. 银川: 宁夏人民出版社.

张明生. 2008. 激光光散射谱学. 北京: 科学出版社.

张正奇. 2006. 分析化学. 北京: 科学出版社.

赵文宽. 1997. 仪器分析实验. 北京: 高等教育出版社.

周春山. 2010. 分析化学简明手册. 北京: 化学工业出版社.

朱彭龄, 云自厚, 谢光华. 1989. 现代液相色谱. 兰州: 兰州大学出版社.

左矩. 1994. 激光散射原理及其在高分子科学中的应用. 郑州: 河南科学技术出版社.